高等职业教育食品类专业系列教材

功能性食品开发与应用

GONGNENGXING SHIPIN KAIFA YU YINGYONG

主 编 傅 维
副主编 张亚平

北京师范大学出版集团
BEIJING NORMAL UNIVERSITY PUBLISHING GROUP
北京师范大学出版社

图书在版编目(CIP)数据

功能性食品开发与应用 / 傅维主编. —北京：北京师范大学出版社，2025.8

(高等职业教育食品类专业系列教材)

ISBN 978-7-303-29689-7

Ⅰ. ①功… Ⅱ. ①傅… Ⅲ. ①保健食品—研究 Ⅳ. ①TS218

中国国家版本馆 CIP 数据核字(2024)第 011318 号

出版发行：北京师范大学出版社 https://www.bnupg.com
北京市西城区新街口外大街 12-3 号
邮政编码：100088
印　　刷：北京虎彩文化传播有限公司
经　　销：全国新华书店
开　　本：787 mm×1092 mm　1/16
印　　张：16
字　　数：358 千字
版 印 次：2025 年 8 月第 1 版第 2 次印刷
定　　价：40.00 元

策划编辑：周光明　　责任编辑：周光明
美术编辑：焦　丽　　装帧设计：焦　丽
责任校对：陈　民　　责任印制：赵　龙

前　言

食品是人类赖以生存的最基本物质基础，具有营养功能、感官功能和调节功能三大功能。其中的调节功能，换句话说就是食品的“保健作用”。随着人们生活水平的不断提高，肥胖、高血压、高血脂、糖尿病等发病率呈上升趋势，人们越来越重视饮食对自身健康的影响；另外，人类更加重视自身的生活质量，如何延缓衰老、提高免疫力、提高睡眠质量等受到重视，具有保健作用的功能性食品逐渐受到关注。全社会必须坚持在发展中保障和改善民生，鼓励共同奋斗创造美好生活，不断实现人民对美好生活的向往。

本书内容丰富，概述了与功能性食品相关的科学问题，具体内容如下：模块1主要介绍了功能性食品的概念、分类及功效成分、国内外功能性食品的发展现状等内容；模块2主要介绍了生物活性成分具有的功能性，包括功能性碳水化合物(膳食纤维、活性多糖、功能性低聚糖等)、氨基酸、活性肽、活性蛋白质、活性油脂、维生素及其类似物、矿物元素等活性成分具有的保健作用以及自由基清除剂的作用；模块3主要介绍了具有不同保健作用的功能性食品，包括具有辅助减肥作用的功能性食品；具有辅助降血糖作用的功能性食品；具有辅助降血压作用的功能性食品；具有辅助降血脂作用的功能性食品；具有辅助抗衰老作用的功能性食品；具有辅助抑制肿瘤作用的功能性食品；具有辅助增强免疫力作用的功能性食品；具有辅助缓解体力疲劳作用的功能性食品；具有辅助改善胃肠道作用的功能性食品；具有辅助改善记忆力作用的功能性食品；具有辅助改善睡眠作用的功能性食品；具有辅助美容作用的功能性食品。

本教材适用于高职高专食品检验检测技术、食品营养与健康、食品智能加工技术等相关专业学生的学习，也可供食品企业相关技术人员进行参考。

全书结合多年功能性食品课程的教学经验，加以总结和细化。本书由傅维负责撰写模块1、模块2及模块3的项目1、项目5、项目8、项目10、项目12，由傅维、张亚平共同撰写模块3的项目2、项目3、项目4、项目6、项目7、项目9、项目11，并由傅维负责统稿。

由于编者水平有限，不妥之处，敬请各位专家和广大读者提出宝贵意见。

编者

本书 PPT 资源

前言

目 录

模块1 功能性食品的认知

模块2 功能性食品的功效成分

模块 3 各类功能性食品的功效作用

模块1

功能性食品的认知

项目1 功能性食品基础知识

【学习目标】

1. 描述功能性食品的概念及其符合的要求；
2. 明确功能性食品与食品、药品的区别；
3. 概述课程学习内容和学习要求。

【工作情景】

随着国家对药食同源、食养文化的推动，国家市场监督管理总局发布《关于对党参等9种物质开展按照传统既是食品又是中药材的物质管理试点工作的通知》(以下简称《通知》)。《通知》显示，根据《中华人民共和国食品安全法》规定，经安全性评估并广泛公开征求意见，将党参、肉苁蓉、铁皮石斛、西洋参、黄芪、灵芝、山茱萸、天麻、杜仲9种物质开展按照传统既是食品又是药品的物质生产经营试点工作，国家卫健委将会同国家市场监管总局，研究论证上述物质纳入食药物质目录管理的可行性。

知识储备

一、功能性食品的概念

功能性食品(Functional Food)是指具有特定营养保健功能的食品，即适宜于特定人群食用，具有调节肌体功能，但不以治疗为目的的食品。

功能性食品必须符合下面4个要求。

(1)它是无毒、无害，符合应有的营养要求。

(2)它的功能必须明确、具体，而且经过科学验证是肯定的。同时，其功能不能取代人体正常的膳食摄入和对各类必需营养素的要求。

(3)它是针对需要调整某方面机体功能的特定人群而研制生产的。

(4)它不以治疗为目的，不能取代药物对患者的治疗作用。

二、功能性食品与食品、药品的区别

(一)一般食品的“保健作用”

食品的三个功能如图1-1所示。其中，第一功能：构成人体基本组织，作为人体活动

所需热量的来源，担任“补给营养”的角色；第二功能：让人们享受到味道和口感；第三功能：担任“调节身体状况”的角色。

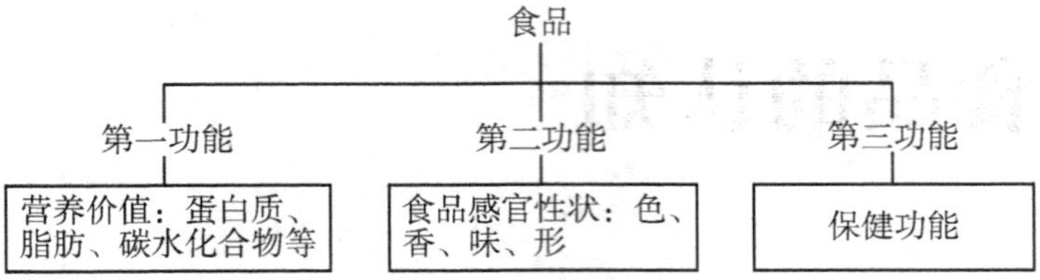

图 1-1-1　食品的三个功能

譬如苹果，以第一功能来说，它可以为人体补充维生素 C、糖类等营养物质；就第二功能来讲，我们可以享受到它的酸甜滋味及香味；而就第三功能来讲，苹果中的水溶性膳食纤维可以调整肠内环境、避免发生便秘，另外配合钾离子的功能，还能降低胆固醇及血压。而其中的第三功能换句话说，就是食物的“保健作用”，这是先人智慧的结晶，至今仍利用于民间的医学辅助治疗。近年来对食品第三功能研究的进展以及现代营养学对食物成分的研究，我们逐渐得知何种成分具有何种作用，并同时运用于健康食品及保健食品的研制开发中。

(二)功能性食品与药品的区别

功能性食品与药品有着严格的区别，不能认为功能性食品是介于食品与药品之间的一种中间产品或加药产品。

功能性食品与医药品的区别，主要体现在以下几方面。

(1)药品是用来治病的，而功能性食品不以治疗为目的，不能取代取代药品对患者的治疗作用。功能性食品重在调节机体内环境与生理节律，增强机体的防御功能，以达到保健康复的目的。

(2)功能性食品要达到现代毒理学上的基本无毒或无毒水平，在正常摄入范围内不能带来任何毒副作用。而作为药品，则允许一定程度的毒副作用存在。

(3)功能性食品无须医生的处方，没有剂量的限制，可按机体的正常需要自由摄取。

三、功能性食品的分类

(一)根据消费对象分类

1. 日常功能性食品

日常功能性食品是根据各种不同的健康消费群(如婴儿、学生和老年人等)的生理特点和营养需求而设计的，旨在促进生长发育，维持活力和精力，强调其成分能够充分显示身体防御功能和调节生理节律的工业化食品。

(1)婴儿日常功能性食品。

应该完美的符合婴儿迅速生长对各种营养素和微量活性物质的要求，促进婴儿健康、活泼地生长。

(2)学生日常功能性食品。

应该能够促进学生的智力发育，增强脑力以应付紧张的学习和考试。

(3)老年人日常功能性食品。

应该满足“四足四低”的要求，即足够的蛋白质、足够的膳食纤维、足够的维生素和足够的矿物元素，低糖、低脂肪、低胆固醇和低钠。

2. 特种功能性食品

特种功能性食品是着眼于某些特殊消费群的特殊身体状况，如糖尿病患者、肿瘤患者、心血管病患者和肥胖症患者等，强调食品在预防疾病和促进康复方面的调节功能，以解决所面临的健康与医疗问题。特种功能性食品包括：抗衰老食品、抗肿瘤食品、防痴呆食品、糖尿病患者专用食品、心血管病患者专用食品、老年护发和护肤食品等。

(二)根据科技含量分类

1. 第一代产品(强化食品)

第一代产品主要是强化食品。它是根据各类人群的营养需要，按照科学配方，通过一定方法把缺乏的营养素加到食品中去，以提高食品的营养价值。具体来讲，就是将人体所缺乏的微量营养素加入一种食物载体，以增加营养素在食物中的含量。

这类食品，往往仅根据食品中的各类营养素和其他有效成分的功能，来推断整个产品的功能，而这些功能并没有经过任何试验予以证实。目前，欧美各国已将这类产品列入普通食品来管理，我国也规定这类产品不允许以保健食品的形式面市。

这类产品包括：强化谷物食品(如强化米等)、强化副食品(如强化食盐等)、强化婴儿食品和儿童食品(如益智奶、高钙奶等)、混合型营养强化食品(如蜂产品等)及其他强化食品。

2. 第二代产品(初级产品)

第二代产品要求经过人体及动物试验，证实该产品具有某种生理功能，但对其中的活性成分等并不明确。目前我国市场上的保健食品大多属于此类。

3. 第三代产品(高级产品)

第三代产品不仅需要经过人体及动物试验证明该产品具有某种保健功能，而且需要查清具有该项保健功能的功效成分，以及该成分的结构、含量、作用机理、在食品中的配伍性和稳定性等。它是第二代功能性食品的复合性功能产物，主要是以特定目标作用设计理念而开发，因此具有高度的专一性。但在成分上结合了多种具有共同特性的生理功能调节因子，因此可以达到更高效率的调节功能。这类产品目前在我国市场上还不多见，且功效成分多数是从国外引进，缺乏自己的系统研究。

第三代功能性食品的特点包括：功效成分明确、含量应可以测定、作用机理清楚、研究资料充分、临床效果肯定，如辅酶Q10、多糖、大豆异黄酮等。

(三)分类

功能性食品根据调节人体机能的作用可分为调节免疫功能食品、延缓衰老食品、改善记忆食品、促进生长发育食品、抗疲劳食品、减肥食品、耐缺氧食品、抗辐射食品、抗突变食品、抑制肿瘤食品、调节血脂食品、改善性功能食品、调节血糖食品等。

(四)根据食品种类分类

功能性食品主要包括软饮料、乳制品、烘培及谷物制品、糖果等(表1-1-1)，其中软饮料和乳制品占比最大，是发展较快的两个大类。

表 1-1-1 功能性食品根据食品种类分类

根据食品种类分类	主要功能
软饮料	主要包括营养素饮料、运动饮料和其他饮料三类
乳制品	主要指酸奶和乳酸菌饮料，具有改善肠胃消化、提高免疫力等功能
烘培及谷物制品	是具有降低胆固醇、降低心脏病发病概率等功效的食品
糖果	是能够快速补充能量的食品

四、功能性食品的作用

一般在人体健康态和疾病态之间存在一种第三态或称诱发病态，现称亚健康态。当人体较长时间处在亚健康态时就会生病。功能食品作用于人体的亚健康态，促使其向健康态转化，达到增进健康的目的，故欧美各国也称其为健康食品。

功能性食品主要有 27 种功能，主要包括：促进排铅、改善睡眠、促进泌乳、减肥、改善营养性贫血、增强免疫力、辅助降血脂、辅助降血糖、抗氧化、辅助改善记忆、缓解视疲劳、清咽、辅助降血压、缓解体力疲劳、提高缺氧耐受力、对辐射危害有辅助保护、改善生长发育、增加骨密度、对化学性肝损伤有辅助保护、祛痤疮、祛黄褐斑、改善皮肤水分、改善皮肤油分、调节肠道菌群、促进消化、通便、对胃黏膜有辅助保护功能。

工作页 1-1-1 功能性食品基础知识

模块 1：功能性食品的认知	项目 1：功能性食品基础知识
主题：功能性食品基础知识	编号：工作页 1-1-1
所属课程：功能性食品开发与应用	所属专业：
姓名：	班级 & 组号：
1. 素质目标 (1)强化学生自主学习能力，加强团队合作意识。 (2)树立严谨、科学的态度，增强责任感。 (3)提高职业素养。	
2. 知识目标 (1)掌握功能性食品的概念。 (2)掌握功能性食品与食品、药品的区别。 (3)了解功能性食品的分类及其作用。	
3. 能力目标 (1)能够掌握功能性食品的概念。 (2)能够明确功能性食品与食品、药品之间的区别。	
4. 知识要点 (1)功能性食品的概念及必须符合的四个要求。	

续表

(2)功能性食品与食品、药品的区别，并试举例说明哪些食品属于功能性食品？
5. 课后要求 查询最新药食兼用名单，并进行简单记录。

项目 2　功能性食品的功效成分

【学习目标】

1. 描述功效成分的定义及分类；
2. 明确功效成分与营养素的相互关系。

【工作情景】

某葡萄籽胶囊在标签中标明，其功效成分包括：葡萄籽提取物、维生素 C、维生素 E，根据所含功效成分，试分析其具有的主要功能。

知识储备

一、功效成分的定义

功能性食品中真正起生理作用的成分称为功效成分(Functional composition)，或称活性成分、功能因子。富含这些成分的配料称为功能性食品基料或活性配料、活性物质。显然，功效成分是功能性食品的关键。

在美国，要求在被认为是“健康食品”的标签上，列出起作用的功效成分及其具体含量。即使已有几十年的食用历史证实有益于人体健康的食品，若无法提出科学的依据(即确认起作用的活性成分)和取得美国食品与药物管理局(FDA)的认可，也不能在标签或使用说明书上宣称对身体健康的有益作用。

二、功效成分的分类

1. 功能性碳水化合物

例如，活性多糖、功能性低聚糖等。

2. 功能性脂类

例如，ω-3 多不饱和脂肪酸、ω-6 多不饱和脂肪酸、磷脂等。

3. 氨基酸、肽与蛋白质

例如，牛磺酸、酪蛋白磷肽、乳铁蛋白、免疫球蛋白、酶蛋白等。

4. 维生素和维生素类似物

例如，水溶性维生素、脂溶性维生素、生物类黄酮等。

5. 矿物元素

例如，常量元素、微量元素等。

6. 植物活性成分

例如，皂苷、生物碱、萜类化合物、有机硫化合物等。

7. 益生菌

益生菌主要是乳酸菌类，尤其是双歧杆菌。

三、功效成分与营养素的相互关系

营养素是食品(包括普通食品和功能性食品)的基本成分，而功效成分则是功能性食品的关键成分。虽然功效成分有时在部分普通食品中也有可能存在，但因其含量低，不足以发挥其特定的生理功效。

营养素包括碳水化合物、蛋白质、脂肪、维生素、矿物元素、水和膳食纤维。

功效成分包括：功能性碳水化合物，氨基酸、肽和蛋白质，功能性脂类，维生素和维生素类似物，矿物元素，植物活性成分，益生菌。

功效成分与营养素的相互关系如图 1-2-1 所示。

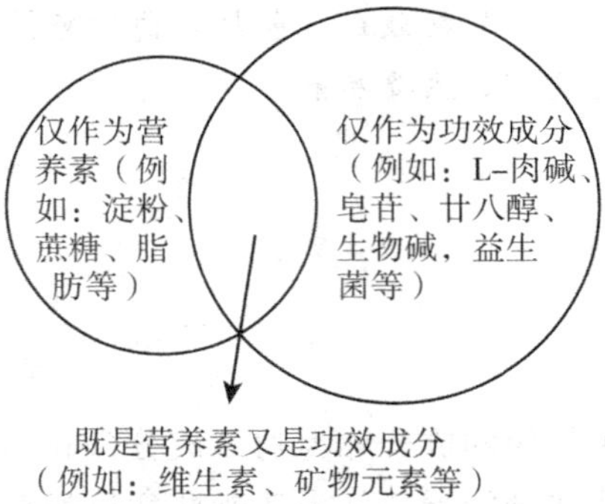

图 1-2-1 功效成分与营养素的相互关系

工作页 1-2-1 功能性食品功效成分

模块 1：功能性食品的认知	项目 2：功能性食品的功效成分
主题：功能性食品功效成分	编号：工作页 1-2-1
所属课程：功能性食品开发与应用	所属专业：
姓名：	班级 & 组号：
1. 素质目标 (1)强化学生自主学习能力，加强团队合作意识。 (2)树立严谨、科学的态度，增强责任感。 (3)提高职业素养。	

续表

2. 知识目标 (1)掌握功效成分的概念。 (2)掌握功效成分的分类。 (3)了解功效成分与营养素的相互关系。
3. 能力目标 (1)能够根据相关文献，总结和分析国内、外功能性食品的发展趋势。 (2)能够明确功效成分与营养素的相互关系。
4. 知识要点 (1)功效成分的概念及分类。 (2)功效成分与营养素的相互关系。
5. 案例分析 某葡萄籽胶囊在标签中标明，其功效成分包括：葡萄籽提取物、维生素 C、维生素 E，根据所含功效成分，试分析其具有的主要功能。

项目3　国内外功能性食品的发展现状

【学习目标】

了解国内外功能性食品的发展现状。

【工作情景】

随着国民健康观念不断转变，对功能性食品的需求呈现增加的趋势。近年来，人口老龄化进程加快，功能性食品受到消费者的关注，消费者开始有目的地选择对于自身有益的功能性食品。目前，比较受关注的功能性食品包括：可以辅助提高免疫力的功能性食品、有辅助减肥作用的功能性食品、能够起到抗衰老的功能性食品等。

知识储备

一、国际市场

据统计，近二十年来，国外功能性食品总营业额增长近30倍。美国现有功能食品企业近530家，每年生产1000多个品种；日本企业高达400多家，每年有2000多个品种的产量；德国作为世界上最早发展功能食品国家之一，多年来一直保持稳定增长，现有800家生产企业，生产出2000多个品种的功能食品；英国、法国、瑞士等也有较大增长。国外市场形成了完整的产业链和广阔的市场，拥有完善的法律法规制度的约束与管理，在技术上也有先进的食品生物技术作保障，得到了广大消费者的认同。

二、国内市场

总体来说，功能性食品发展经历了初级起步阶段、迅速发展阶段和规范提高阶段三个阶段，开发和生产的功能性食品大致分为以下三代。

第一代功能食品：为初级功能食品，仅根据食品中的营养成分来推断该类食品的功能，未经过严格的实验证明或严格的科学论证。该类产品主要为各类强化食品和滋补产品。

第二代功能食品：要求经过动物和人体实验证明其具有某种生理调节功能的食品，强调了科学性和真实性。目前我国市场上大多为该类功能性食品，第二代功能食品比第一代产品有了较大的进步，其特定的功能有了科学依据。

第三代功能食品：在第二代产品的基础上，进一步了解在功能性食品中起作用的功能因子以及产生的作用机理，了解功能因子的结构、稳定性等。该类产品在我国市场尚不多见，也是我国未来研究和发展的重点。同时，必须坚持“创新是第一动力”，拓展功能性食品的创新思路。

从产业规模来看，目前我国营养与保健食品仅占整个食品产业 7 万多亿元产值的 10%，与其他发达国家相比还存在较大的差距。因此，大力发展营养与保健食品产业势在必行。

工作页 1-3-1 国内外功能性食品的发展现状

模块 1：功能性食品的认知	项目 3：国内外功能性食品的发展现状
主题：功能性食品的发展现状	编号：工作页 1-3-1
所属课程：功能性食品开发与应用	所属专业：
姓名：	班级 & 组号：
1. 素质目标 (1)强化学生自主学习能力，加强团队合作意识。 (2)树立严谨、科学的态度，增强责任感。 (3)提高职业素养。	
2. 知识目标 了解国内外功能性食品的发展现状。	
3. 能力目标 根据相关文献，总结国内外功能性食品的发展趋势。	
4. 知识要点 查阅文献，总结国内外功能性食品的发展趋势，并加以分析。	

【学习资源】

功能性食品基础知识

功能性食品的功效成分

模块 2

功能性食品的功效成分

项目 1 功能性碳水化合物

任务 1 膳食纤维

【学习目标】

1. 描述膳食纤维的概念(植物学角度、化学角度、生理学角度);
2. 明确膳食纤维的分类;
3. 概述膳食纤维的物化特性;
4. 掌握膳食纤维的主要食物来源;
5. 明确膳食纤维的生理功能;
6. 掌握膳食纤维的有效摄入量。

【工作情景】

膳食纤维是在 20 世纪 50 年代由英国医生 Hipsley 提出的概念，当时用来描述食品中植物细胞壁的成分，这类人体不能消化的成分，却与身体健康有着密切关系。1956 年，英国的军医 Cleave 提出了一个假说，即西方的“现代文明病”与摄入过量糖和过低的膳食纤维有关。该假说引起了 Trowell 和 Burkitt 博士的注意，他们确信食物纤维在对肥胖症、糖尿病、高脂血症、冠心病、肠道癌症等疾病的发生起到积极的预防与保健作用。随后，科学家们予以高度重视和深入研究。1972 年由 Trowell 最早提出“食物纤维”这个名词。1972—1976 年，Trowell 和 Burkitt 等人在测定食品中各种营养成分时，提出并修改了食物纤维的定义。20 世纪 80 年代初到 90 年代末，世界粮农组织和美国谷物化学家学会在统一全世界范围内专家意见的基础上，给出了“膳食纤维(DF)”的定义。

知识储备

一、膳食纤维的定义

1. 植物学角度

从植物学的角度，认为膳食纤维是植物细胞壁的主要组成物质。

2. 化学角度

从化学的角度，认为膳食纤维是除淀粉外的主要多糖种类。

3. 生理学角度

从生理学角度，将膳食纤维定义为所有不被人体消化吸收的非淀粉类多糖与木质素的总称。这种定义强调膳食纤维进入人体后的营养价值，得到广泛认可。

二、膳食纤维的分类

膳食纤维可以分为水溶性膳食纤维与非水溶性膳食纤维两大类。

1. 水溶性膳食纤维

水溶性膳食纤维是指不被人体消化酶所消化，且溶于热水的膳食纤维。它具有黏性，能在肠道中大量吸收水分，使粪便保持柔软状态。水溶性纤维能有效使肠道中的有益菌活性化，促进有益菌大量繁殖，创造肠道的健康生态。它包括聚葡萄糖、低脂果胶、高脂果胶、苹果果胶、柚皮果胶、蓝莓果胶、菠萝果胶等。

2. 非水溶性膳食纤维

非水溶性膳食纤维是指不被人体消化酶所消化，且不溶于热水的膳食纤维。纤维素、半纤维素和木质素是 3 种最普遍的非水溶性纤维，可增加食物通过消化道的速率，并且预防某些癌症的发生。

三、膳食纤维的物化特性

1. 高持水性

膳食纤维化学结构中含有很多亲水基团，具有很强的持水力。膳食纤维的高持水力对调节肠道功能有重要影响，它有利于增加粪便的含水量及体积，促进粪便的排泄。膳食纤维持水力的大小及其束缚水的存在形式，会影响其生理功效的发挥。

2. 吸附作用

膳食纤维分子表面带有很多活性基团，可以吸附或螯合胆固醇、胆汁酸、肠道内的有毒物质(内源性毒素)、有毒化学药品(外源性毒素)等。

3. 阳离子交换作用

膳食纤维分子结构中的羧基、羟基和氨基等侧链基团，可产生类似弱酸性阳离子交换树脂的作用，可与阳离子，尤其是有机阳离子进行可逆的交换，从而影响消化道的 pH、渗透压等，形成一个缓冲的环境而有利于消化吸收。

4. 无能量填充剂

膳食纤维体积较大，缚水膨胀后体积更大，在胃肠道中会引起填充剂的容积作用，易引起饱腹感。同时，它还会影响可利用碳水化合物等在肠道中的消化吸收，使人不易产生饥饿感。所以，膳食纤维对预防肥胖症十分有利。

5. 发酵作用

膳食纤维虽不能被人体消化道内的酶所降解，但却能被大肠内的微生物所发酵降解，产生乙酸、丙酸和丁酸等短链脂肪酸，使大肠内 pH 降低，调节肠道菌群，诱导产生大量的好气有益菌，抑制厌气腐败菌。

由于好气菌群产生的致癌物质较厌气菌群少，即使产生也能很快随膳食纤维排出体外，这是膳食纤维能预防结肠癌的一个重要原因。另外，由于菌落细胞是粪便的一个重要组成部分，因此膳食纤维的发酵作用也会影响粪便的排泄量。

四、膳食纤维的来源

膳食纤维主要存在于谷、薯、豆类、蔬菜及水果中，谷物食品含膳食纤维最多，全麦粉含6%、精面粉含2%、糙米含1%、精米含0.5%、蔬菜含3%、水果含2%左右。但由于加工方法、食入部位及品种的不同，膳食纤维的含量也不同(表2-1-1～表2-1-6)。粗粮、豆类高于细粮；胡萝卜、芹菜、菠菜、韭菜等高于西红柿等；菠萝、草莓高于香瓜、西瓜等；同种蔬菜边皮含纤维量高于中心部位，同种水果果皮纤维量高于果肉。如果食用时将蔬菜的边皮或水果的外皮去掉的话，就会损失部分膳食纤维。水果汁和水果渣应一起食用，一个柑橘的膳食纤维量约等于橘汁的6倍，所以人们合理搭配粗细粮，多吃蔬菜及水果，这样膳食纤维的供给一般就能满足人体需要。

表2-1-1 谷类食品中膳食纤维的含量(g/100 g)

谷物名称	膳食纤维含量	谷物名称	膳食纤维含量
麸皮	31.3	黑米	3.9
荞麦(带皮)	13.3	小麦粉(标)	2.1
小麦	10.8	薏米	2
大麦	9.9	青稞	1.8
玉米面	6.2	小米	1.6
苦荞麦粉	5.8	馒头	1.3
薏米面	4.8	挂面	0.7
莜麦面	4.6	小米面	0.7
黄米	4.4	小麦粉(强)	0.6
高粱米	4.3		

表2-1-2 薯类食品中膳食纤维的含量(g/100 g)

薯类食物名称	膳食纤维含量	薯类食物名称	膳食纤维含量
魔芋精粉	74.4	木薯	1.6
白薯干	2	粉丝	1.1
红薯	1.6	土豆	0.7

表2-1-3 豆类食品中膳食纤维的含量(g/100 g)

豆类食物名称	膳食纤维含量	豆类食物名称	膳食纤维含量
黄豆	15.5	绿豆	6.4
扁豆(白)	13.4	绿豆面	5.8
青豆	12.6	豆腐丝	2.2

续表

豆类食物名称	膳食纤维含量	豆类食物名称	膳食纤维含量
蚕豆	10.9	蚕豆(去皮)	1.7
豌豆	10.4	豆腐干(卤)	1.6
芸豆(白)	9.8	豆浆	1.1
芸豆(红)	8.3	腐竹	1
赤小豆	7.7	香干(豆腐干)	0.8
黄豆粉	7	熏干(豆腐干)	0.3

表 2-1-4　蔬菜中膳食纤维的含量(g/100 g)

蔬菜名称	膳食纤维含量	蔬菜名称	膳食纤维含量
辣椒粉	43.5	蒜薹	2.5
白笋(干)	43.2	苋菜	1.8
发菜(干)	35	西兰花	1.6
冬菇(干)	32.3	四季豆	1.5
香菇(干)	31.6	青椒	1.4
木耳(干)	29.9	苦瓜	1.4
花椒	28.7	芹菜	1.4
芥菜干	27.4	韭菜	1.4
黑笋(干)	27.2	茄子	1.3
蕨菜(脱水)	25.5	茼蒿	1.2
紫菜(干)	21.6	胡萝卜	1.1
蘑菇(干)	21	油菜	1.1
姜(干)	17.7	白萝卜	1
菜花(脱水)	13.2	洋葱头	0.9
菠菜(干)	12.7	白菜	0.8
油菜(脱水)	8.6	西红柿	0.5
黄花菜	7.7	黄瓜	0.5
海带(干)	6.1		

表 2-1-5　水果中膳食纤维的含量(g/100 g)

水果名称	膳食纤维含量	水果名称	膳食纤维含量
红玉苹果	4.7	鸭梨	1.1
山楂	3.1	国光苹果	0.8
香蕉	2.6	雪花梨	0.8
草莓	2.0	巨峰葡萄	0.4

续表

水果名称	膳食纤维含量	水果名称	膳食纤维含量
红富士苹果	2.1	柑橘	0.4
菠萝	1.2	香瓜	0.4
桃	1.3	西瓜	0.3
杏	1.3	哈密瓜	0.2

表 2-1-6 坚果中膳食纤维的含量(g/100 g)

坚果名称	膳食纤维含量	坚果名称	膳食纤维含量
大杏仁	18.5	榛子	9.5
黑芝麻	14	杏仁	8
烤杏仁	11.8	炒花生仁	6.3
松子仁	10	花生仁(生)	5.5
白芝麻	9.8	西瓜子仁	5.4
核桃	9.5	葵花籽仁	4.5

五、膳食纤维的生理功能

(一)减肥功能

1. 减少食物的摄入量

膳食纤维的高持水性和缚水后体积的膨胀性，对胃肠道产生容积作用，以及引起胃排空的减慢，更快产生饱腹感且不易感到饥饿，对于预防肥胖症有益处。

2. 低能量

膳食纤维以在大肠内发酵的方式代谢，提供的能量低于普通碳水化合物，有利于控制体重。

3. 膳食纤维有减缓营养素吸收的作用

膳食纤维可减缓过量的油脂、碳水化合物的吸收，具有辅助减肥的功效。

(二)调节血糖水平，预防糖尿病的功能

膳食纤维的摄取，有助于延缓和降低餐后血糖和血清胰岛素水平的升高，改善葡萄糖耐量曲线，维持餐后血糖水平的平衡与稳定。膳食纤维稳定餐后血糖水平的作用，其机理主要有以下几个。

(1)水溶性膳食纤维在胃肠内吸水呈凝胶状，增加食物的黏滞性，使食物与消化液不能充分接触，使葡萄糖吸收减慢，摄入量减少，从而防止了餐后血糖水平急剧上升，改善葡萄糖的耐量和减少血糖药物的用量。

(2)水溶性膳食纤维吸收水分后在小肠内形成一层“隔离层”，从而阻碍了肠道对葡萄糖的吸收，没有吸收的葡萄糖随粪便排出体外。

(3)膳食纤维还可增加胰岛素的敏感性，通过与胰岛素互助的降糖效果，减少对胰岛素的需求。

膳食纤维中的果胶可延长食物在肠内的停留时间、降低葡萄糖的吸收速度，使进餐后血糖不会急剧上升，有利于糖尿病病情的改善。近年来，学者研究表明，食物纤维具有降低血糖的功效；实验证明，每日在膳食中加入 26g 食用玉米麸(含纤维 91.2%)或大豆壳(含纤维 86.7%)，结果在 28～30 天后，糖耐量有明显改善。因此，糖尿病患者的膳食中长期增加食物纤维，可降低胰岛素需要量，控制进餐后的代谢，可作为糖尿病治疗的一种辅助措施。专家建议正常人膳食纤维摄入量每天 30 g 左右，可有效预防糖尿病，调节便秘；糖尿病患者摄入量在每天 40 g 左右，可以有效稳定血糖。

(三)降血脂、预防心脑血管疾病的功能

膳食纤维可有效降低血清总胆固醇(TC)和低密度脂蛋白胆固醇(LDL-C)水平，但对血清甘油三酯(TG)和高密度脂蛋白胆固醇(HDL-C)水平的影响，缺乏统一的试验结果。大多数试验显示，膳食纤维对 HDL-C 和 TG 无明显影响。LDL-C 也被称为致动脉硬化因子，HDL-C 也被称为抗动脉硬化因子。前者水平的降低和后者水平的升高，均显示血脂情况的改善。

曾有研究人员对在美国和欧洲国家 10 项研究的数据进行汇总，分析后发现，每天通过饮食多摄入 10g 膳食纤维，可使冠心病发作和死亡的风险降低 14% 和 27%。这一摄入量相当于每天至少吃 3 个苹果，摄入来自谷类食品和水果的纤维降低冠心病死亡风险效果最明显，但来自蔬菜的纤维摄入与冠心病发病率和死亡率之间没有关联。

(四)润肠通便、预防结肠癌的功能

食物经消化吸收后所剩残渣到达结肠后，在被微生物发酵过程中，可能产生许多有毒的代谢产物，包括氨(肝毒素)、胺(肝毒素)、亚硝胺(致癌物)、苯酚与甲苯酚(促癌物)、吲哚与 3-甲基吲哚(致癌物)、次级胆汁酸(致癌物或结肠癌促进物)等。膳食纤维对这些有毒发酵产物具有吸附螯合作用，并促进其排出体外，预防大肠癌变。

膳食纤维可促进肠道蠕动，缩短了粪便在肠道内的停留时间，加快粪便的排出，使肠道内的致癌物质得到稀释。因此，致癌物质对肠壁细胞的刺激减少，也有利于预防结肠癌。

膳食纤维防治结肠癌的机理包括以下几点。

1. 增加粪便重量，稀释结肠内容物

由于膳食纤维的吸水性较强，吸收大量的水分后，会相应地增加粪便的体积和重量，从而稀释了肠内致癌物质的浓度，降低了癌症发生的可能性。

2. 增加排便次数，减少粪便通过时间

纤维素能使排出的粪便量增多，缩短食物及残渣通过胃黏膜的运转时间，加快肠腔内毒素的通过。

3. 抑制致癌物质的活性

膳食纤维可以通过多种方式抑制致癌物质对细菌的作用，包括抑制致癌物质的形成、抑制致癌物质的活性，以及致癌物质与组织接触后发挥抑制作用等。

4. 促进胆汁酸的代谢

胆汁酸被认为是最有可能的结肠癌的病原，在结肠癌的发生中起着关键的作用。

5. 吸附肠道促癌物质

膳食纤维可以吸附苯酚、次级胆汁酸等促癌物质，促进排出体外，降低结肠癌的发病率。

(五)降血压功能

膳食纤维能够吸附离子，与肠道中的 Na^+、K^+ 进行交换，降低血液中的钠钾比值，从而起到降血压的作用。

(六)防治便秘的功能

1. 便秘对人体的危害

(1)造成大脑功能受损。

便秘时代谢产物久滞于消化道，会产生大量有害物质，如甲烷、酚、氨等，这些物质部分扩散进入中枢神经系统，干扰大脑功能，突出表现是记忆力下降、注意力分散、思维迟钝等。

(2)引发心、脑血管疾病发作。

临床上关于因便秘而用力增加腹压，屏气使劲排便造成的心、脑血管疾病发作有逐年增多趋势，可诱发心绞痛、心肌梗死发作、脑出血、中风猝死等。

(3)导致胃肠神经功能紊乱。

便秘时，有害物质吸收可引起胃肠神经功能紊乱而致食欲不振、腹部胀满、口苦、肛门排气多等表现。

(4)引发结肠癌。

结肠癌可能是由于便秘而使肠内致癌物长时间不能排除所致，据资料表明，严重便秘者约 10%患结肠癌。

2. 造成便秘的原因

(1)进食量少、食物缺乏纤维素或水分不足，对结肠运动的刺激减少。

(2)因工作紧张、生活节奏过快、工作性质和时间变化、精神因素等干扰了正常的排便习惯。

(3)结肠运动功能紊乱所致，常见于肠易激综合征，是由结肠及乙状结肠痉挛引起，除便秘外同时具有腹痛或腹胀，部分患者可表现为便秘与腹泻交替。

(4)滥用泻药，形成药物依赖，造成便秘。

(5)老年体弱、活动过少、肠痉挛导致排便困难，或由于结肠冗长所致。

3. 膳食纤维的作用

膳食纤维具有很强的持水性，其吸水率高达 10 倍。它吸水后使肠内容物体积增大，大便变松变软，通过肠道时会更顺畅更省力。与此同时，膳食纤维作为肠内异物能刺激肠道的收缩和蠕动，加快大便排泄，起到治疗便秘的功效。

(七)抗氧化、清除人体自由基的功能

现代医学证明，脂质氧气所产生的自由基在癌症形成的起始和促成阶段都起着重要作用。机体在代谢过程中产生的自由基有超氧离子自由基、羟自由基、氢过氧自由基。其中羟自由基是最危险的自由基，而膳食纤维中的黄酮类物质具有清除超氧离子自由基和羟自由基的能力，在治疗心血管病和老年性痴呆症方面疗效独特。

(八)预防乳腺癌的功能

据流行病学发现，乳腺癌的发生与膳食中高脂肪、高糖、过量摄入肉类及低膳食纤维摄入有关。体内过多的脂肪促进某些激素的合成，形成激素之间的不平衡，使乳房内激素水平上升所造成。

(1) 膳食纤维直接吸附肠道中的结合型雌激素，使其直接排出体外。

(2) 膳食纤维能够吸附被肠道微生物酶催化作用而形成的游离雌激素，减少重新吸入血液游离雌激素的量。

(3) 膳食纤维通过增加排粪量而降低肠道微生物酶的浓度，减少了肠道微生物分解结合型雌性激素的概率。

(九)改善口腔及牙齿功能

现代人由于食物越来越精细、柔软，使用口腔肌肉、牙齿的机会越来越少，因此，牙齿脱落、龋齿出现的情况越来越多。而增加膳食中的纤维素，自然增加了使用口腔肌肉、牙齿咀嚼的机会，长期下去则会改善口腔保健功能。

(十)防治胆结石的功能

胆结石的形成与胆汁胆固醇含量过高有关，由于膳食纤维可结合胆固醇，促进胆汁的分泌、循环，因而可预防胆结石的形成。研究表明，每天给患者增加 20～30g 的谷皮纤维，一个月后即可发现胆结石缩小，这与胆汁流动通畅有关。

六、膳食纤维的有效摄入量

世界卫生组织和各国营养学界对膳食纤维的摄入给出了统一的建议，即每人每天摄入量在 25～35 g，其中美国糖尿病协会建议糖尿病患者可以适度提高到 45～55 g。世界粮农组织建议正常人群摄入量为每人每天 27 g。欧洲共同体食品科学委员会推荐标准为每人每天 30 g。美国防癌协会推荐标准为每人每天 30～40 g。中国营养学会 2013 年最新颁布的中国居民膳食营养素参考摄入量规定的每日膳食纤维摄入量宜为 25～35 g。

七、膳食纤维摄入量过多对人体的危害

(一)造成反酸

因为膳食纤维在胃中排空的时间长，如果食用过量会造成反酸，严重的还会造成食物反流，对食道会造成伤害。

(二)造成肠道堵塞

食用膳食纤维一定要多喝水，膳食纤维在肠道中如果缺水会导致肠道堵塞，严重的会发生急性肠梗阻。所以，食用膳食纤维时一定要多喝水。

(三)造成便秘

短期摄入大量的膳食纤维，大肠内所有的水分不够给膳食纤维吸收，也会出现便秘，甚至这种便秘更加严重。这个道理就像“和面”，适当的面粉加上适当的水就可以了。当面粉过多的时候，面就和不成团，因为太干燥了。

(四)妨碍某些营养素的吸收

食用过量会妨碍某些营养素的吸收，大量的膳食纤维会影响钙等矿物质的吸收，如束缚 Ca^{2+} 和一些微量元素的吸收、束缚人体对维生素的吸收和利用，长此以往会导致营养不良。

工作页 2-1-1 功能性碳水化合物

<table>
<tr><td>模块 2：功能性食品的功效成分
项目 1：功能性碳水化合物</td><td>任务 1：膳食纤维</td></tr>
<tr><td>主题：膳食纤维</td><td>编号：工作页 2-1-1</td></tr>
<tr><td>所属课程：功能性食品开发与应用</td><td>所属专业：</td></tr>
<tr><td>姓名：</td><td>班级 & 组号：</td></tr>
<tr><td colspan="2">1. 素质目标
(1)强化学生自主学习能力，加强团队合作意识。
(2)树立严谨、科学的态度，增强责任感。
(3)提高职业素养。</td></tr>
<tr><td colspan="2">2. 知识目标
(1)掌握膳食纤维的概念、分类及生理功能。
(2)了解膳食纤维的物化特性。
(3)掌握膳食纤维的具体食物来源及有效摄入量。</td></tr>
<tr><td colspan="2">3. 能力目标
(1)能够掌握膳食纤维的概念、分类及不同膳食纤维的具体生理功能。
(2)能够明确膳食纤维的具体食物来源，为《营养配餐与设计》课程打下良好基础。</td></tr>
<tr><td colspan="2">4. 案例分析
“膳食纤维”一词最早在 1953 年由英国流行病学专家 Hipsley 提出。1960 年英国营养病学专家 Trowell 等在东非乌干达等地研究发现，现代文明病如心脑血管病、糖尿病、癌症及便秘等在英国和非洲有显著差异。非洲居民因天然膳食纤维摄入高，现代文明病发病率明显低于英国。Trowell 于 1972 年提出“食物纤维”的概念并发表两篇著名营养学报告指出，现代文明病的发病率与食物纤维的消耗量成反比；食用高纤维含量的饮食在一定程度上可以预防高脂血症、高血压病、心脏病、糖尿病、肥胖病等。这两份标志性的报告拉开了人类研究膳食纤维的序幕。膳食纤维目前已通过美国 FDA、欧洲共同体国家、日本厚生省、中国卫生部的鉴定，被医学界、营养学界专家称为“第七营养素”。
(1)作为一种日常生活中必不可少的营养元素，膳食纤维可分为哪两大类？
(2)材料中提到，膳食纤维可以有效地减少高脂血症的发生，降低血脂水平，请结合本书中所学的相关知识，解释原因。</td></tr>
</table>

任务 2 活性多糖

【学习目标】

1. 描述真菌活性多糖的概念、分类；
2. 明确常见真菌活性多糖的生理功能。

【工作情景】

真菌活性多糖被称为“生物反应调节物”，作为免疫增强剂和免疫激活剂可以起到调节人体免疫力的作用，特别是处于亚健康状态的人，身体免疫功能低下，更容易受细菌、病毒等的侵染。我国是世界上食用菌物种资源高度丰富的国家之一。悠久的历史文化和传统的生活实践，创造了中国独特的菌文化。伴随现代科学技术的发展，越来越多的人更加重视真菌食品，改变膳食结构，向着天然、营养、保健功能食品方向发展。

知识储备

一、活性多糖的概念

活性多糖是指具有某种特殊生理活性的多糖化合物，比如灵芝多糖、枸杞多糖、香菇多糖、黑木耳多糖、海带多糖、松花粉多糖等，具有双向调节人体生理节奏的功能。在免疫调节、抗辐射、调节肠胃、帮助组织结构再生或修复、促进伤口愈合及预防心脑血管和糖尿病等方面均具有突出表现，对肝炎、肿瘤、心血管、糖尿病、降血脂、抗衰老等方面均有独特的生物药理活性。

二、真菌活性多糖

(一)真菌活性多糖的定义

真菌活性多糖是从真菌子实体、菌丝体、发酵液中分离出的，可以控制细胞分裂分化，调节细胞生长衰老的一类活性多糖。

(二)真菌活性多糖的分类

真菌活性多糖主要有香菇多糖、灵芝多糖、银耳多糖、冬虫夏草多糖、茯苓多糖、金针菇多糖、黑木耳多糖等。

研究表明：香菇多糖、银耳多糖、灵芝多糖、茯苓多糖等食药性真菌多糖具有抗肿瘤、免疫调节、抗突变、抗病毒、降血脂、降血糖等方面功能。

(三)真菌活性多糖的生理功能

在国际上，真菌多糖被称为“生物反应调节物”，简称“BRM”，研究表明，药用菌的活性多糖成分 β-D(1-73)葡萄糖对异源的、同源的甚至遗传性的肿瘤都能起辅助治疗作用。此外，它还具有抗细菌、抗病毒和抗凝聚的作用，提高肝功能和解毒力，提高动物耐缺氧能力和氧的利用率，降低血液的黏稠度，增加心肌收缩力，改善心律，降血糖，镇静、镇痛，具有平喘、止咳、化痰的功效。

1. 免疫调节功能

实验证明，大多数真菌多糖的抗肿瘤作用是作为生物反应调节剂，通过增强宿主免疫调节功能即宿主介导抗肿瘤活性来实现的。真菌多糖可通过多条途径、多个层面对免疫系统发挥调节作用。大量免疫实验证明，真菌多糖不仅能激活 T 淋巴细胞、B 淋巴细胞、巨噬细胞和自然杀伤细胞(NK)等免疫细胞，还能活化补体，促进细胞因子的生成，对免疫系统发挥多方面的调节作用。

在目前已发现的多糖化合物中，绝大多数的多糖具有免疫调节功能、激活或提高网状内皮细胞和巨噬细胞的吞噬能力、活化 T 淋巴细胞和 B 淋巴细胞、激活补体、促进干扰素的产生、促进白细胞介素的产生等作用，如香菇多糖、猴头菌多糖、雷丸多糖、裂褶菌多糖、猪苓多糖、云芝胞内多糖等。

2. 抗肿瘤功能

(1)多糖对肿瘤的治疗作用不是直接杀伤肿瘤细胞，而是通过增强患者的免疫防御系统，达到防癌抗癌的效果。实验证明，从香菇、黄芪、柏树菌中提炼的多糖能增强T细胞的功能，使免疫功能低下的动物恢复正常，特别对具有杀伤肿瘤细胞功能的T细胞、NK细胞及淋巴因子激活的杀伤(LAK)细胞有激活作用。

(2)多糖又是免疫B细胞活化剂，像黄芪多糖、香菇多糖、柏树菌多糖、灵芝多糖等等能促进B细胞的增殖，使其产生大量免疫球蛋白抗体，从而增强抗病能力。

(3)巨噬细胞，特别是毒性巨噬细胞对肿瘤的细胞有很强杀伤力，它能合成和分泌肿瘤坏死因子(TNF)，使肿瘤出血坏死。多糖类的物质是强大的TNF诱导剂，给动物注射多糖第8天，TNF的产生将达到高峰，从而发挥抗癌功效。

(4)干扰素(IFN)是机体内自己制造的抗病毒和抗癌物质。柏树菌多糖能够诱导机体产生干扰素。10～100 μg/mL浓度的柏树菌可使正常人产生的α干扰素和γ干扰素分别提高8倍和4倍。

(5)白细胞介素2(IL-2)为T细胞生长因子，由活化的T细胞所产生，既能维护免疫T细胞长期存活，又可诱导T杀伤细胞及LAK细胞的生长，因此成为治疗肿瘤和艾滋病等病毒的最新药物。多糖类药物可激活T细胞诱导内源性白细胞介素2产生，从而避免白细胞介素2的毒性与副反应，还能提高细胞对白细胞介素2的敏感性，使其能在较低剂量下产生最大治疗效果。

真菌活性多糖的抗肿瘤功能一般表现为多糖能提高机体免疫力或能够激活和提高网状内皮细胞、巨噬细胞的吞噬能力，直接杀灭肿瘤细胞，能促进干扰素和白细胞介素的产生而抑制肿瘤的生长。已有多种真菌多糖，如云芝多糖、香菇多糖、裂褶菌多糖和茯苓多糖，在临床上用于治疗肿瘤。

真菌多糖作为抗癌剂的最大优点是毒副作用小，与化疗联合应用有协同作用，还可对抗化疗药的骨髓抑制等不良反应。其中香菇多糖、猪苓多糖、裂褶多糖与茯苓多糖已用于临床，在治疗中显示出对多种肿瘤细胞的抑制能力，如香菇多糖治疗胃癌、结肠癌、乳腺癌、淋巴肉瘤等取得了较好疗效，存活期明显延长，几乎无副作用。

3. 抗突变作用

近年来，随着大量科研工作的实施，真菌多糖抗突变方面的研究取得了很大成果，但多糖本身结构的复杂性给研究工作带来一些困难。真菌多糖对细菌、高等植物细胞、动物细胞的突变具有拮抗作用，因此，多糖应用的范围广泛。另外，细胞突变与肿瘤的产生和预防有密切关系，进行真菌多糖抗突变研究有利于尽快突破肿瘤预防和治疗的世界性难题。目前，在真菌多糖抗突变研究中使用的方法有：沙门氏菌回复突变试验(Ames试验)、微核试验、小鼠的染色体畸变试验(包括小鼠睾丸染色体畸变、骨髓细胞染色体畸变和脾脏染色体畸变等)、小鼠精子畸形试验等。

4. 真菌活性多糖对糖尿病和哮喘的作用

研究发现真菌活性多糖治疗糖尿病是通过两方面发生作用的。一是改变血液循环，使机体胰脏血液循环加快，胰岛B细胞得到了足够的氧，从而增加了胰岛素的分泌量。二是提高肌肉细胞胰岛素靶细胞受体的功能，使得同样量的胰岛素能发挥更大的效果。有些老年糖尿病患者在内分泌功能检测时，胰岛素的量处于正常范围，之所以会产生糖尿病，主要是胰岛素靶细胞对胰岛素敏感性降低的原因。哮喘患者气管肥大细胞的细胞透性较大，所以致喘物质组织胺容易从肥大细胞中释放出来。哮喘患者服用真菌多糖后，气管平滑肌肥大细胞、细胞膜的创伤修复就会加快。肥大细胞的组织胺释放受到了抵制，从而抑制了哮喘。真菌多糖的抗疲劳作用，也是提高细胞生理功能，提高细胞乳酸脱酶的活性实现的。

5. 真菌多糖的抗病毒作用

研究发现，真菌多糖的抗病毒作用是由于真菌多糖对细胞的作用。真菌多糖可以提高机体细胞的生理功能，修复细胞、激活细胞。地球上的每一种生物(生物、植物、细菌)都有其相应的病毒。因此每一种生物都有相应的病毒性疾病。由于病毒是在寄主细胞内繁殖，其生长繁殖的方式和寄生几乎完全相同，所以常规药物很难将其杀死，而且几乎是无计可施，因为若要杀死病毒往往殃及人体内正常的细胞。

由于药物治疗存在着如此大的困难，所以医学科研工作者把对病毒的治疗完全寄托在提高机体自身免疫力上，依靠机体免疫系统高度灵敏的识别和杀灭异物的能力消灭病毒。机体存在两个免疫系统，一是细胞免疫系统，二是体液(免疫球蛋白)免疫系统。这两个免疫系统在第一次受到病毒感染后，就产生了识别这种病毒的能力。如病毒第二次感染时，两个系统就会向病毒发起攻击，消灭这种入侵的病毒。机体对病毒的免疫力和机体的健康状况有关。年轻、健康的机体，免疫能力强，所以抵抗病毒感染能力也强，如年轻人感冒后恢复健康较快。

真菌多糖有显著提高机体免疫能力，能提高 T4/T8 细胞的比值，能提高 NK 细胞、LAK 细胞、K 细胞、单核吞噬细胞的识别物能力和杀伤能力。

真菌多糖能治疗多种病毒性疾病，如流感、肝炎。现在发现真菌多糖虽是大分子物质，但仍能通过黏膜进入血液，从而到达细胞。由于真菌多糖能和病毒表面蛋白外壳直接结合，从而直接抑制病毒的生长繁殖，竞争性地抑制了细胞受体接受病毒蛋白能力的发挥，结果使病毒难以进入细胞内。

大多数多糖对各种病毒有抑制作用，如艾滋病病毒(HIV-1)、单纯疱疹病毒、巨细胞病毒、流感病毒等。香菇多糖对泡状口角炎病毒感染引起的小鼠脑炎有显著治疗和预防作用，治疗组 100%存活，而对照组全部死亡；香菇多糖对防阿伯尔氏病毒和十二型腺病毒感染也有效，其抗病毒作用与它诱生 IFN 和提高 NK 活性有关。多糖的抗病毒作用现已引起医药界的高度重视，显示了多糖广阔的药用前景。

6. 真菌多糖的抗氧化、抗衰老作用

许多真菌多糖都具有提高抗氧化酶活性，清除自由基，抑制脂质过氧化，从而保护生物膜的作用。关于其作用机理有以下 4 个方面：(1)加强 DNA 的复制与合成，提供必需的微量元素与营养来延长动物的生长期。(2)提高动物对非特异性刺激的抵抗力以达到强壮作用。(3)通过调节和增强免疫功能达到抗衰老作用。(4)调节蛋白质、核酸、糖、脂质代谢，抗脂质过氧化，提高机体 SOD 比活力，清除 LPO 和 MDA，以抗衰老。

7. 真菌多糖的保胃保肝作用

猴头菌多糖可增加胃液分泌、稀释胃酸、保护溃疡面、促进黏膜再生，对胃癌、慢性萎缩性胃炎、食道癌、十二指肠溃疡有显著疗效。云芝多糖对慢性肝炎、乙型肝炎皆有防治作用。香菇多糖提取物有保肝、增强排毒能力以及增强对洋地黄毒素毒性的抵抗能力。

8. 真菌多糖的其他功能

真菌多糖还具有抗辐射、抗溃疡和抗衰老等功能。

(四)几种常见的真菌多糖

1. 灵芝真菌多糖

灵芝是“真菌之王”，可从灵芝子实体中分离出的各种小、中、大分子多糖。灵芝属真菌的品种繁多，灵芝和紫芝是其中两种最著名的品种。1981年，宫琦等人报道从灵芝子实体中分离出一种水溶性多糖，经鉴定为阿木葡聚糖。1982年，宫琦再次报道一种存在于灵芝子实体中的水溶性多糖，是由岩藻糖、木糖和甘露糖组成的，其物质的量比为1∶1∶1，是一种高度分支的杂多糖。

目前已分离出的灵芝多糖有200多种，其中大部分为β-葡聚糖，少数为α-葡聚糖，多糖链由三股单糖链构成，是一种螺旋状立体构形物，其构形与DNA、RNA相似，螺旋层之间主要以氢键固定，分子量从数百到数十万。除一小部分小分子多糖外，大多不溶于高浓度酒精，而溶于热水。灵芝多糖是灵芝中最有效的成分之一，具有刺激宿主非特异性抗性、免疫特异反应以及抑制移植肿瘤生理活性的特性。活性强弱还与多糖链分叉的程度及支链上羟基的数量有关。灵芝多糖还能提高机体免疫力，提高机体耐缺氧能力，消除自由基，抗放射，提高肝脏、骨髓、血液合成DNA、RNA和蛋白质的能力，从而延长寿命。

灵芝多糖对心血管疾病、免疫功能低下、气喘、过敏、神经衰弱、胃热等有显著效果，同时还具有降血压、降血脂、解血瘀、改善血液循环、皮肤美容等作风。

(1)抗肿瘤作用。

自身免疫功能低下或失调，是产生肿瘤并扩展的重要原因。灵芝多糖是最佳的免疫功能调节和激活剂，它可显著提高机体的免疫功能，增强患者自身的抗癌能力。灵芝多糖可以促进白细胞介素-2的生成，促进单核巨噬细胞的吞噬功能、提升人体的造血能力尤其是白细胞的指标水平，以及加强其中某些有效成分对癌细胞的抑制作用，成为抗肿瘤、防癌以及癌症辅助治疗的优选药物。灵芝多糖对人体几乎没有任何毒副作用。这种无毒性的免疫活化剂的优点，恰恰是许多肿瘤化疗药物和其他免疫促进剂所不具有的。

(2)保肝解毒作用。

灵芝多糖能促进肝脏对药物、毒物的代谢，可明显消除头晕、乏力、恶心、肝区不适等症状，并可有效地改善肝功能，使各项指标趋于正常。所以，灵芝多糖可用于治疗慢性中毒、各类慢性肝炎、肝硬化、肝功能障碍。

(3)对心血管系统的作用。

灵芝多糖可有效地扩张冠状动脉，增加冠脉血流量，改善心肌微循环，增强心肌氧和能量的供给；可明显降低血胆固醇、脂蛋白和甘油三酯，并能预防动脉粥样硬化斑块的形成；可改善局部微循环，阻止血小板聚集。

(4)抗衰老作用。

对于成年人和老年人而言，这种促进和调整可明显延缓衰老。对于处于生长发育阶段的少年儿童而言，则可促进其免疫功能的完善，增强抗病能力，确保其健康成长。

调节代谢平衡，促进核酸和蛋白质的合成。研究表明，灵芝多糖能促进血清、肝脏和骨髓的核酸及蛋白质的生物合成，因此可以有效地抗病防衰老。

(5)抗自由基作用。

灵芝多糖能显著促进细胞核内 DNA 合成能力，并可增加细胞的分裂代数，从而延缓机体的衰老。可清除机体产生的自由基，从而阻止自由基对机体的损伤，提高机体的抗氧化能力，保护细胞，延缓细胞衰老。

(6)调节中枢神经、降压、降糖作用。

灵芝多糖对于中枢神经系统有较强的调节作用，具有镇静安神的功效，对于神经衰弱和失眠患者是必备佳品。国家药典中，灵芝就是有效的安眠宁神之药。

灵芝多糖能延长和稳定其他降压药物的效果。

灵芝多糖能促进组织对糖的利用，可取代胰岛素抑制脂肪酸的释出，可改善血糖、尿糖等症状。

(7)对慢性支气管炎、支气管哮喘作用。

灵芝多糖有显著的镇咳祛痰及平喘作用，对于缓解此种疾病的咳痰、喘的症状及防止喘息发作有显著效果。

(8)抗过敏作用。

灵芝多糖能抑制亢进的免疫水平，保持机体自身的稳定。灵芝可阻断过敏反应介质的释放，防止过敏反应的发生，对过敏性哮喘、红斑狼疮、肾炎、过敏性鼻炎、多种顽固性皮肤病等都可起到较好的效果，并可部分对抗某些疾病患者因长期使用激素而出现的毒副作用。

(9)美容作用。

灵芝多糖能保持和调节皮肤水分，恢复皮肤弹性，使皮肤湿润、细腻，并可抑制皮肤中的黑色素的形成和沉淀，可令全身肌肤光滑细腻，并能有效防止细菌对肌肤的侵袭。

(10)其他作用。

灵芝多糖可刺激骨髓造血，升高白细胞，可用于各种原因(如放射线药物、血液性)引起的白细胞减少症；通过提高机体的免疫能力，抵抗顽固性病毒(如艾滋病病毒)侵袭；还可帮助机体，提高对各种不良环境(如高原缺氧等)的耐受性；灵芝多糖还具有较好的镇痛作用，对头痛、腰痛、神经痛、癌症疼痛等都有良好的效果。服用灵芝多糖，可使因外科手术或放、化疗而减低免疫力的患者，逐渐增强抵抗力，而且食欲增加、疼痛减轻。健康人服用，可预防癌症。

可以减少放疗与化疗的副作用，增强治疗效果。如减轻疲劳、减少呕吐、增进食欲、减少脱发、防止白细胞减少、防止感染等；延长癌症患者的生存时间及减少癌的转移；创造治疗机会，使只能保守治疗、濒临死亡的患者能够接受放化疗及进行手术治疗；改善癌症患者的生活质量，减轻疼痛；预防癌症发生及癌症复发。

2. 黑木耳真菌多糖

木耳属中的黑木耳是一种常见的食用菌，三嘉喜等人曾研究过黑木耳多糖结构与抗肿瘤活性。据报道，他们从黑木耳子实体中分离出一种酸性杂多糖和两种 β-葡聚糖。酸性杂多糖是由木糖、甘露糖、葡萄糖和葡萄糖醛酸等组成，其物质的量比为 1∶4.1∶1.3∶1.3，其主链是由 β(1→3)键连接的甘露聚糖，通过 C2 或 C6 分支点连接木糖、葡萄糖或葡萄糖醛酸作为侧链。

β-葡聚糖中有一种能溶于水，是由 β(1→3)键连接的葡聚糖作为主链，平均每 3 个残基通过 C6 分支点连接有一个葡萄糖残基侧链。这种多糖对小鼠移植性肉瘤 S180 有很强的抑制活性，虽然也具有 β(1→3)葡聚糖主链和 C6 位单个残基，但因它具有高度分支的侧链，故基本上没有抑肿瘤活性。

3. 猴头菇真菌多糖

猴头菇是一种齿菌科齿菌属真菌，猴头菇多糖具有提高巨噬细胞吞噬指数、吞噬率，抑制肿瘤细胞生长和提高机体抗放疗、化疗，加速血液循环的功效。更重要的是，猴头菇多糖对胃肠肿瘤、溃疡、炎症等有极佳的治疗功效。猴头菇多糖还有抑制病毒生长繁殖的作用。

自古以来猴头菇就是有名的山珍，猴头菇不但能烹制美味佳肴，又是辅助治疗消化系统疾病的食物，并具有滋补作用。

近几年来，还发现猴头菇能提高人体免疫功能，对消化道肿瘤患者大有裨益，能预防癌症的发生，是宜药宜膳的理想食品。猴头菇多糖还能益气养血，扶正培本，对胃及十二指肠溃疡的愈合有效率为 93%。

猴头菇多糖的生理功能包括以下几点。

(1)抑制肿瘤生长(抑制肿瘤细胞核酸的合成，对肿瘤细胞的生长有直接抑制作用)。

(2)促进消化道溃疡和各种慢性胃炎的修复。

(3)治疗肝炎(提高免疫功能，促进肝细胞再生，抑制病毒生长的作用)。

(4)提高化疗后白细胞数量，调节机体免疫功能(促进淋巴细胞增值，提高白细胞的数量，提高抗体的含量)，治疗神经衰弱。

4. 杏鲍菇真菌多糖

杏鲍菇是最常见的食用菌之一，已有很长的种植栽培历史了。1969 年，千原首次报道从杏鲍菇中分离出一种抗肿瘤多糖，轰动了整个医学药物界。之后掀起了一股从食用或药用真菌中寻找抗肿瘤成分的热潮。

Sasaki 等人用这种多糖以 2 mg/kg 剂量腹腔注射已移植肿瘤的大鼠连续 5 天，结果表明它对肉瘤 S180 的抑制率达 83%，而相同剂量的经切支水解后得到的较小分子杏鲍菇多糖对肉瘤的抑制率更高，达 97%以上。

临床上已应用杏鲍菇多糖治疗慢性肝炎和作为原发性肝癌等恶性肿瘤的辅助治疗药物，可以缓解症状，提高患者低下的免疫功能，以及纠正微量元素的代谢失调等。我国古籍中也记载杏鲍菇“益气不饥、治风破血和益胃助食”。民间用来防痘疮、麻疹的诱发，治头痛、头晕。

杏鲍菇具有很高的药用价值，其所含的杏鲍菇多糖和双链核糖核酸，具有较强的抗癌防癌作用，适用于包括白血病在内的多种恶性肿瘤的食物治疗。此外，还因其含有胆碱、腺嘌呤、氧化酶和某种核酸物质，对心血管系统、内分泌系统的一些疾病乃至肝硬化等也有食疗和预防作用。现代研究证明，杏鲍菇多糖可调节人体内有免疫功能的 T 细胞活性，可降低甲基胆蒽诱发肿瘤的能力。杏鲍菇对癌细胞有强烈的抑制作用，还能诱导产生干扰素，具有抗病毒能力。

能增强肌体免疫功能、抗病毒；且能降低机体胆固醇含量，防止动脉硬化；有降血压、降血脂之功效；与双歧杆菌结合有改善肠胃功能和美容效果；还具有抗癌效果。杏鲍菇真菌多糖对胃溃疡、肝炎、心血管病、糖尿病也具有一定的预防和治疗作用，可增强人体抗病、治病能力。

5. *刺五加真菌多糖*

近代医学研究证明刺五加的作用特点与人参基本相同，具有调节机体紊乱，使之趋于正常的功能；有良好的抗疲劳作用，较人参显著，并能明显提高耐缺氧能力；补中、益精、强意志、祛风湿、壮筋骨、活血去瘀、健胃利尿等功能。久服刺五加真菌多糖可以“轻身耐劳”。

刺五加含有刺五加甙，其能刺激精神和身体活力。众多关于刺五加的科学出版物已证明了其具有抗疲劳作用，增强持久力和耐力，增加机敏和学习能力。众多用法都已在人体实验中得到了证实。刺五加是病后康复、承受过多压力或紧张、工作过量、慢性病导致身体虚弱的人群以及那些需要达到生理和心理性能高峰的人群非常受欢迎的自我药疗药物。目前同样有相当可观数量的报道指出其具有调节免疫系统，恢复非正常低血压，改善循环系统，使紊乱的糖脂代谢正常化，改善肝部、睾丸、骨密度和其他重要器官的合成代谢的功效。

刺五加真菌多糖的生理功能包括以下几方面。

(1)预防压力所致疾病。

刺五加含有刺五加甙，其对肾上腺具有良好的作用，这个微小的腺体位于肾上部并分泌抵抗疲劳的荷尔蒙。服用刺五加被认为可解决过度的生理压力，并且增强抵御疾病能力。

(2)抵抗疲劳和恢复精力。

研究显示，刺五加甙可改善运动肌肉对氧的使用。这意味着人体可维持更久的有氧运动并更快从运动疲劳中恢复。

(3)刺激机体免疫力。

刺五加提取物可刺激细胞免疫力。研究发现，其可刺激 T 细胞产生。因此，刺五加被用于多种免疫相关疾病。德国科学家曾发现该草药可能对治疗 AIDS 的早期阶段有很大帮助。

工作页 2-1-2 活性多糖

<table>
<tr><td>模块 2：功能性食品的功效成分
项目 1：功能性碳水化合物</td><td>任务 2：活性多糖</td></tr>
<tr><td>主题：活性多糖</td><td>编号：工作页 2-1-2</td></tr>
<tr><td>所属课程：功能性食品开发与应用</td><td>所属专业：</td></tr>
<tr><td>姓名：</td><td>班级 & 组号：</td></tr>
<tr><td colspan="2">1. 素质目标
(1)强化学生自主学习能力，加强团队合作意识。
(2)树立严谨、科学的态度，增强责任感。
(3)提高职业素养。</td></tr>
<tr><td colspan="2">2. 知识目标
(1)掌握真菌活性多糖的概念。
(2)掌握常见的真菌活性多糖的生理功能。</td></tr>
</table>

续表

3. 能力目标 (1)能够掌握真菌活性多糖的概念。 (2)能够明确常见真菌活性多糖的生理功能。
4. 案例分析 食用菌还含有丰富的真菌多糖，目前已知的天然多糖化合物300多种，如真菌多糖、植物多糖、动物多糖、藻类多糖、细菌多糖等，其中关于真菌多糖的研究是目前的热点之一。真菌多糖是从真菌子实体、菌丝体、发酵液中分离出的，具有抗病毒、抗凝血、降血脂、抗肿瘤、调节免疫、延缓衰老等多种生物活性，现已被开发成多种药物和功能性食品添加剂。试论述： (1)一种常见真菌活性多糖的具体生理功能。 (2)查阅相关文献，说明灰树花真菌活性多糖的特殊生理功能。

任务3 功能性低聚糖

【学习目标】

1. 描述低聚糖的概念；
2. 明确低聚糖的生理功能；
3. 了解大豆低聚糖、低聚果糖等常见低聚糖的结构、性质；
4. 掌握常见低聚糖的生理功能。

【工作情景】

低聚糖又称寡糖，是由3～9个单糖经糖苷键缩聚而成的低分子糖类聚合物。由于人体肠道内没有水解这些低聚糖的酶，因此它们经过肠道时不能被消化而直接进入大肠，可以优先被肠道内的双歧杆菌利用，能够使大肠内的双歧杆菌有效地增殖，从而促进人体健康。因为低聚糖的独特生理功能，故又被称为功能性低聚糖。

功能性低聚糖包括水苏糖、棉子糖、低聚果糖、低聚木糖、低聚半乳糖、低聚果糖、低聚异麦芽糖、低聚龙胆糖等，主要存在于人乳、大豆、棉籽、桉树、甜菜、龙胆属植物根及淀粉的酶水解物中。除了低聚龙胆糖有苦味外，其余的都带有程度不一的甜味。

知识储备

一、低聚糖的生理功效

1. 促进双歧杆菌增殖

摄入低聚糖可促使双歧杆菌增殖，从而抑制有害细菌如产气荚膜梭状芽孢杆菌的生长。人体试验证明，某些功能性低聚糖摄入人体后到大肠被双歧杆菌及某些乳酸菌利用，而肠道有害的产气荚膜杆菌和梭菌等腐败菌却不能利用，这是因为双歧杆菌细胞表面具有寡糖的受体，而许多寡糖是有效的双歧因子。双歧杆菌是人类肠道菌群中唯一的一种既不产生内毒素又不产生外毒素，无致病性的具有许多生理功能的有益微生物。双歧杆菌对人体有许多保健作用，如改善维生素代谢、防止肠功能紊乱、抑制肠道中有害菌和致病菌的生长，起到抗衰老、防癌及保护肝脏的作用等。

2. 低能量或零能量

由于人体不具备分解、消化功能性低聚糖的酶系统，因此功能性低聚糖很难被人体消化吸收或根本不能吸收，也就不给人提供能量。并且某些低聚糖如低聚果糖、异麦芽低聚糖等有一定甜度，可作为食品基料在食品中应用，以满足那些喜爱甜食但又不能食用甜食的人(如糖尿病患者、肥胖症患者等)的需要。

3. 低龋齿性

龋齿是我国儿童常见的一种口腔疾病，其发生与口腔微生物突变链球菌有关。研究发现，异麦芽低聚糖、低聚帕拉金糖等不能被突变链球菌利用，不会形成齿垢(不溶性葡聚糖)。当它们与砂糖合用时，能强烈抑制非水溶性葡聚糖的合成和在牙齿上的附着，即不提供口腔微生物沉积、产酸、腐蚀的场所，从而阻止齿垢的形成，不会引起龋齿。低聚糖可广泛应用于婴幼儿食品。

4. 防止便秘

由于双歧杆菌发酵，低聚糖产生大量的短链脂肪酸，能刺激肠道蠕动，增加粪便的湿润度，并通过菌体的大量生长以保持一定的渗透压，从而防止便秘的发生。此外，低聚糖属于水溶性膳食纤维，可促进小肠蠕动，也能预防和减轻便秘。

5. 低聚糖属于水溶性膳食纤维

由于低聚糖不能被人体消化吸收，属于低分子的水溶性膳食纤维，它的有些功能与膳食纤维相似但不具备膳食纤维的物理作用，如黏稠性、持水性和填充饱腹作用等。低聚糖有以下优点：每人每天仅需 3 g 就可满足需要且不会引起腹泻，微甜、口感好、水溶性良好、性质稳定，易添加到食品中制成膳食纤维食品。

6. 生成营养物质

功能性低聚糖可以促进双歧杆菌增殖，而双歧杆菌可在肠道内合成维生素 B_1、维生素 B_2、维生素 B_6、维生素 B_{12}、烟酸、叶酸等营养物质。此外，由于双歧杆菌能抑制某些维生素的分解菌，从而使维生素的供应得到保障。如它可以抑制分解维生素 B_1 的解硫胺素的芽孢杆菌。

7. 降低血清胆固醇，改善脂质代谢，降低血压

临床试验证实，摄入功能性低聚糖后可降低血清胆固醇水平，改善脂质代谢。研究表明，一个人的心脏舒张压高低与其粪便中双歧杆菌数占总数的比率呈明显负相关性，因此功能性低聚糖具有降低血压的生理功效。

8. 增强机体免疫能力，抵抗肿瘤

动物试验表明，双歧杆菌在肠道内大量繁殖具有提高机体免疫功能和抗癌的作用。究其原因在于，双歧杆菌细胞、细胞壁成分和胞外分泌物可增强免疫细胞的活性，促使肠道免疫蛋白 A(IgA) 浆细胞的产生，从而杀灭侵入体内的细菌和病毒，消除体内“病变”细胞，防止疾病的发生及恶化。

除上述功能外，试验发现某些功能性低聚糖还有预防和治疗乳糖消化不良、改善肠道对矿物元素吸收的作用。

二、常见的几种低聚糖

1. 大豆低聚糖

(1)大豆低聚糖的结构与性质。

大豆低聚糖广泛存在于各种植物中，以豆科植物含量居多。除大豆外，更豆、扁豆、豌豆、绿豆和花生等中均有存在。典型的大豆低聚糖是从大豆籽粒中提取出可溶性低聚糖的合称，主要成分为水苏糖、棉籽糖和蔗糖，其在成熟大豆中的干基含量分别为3.7%、1.3%和5%。其中具有生理功效的是棉籽糖和水苏糖。它的甜度为蔗糖的70%，能量值为8.36 kJ/g。

(2)大豆低聚糖的生理功能。

由于大豆低聚糖的难消化特性，使之具有膳食纤维的功能，人体摄入后可以增加大便持水性和容量，使其易于排出，达到防止便秘的作用。并且大豆低聚糖还可以吸附胃肠道中的阴离子和胆汁酸，从而降低血脂和胆固醇。同时它还可与进入人体胃肠道的某些病原菌细胞结合，抑制其在肠壁上的定植和生长，起到预防感染的作用。

此外，传统大豆发酵食品中的大豆低聚糖还可以被肠道内的益生菌发酵，进而产生有机酸，其中绝大多数的有机酸都可以被人体吸收，为人体供应能量。同时有机酸还可以有效降低肠道的pH，从而抑制由一级胆酸转变具有致癌性的次级胆酸的反应。并且有机酸还可以与有毒的氨结合，形成不扩散的铵离子，降低血液中氨的浓度，从而降低老年痴呆症的发病概率。大豆低聚糖本身还具有一定的吸附胆固醇的作用，使之随大便排出体外，达到调节血脂的目的。

2. 低聚果糖

(1)低聚果糖的结构与性质。

低聚果糖又名果寡糖或蔗果三糖族低聚糖，是存在于水果、蔬菜、蜂蜜等物质中的天然活性成分，也是优良的水溶性膳食纤维。低聚果糖通常是作为果糖基单元以β(2-1)键连接在蔗糖(GF)分子上的果糖寡聚物的通称，即GFn，$n=1\sim9$，主要包括1-蔗果三糖(GF2)、蔗果四糖(GF3)、蔗果五糖(GF4)。天然低聚果糖存在于多种植物或水果中，如菊苣、菊芋、香蕉、洋葱及蜂蜜等。

(2)低聚果糖的生理功能。

①促进双歧杆菌增殖。双歧杆菌在肠道内数量越多越好。人体试验表明，摄入低聚果糖可以促使双歧杆菌迅速增殖，从而抑制有害菌的生长，维护肠道菌群平衡。科学研究表明，肠道菌群紊乱会引起腹泻，腹泻也会导致肠道菌群失调，二者互为因果。因此，微生态制剂可调整肠道菌群而防治腹泻。

②防止热毒和上火。试验表明，人体每天摄入3～6 g低聚果糖，3周之内，即可减少44.6%有毒发酵产物和40.9%有害细菌毒素的产生，从而减少有毒代谢物引起的热毒或上火、口臭、口苦等现象。同时减轻肝脏的解毒负担，起到保护肝脏的作用。

③营养作用。低聚果糖在肠道内可以自然合成维生素B_1、维生素B_2、维生素B_6、维生素B_{12}、烟酸及叶酸，从而提高人体新陈代谢水平，改善肠道的功能，提高免疫力和抗病力，减少口腔溃疡的发生。

④促进人体对矿物质的吸收。低聚果糖在大肠内被细菌发酵生成L-乳酸，可以溶解

钙、镁、铁等矿物质，促进人体对矿物质的吸收；实验证实，低聚果糖促进钙的吸收率达70.8%。因此，低聚果糖可以促进儿童生长发育。

⑤防止便秘。低聚果糖在肠道内通过双歧杆菌发酵，会产生大量的短链脂肪酸，这种脂肪酸能够刺激肠道蠕动、增加粪便湿润度并保持一定的渗透压，从而防止便秘的产生。在人体试验中，每天摄入5 g的低聚果糖，一周之内便可起到防止便秘的效果。

⑥防止龋齿。低聚果糖不能被突变链球菌利用生成不溶性葡聚糖，因而不会提供口腔微生物沉积、产酸和腐蚀的场所，可以防止龋齿。

⑦美容作用。低聚果糖在肠道内减少毒性代谢产物的生成，同时迅速将毒性代谢物排出体外，排除肠道内的宿便，即给“肠子洗个澡”，减少毒性代谢物对皮肤的损伤。儿童可以减少过敏的发生，成人可以防止痤疮、青春痘、黑斑、雀斑、老人斑，使皮肤亮丽，起到排毒养颜的作用。

3. 低聚异麦芽糖

(1)低聚异麦芽糖的结构与性质。

低聚异麦芽糖(IMO)又称为异麦芽低聚糖、异麦芽寡糖、分枝低聚糖等。它是葡萄糖的一种，主要成分为葡萄糖分子间以α-1，6糖苷键结合的异麦芽糖、潘糖、异麦芽三糖及四糖以上的低聚糖。低聚异麦芽糖在自然界中其作为支链淀粉或多糖的组成部分。在某些发酵食品如酱油、黄酒中仅有少量存在。低聚异麦芽糖的甜度为蔗糖的20%～40%，有较强的保湿性，在pH为中性条件下有较高的热稳定性。

(2)低聚异麦芽糖的生理功效。

①具有促进双歧杆菌显著增殖的特性。低聚异麦芽糖不会被人体的胃和小肠吸收，而是直接进入大肠，被双歧杆菌优先利用，助其大量繁殖，为双歧杆菌的增殖因子；肠内其他有害菌则不能利用，从而能抑制有害菌的生长，促使肠道内的微生态向良性循环调整。

②具有抗龋齿性。低聚异麦芽糖属难发酵性糖，不会被引起龋齿病的细菌利用。具有异麦芽糖残基的低聚异麦芽糖与蔗糖结合使用时会强烈抑制不溶性葡聚糖的合成，从而阻止齿垢的形成，使引起龋齿病的细菌不能在牙齿上附着生长繁殖。因此，低聚异麦芽糖在以蔗糖为原料的食品中，起着防龋齿的作用。

③具有难发酵性。低聚异麦芽糖是酵母和乳酸菌不能利用的糖类。添加到食品中不会过多地增加食品的热值，食用者不必担心发胖。

4. 低聚半乳糖

(1)低聚半乳糖的结构与性质。

低聚半乳糖(GOS)是一种具有天然属性的功能性低聚糖，其分子结构一般是在半乳糖或葡萄糖分子上连接1～7个半乳糖基，即Gal-(Gal)n-Glc/Gal(n=0～6)。

低聚半乳糖甜味纯正，热值较低(7.1J /g)，甜度为蔗糖的20%～40%，保湿性极强。在pH为中性条件下有较高的热稳定性，100℃下加热1 h或120℃下加热30 min后，低聚半乳糖无任何分解。在自然界中，动物的乳汁中存在微量的GOS，而人母乳中含量较多，婴儿体内的双歧杆菌菌群的建立很大程度上依赖母乳中的GOS成分。

(2)低聚半乳糖的生理功效。

低聚半乳糖能被双歧杆菌选择性的酵解利用，并以40倍递增的速度增殖人体肠道内的双歧杆菌等有益菌，抑制有害菌的产生，调节肠道微生态平衡，产生有利于宿主的保健功效。

①促进合成B族维生素、提高蛋白质的吸收利用率、促进矿物质吸收。

②增强人体肠道的定植抗力和免疫力。低聚半乳糖通过增殖双歧杆菌，抑制有害菌，增强人体肠道的定植抗力和免疫力，同时也使体内的氨、硫化氢、胺、酚、靛基质、细菌毒素、致癌物(N-亚硝基化合物、环氧化物、次级胆汁酸)等有害物质减少。

③促进人体肠道蠕动。低聚半乳糖可促进人体肠道蠕动，使肠道的推进运动能力增强，从而使有害物质及时从人体排出。首先，低聚半乳糖可作为双歧杆菌等有益菌高效营养物质，从而使人体肠道内的双歧杆菌等有益菌快速增殖，重建和恢复肠道微生态平衡，改善肠道功能；其次，双歧杆菌酵解低聚半乳糖产生醋酸、乳酸等短链脂肪酸(pH约为5.0)，促进肠道蠕动，而使肠道推进运动能力增强；最后，低聚半乳糖有较强的吸水性，其能增加排便中的含水量，使其易于排出体外。

④预防龋齿。低聚半乳糖具有不被人体消化吸收、低甜度、低热量的特点，不被口腔中的链球菌利用，也不被口腔酶分解，所以具有预防龋齿的功能。

⑤抑制内毒素。双歧杆菌可抑制肠道中腐败菌的繁殖，从而减少肠道中内毒素及尿素酶的含量，使血液中内毒素和氨含量下降。把双歧杆菌引入肝病患者，发现血氨、游离血清酚及游离的氨基氮明显减少。

5. 低聚木糖

(1)低聚木糖的结构与性质。

低聚木糖又称木寡糖，是由2～7个木糖分子以β-1，4糖苷键结合而成的功能性聚合糖。与大豆低聚糖、低聚果糖、低聚异麦芽糖等相比具有独特的优势，它可以选择性地促进肠道双歧杆菌的增殖活性。其双歧因子功能是其他聚合糖类的10～20倍。

(2)低聚木糖的独特性能。

①低聚木糖很难为人体消化酶所分解。用唾液、胃液、胰液和小肠酶液进行的消化实验表明，各种消化液几乎都不能分解低聚木糖，它的能量值几乎为零，既不影响血糖浓度，也不增加血糖中胰岛素水平，并且不会形成脂肪沉积。故可在低能量食品中发挥作用，最大限度地满足了那些喜爱甜品而又担心糖尿病和肥胖患者的要求。因此糖尿病患者、肥胖患者和低血糖患者均可放心食用。

②酸、热稳定性好，难发酵。与其他低聚糖相比，低聚木糖的突出特点是稳定性非常好。即使在酸性条件下(pH 2.5～7)加热至100℃也基本不分解，而某些功能性低聚糖在酸性条件下则很容易分解，从而会促进双歧杆菌增殖活性降低。

③有效摄入量少。低聚木糖每日摄取的有效剂量为0.7～1.4 g。

(3)低聚木糖的生理功效。

①减少有毒发酵产物及有害细菌酶的产生。人体体内和活体外粪便培养试验表明，摄入3周低聚木糖，机体内即可减少44.6%有毒发酵产物和40.9%的有害细菌酶。

②抑制病原菌和腹泻。低聚木糖对病原菌有较强的吸附力，如大肠杆菌、肠炎门氏菌、肺炎克雷伯氏菌、嗜水气单胞菌等都能吸附到低聚木糖上，由于低聚木糖不被肠道中的消化酶所降解，可携带附着的病原菌通过肠道排出体外，从而防止疾病在肠道中集群，达到防止腹泻的目的。

③防止便秘。双歧杆菌利用低聚木糖，产生大量的短链脂肪酸；能刺激肠道蠕动，增加粪便湿润度，并保持一定的渗透压，从而防止便秘发生。

④保护肝脏功能。摄入低聚木糖，可减少有毒代谢产物形成，大大减少了肝脏分解毒素的负担。

⑤降低血清胆固醇。摄入低聚木糖，持续 2 周至 3 个月，总血清胆固醇可降低 20～50 dL。还可提高女性血清中多密度脂蛋白胆固醇占总胆固醇的比率。

⑥降低血压。研究表明，46 个高血脂患者摄入低聚木糖持续 5 周后，其心脏舒张压平均下降了 799.8 Pa(6 mmHg)。结果显示，人的心脏舒张压的高低与其粪便中双歧杆菌占总菌数的比率呈明显的负相关关系。

⑦能增强机体免疫力、抗癌。经大量试验结果表明，双歧杆菌在肠道内大量繁殖能够起到抗癌作用。这种抗癌作用归功于双歧杆菌的细胞、细胞壁成分和胞外分泌物，使机体免疫力提高。

⑧具有良好的配伍性。研究表明，日常饮食中摄取少量的低聚木糖，便能体现出保健效果，当低聚木糖与钙同时摄入时，它不但不会影响机体对钙的吸收，反而能起促进作用。试验结果表明，任意摄取 2%低聚木糖水溶液，7 日后机体对钙的保留率提高了 21%。

⑨能促使机体生成多种营养物质，包括维生素 B_1、维生素 B_2、维生素 B_6、维生素 B_{12}、烟酸和叶酸。

⑩预防和保护牙齿龋变，抑制口腔病菌的滋生。龋齿是由于口腔微生物特别是链球菌侵蚀而引起的，低聚木糖不是这些口腔微生物的合适作用底物，因此不会引起牙齿龋变，从而抑制口腔病菌的生长。

工作页 2-1-3　功能性低聚糖

模块 2：功能性食品的功效成分 项目 1：功能性碳水化合物	任务 3：功能性低聚糖
主题：功能性低聚糖	编号：工作页 2-1-3
所属课程：功能性食品开发与应用	所属专业：
姓名：	班级 & 组号：
1. 素质目标 (1)强化学生自主学习能力，加强团队合作意识。 (2)树立严谨、科学的态度，增强责任感。 (3)提高职业素养。	
2. 知识目标 (1)掌握低聚糖的概念及生理功能。 (2)了解常见的功能性低聚糖的结构与性质。 (3)掌握功能性低聚糖的生理功能。	
3. 能力目标 (1)能够掌握低聚糖的概念。 (2)能够明确常见功能性低聚糖的生理功能。	
4. 知识要点 (1)功能性低聚糖的直接生理功能。	

续表

(2)功能性低聚糖的间接生理功能。 (3)查阅文献，试论述功能性低聚糖和膳食纤维的关系。要求：请把查阅的相关文献的网址、文献名等信息进行总结。
5. 案例分析 大豆低聚糖是大豆籽粒中可溶性寡糖的总称。它广泛存在于各类植物中，以豆类为主。其营养价值及保健功能受到世界各国食品研究机构的重视。因此，大豆低聚糖具有非常广泛的应用前景。试论述： (1)大豆低聚糖的主要生理功能。 (2)大豆低聚糖的主要食物来源。

【学习资源】

膳食纤维学习视频 1

膳食纤维学习视频 2

真菌活性多糖学习视频 1

真菌活性多糖学习视频 2

功能性低聚糖学习视频 1

功能性低聚糖学习视频 2

项目 2　氨基酸、活性肽、活性蛋白质的生理功能认知

任务 1　氨基酸及其衍生物的生理功能

【学习目标】

1. 回顾氨基酸的概念、分类及其生理功能；
2. 明确各种不同氨基酸及其衍生物的生理功能及食物来源。

【工作情景】

氨基酸是构成蛋白质的基本单位，其中必需氨基酸人体不能自身合成，必须从食物中

获取，且为不可缺乏的营养成分。氨基酸的发现始于1806年的法国，当时化学家路易斯·尼古拉斯·沃克林和皮埃尔·简·罗伯奎特，通过从芦笋中分离出一种化合物(后来称为天冬酰胺)，发现了第一个氨基酸。

大量研究表明，补充氨基酸可能有益于运动员。因此，在很短的时间内，氨基酸就成为健身行业的主要关注点，并且运动员们也争先恐后地将其纳入饮食中。

知识储备

一、氨基酸的定义

氨基酸(Amino acid)是含有氨基和羧基的一类有机化合物的通称。它是生物功能大分子蛋白质的基本组成单位，是构成动物营养所需蛋白质的基本物质，是含有碱性氨基和酸性羧基的有机化合物。氨基连在α-碳上的为α-氨基酸，组成蛋白质的氨基酸均为α-氨基酸。图 2-1-1 表示氨基酸的结构。

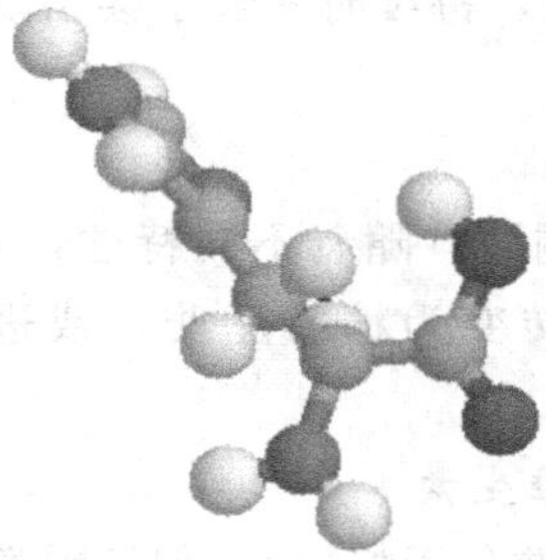

图 2-2-1　氨基酸的结构

二、氨基酸的分类

(一)营养学角度分类

1. 必需氨基酸(Essential amino acid)

必需氨基酸是人体(或其他脊椎动物)不能合成或合成速度远不适应机体的需要，必须由食物蛋白供给的氨基酸。成人必需氨基酸的需要量为蛋白质需要量的20%～37%。共有8种必需氨基酸，分别是赖氨酸、色氨酸、苯丙氨酸、甲硫氨酸、苏氨酸、异亮氨酸、亮氨酸、缬氨酸。

2. 半必需氨基酸和条件必需氨基酸

人体虽能够合成精氨酸和组氨酸，但通常不能满足正常的需要，因此，这些氨基酸又被称为半必需氨基酸或条件必需氨基酸。在幼儿生长期这两种是必需氨基酸。

3. 非必需氨基酸(Nonessential amino acid)

非必需氨基酸是人(或其他脊椎动物)能由简单的前体合成，不需要从食物中获得的氨基酸，如甘氨酸、丙氨酸等。

(二)根据氨基酸分子化学结构分类

(1)脂肪族氨基酸：丙氨酸、缬氨酸、亮氨酸、异亮氨酸、甲硫氨酸、天冬氨酸、谷氨酸、赖氨酸、精氨酸、甘氨酸、丝氨酸、苏氨酸、半胱氨酸、天冬酰胺、谷氨酰胺。

(2)芳香族氨基酸：苯丙氨酸、酪氨酸。

(3)杂环族氨基酸：组氨酸、色氨酸。

(4)杂环亚氨基酸：脯氨酸。

三、氨基酸的生理功能

1. 蛋白质在机体内的消化和吸收是通过氨基酸来完成的

作为机体内第一营养要素的蛋白质，它在食物营养中的作用是显而易见的，但它在人体内并不能直接被利用，而是通过变成氨基酸小分子后被利用的。

2. 起氮平衡作用

当每日膳食中蛋白质的质和量适宜时，摄入的氮量与由粪、尿和皮肤排出的氮量相等，称之为氮的总平衡。实际上是蛋白质和氨基酸之间不断合成与分解之间的平衡。正常人每日摄取的蛋白质应保持在一定范围内，突然增减摄入量时，机体尚能调节蛋白质的代谢量维持氮平衡。摄入过量蛋白质，超出机体调节能力，平衡机制就会被破坏。完全不吃蛋白质，体内组织蛋白依然会分解，持续时间长了会出现负氮平衡，如不及时采取措施纠正，终将导致抗体死亡。

3. 转变为糖或脂肪

氨基酸分解代谢所产生的 α-酮酸，随着不同特性，遵循糖或脂的代谢途径进行代谢。α-酮酸可再合成新的氨基酸，或转变为糖或脂肪，或进入三羧循环氧化分解成 CO_2 和 H_2O，并放出能量。

4. 参与构成酶、激素、部分维生素

酶的化学本质是蛋白质(氨基酸分子构成)，如淀粉酶、胃蛋白酶、胆碱酯酶、碳酸酐酶、转氨酶等。含氮激素的成分是蛋白质或其衍生物，如生长激素、促甲状腺激素、肾上腺素、胰岛素、促肠液激素等。有的维生素是由氨基酸转变或与蛋白质结合存在的。酶、激素、维生素在调节生理机能、催化代谢过程中起着十分重要的作用。

5. 人体必需氨基酸的需要量

成人必需氨基酸的需要量为蛋白质需要量的 20%～37%。

四、各种不同氨基酸及其衍生物的生理功能及来源

(一)赖氨酸

赖氨酸是人体必需氨基酸之一，能促进人体发育、增强免疫功能，并有提高中枢神经组织功能的作用。赖氨酸为碱性必需氨基酸。由于谷物食品中的赖氨酸含量甚低，且在加工过程中易被破坏而缺乏，故赖氨酸称为第一限制性氨基酸。

赖氨酸可以调节人体代谢平衡。赖氨酸为合成肉碱提供结构组分，而肉碱可促使细胞中脂肪酸的合成。往食物中添加少量的赖氨酸，可以刺激胃蛋白酶与胃酸的分泌，提高胃液分泌功效，起到增进食欲、促进幼儿生长与发育的作用。赖氨酸还能提高钙的吸收及其在体内的积累，加速骨骼生长。如缺乏赖氨酸，会造成胃液分泌不足而出现厌食、营养性贫血，致使中枢神经受阻、发育不良。

赖氨酸在医药上还可作为利尿剂的辅助药物，治疗因血中氯化物减少而引起的铅中毒

现象。还可与酸性药物(如水杨酸等)生成盐来减轻不良反应。与蛋氨酸合用则可抑制重症高血压病。

赖氨酸的主要食物来源为鱼肉、牛奶、豆类、奶酪、啤酒酵母、蛋、豆制品及所有富含蛋白质的食物。

图 2-2-2 表示赖氨酸的结构。

图 2-2-2　赖氨酸的结构

(二)色氨酸

色氨酸可转化生成人体大脑中的一种重要神经传递物质——5-羟色胺。而 5-羟色胺具有中和肾上腺素与去甲肾上腺素的作用，并可改善睡眠的持续时间。当动物大脑中的 5-羟色胺含量降低时，表现出异常的行为，出现神经错乱的幻觉以及失眠等。此外，5-羟色胺具有很强的血管收缩作用，可存在于许多组织，包括血小板和肠黏膜细胞中，受伤后的机体会通过释放 5-羟色胺来止血。人体可将色氨酸制造成部分烟酸，但不能满足其对烟酸的总需要量。医药上常将色氨酸用作抗闷剂、抗痉挛剂、胃分泌调节剂、胃黏膜保护剂和强抗昏迷剂等。

色氨酸的主要食物来源为糙米、鱼类、肉类、牛奶、香蕉、豆制品等。

(三)苯丙氨酸

苯丙氨酸在机体内转变为酪氨酸，可以促进甲状腺和肾上腺素的合成；改善睡眠及肌肉萎缩，延缓衰老，降低饥饿感；改善记忆力，提高思维的敏捷度，可辅助治疗帕金森综合征；消除抑郁情绪，为天然兴奋剂。

苯丙氨酸的主要食物来源为面包、豆类制品、脱脂白干酪、脱脂牛奶、杏仁、花生、瓜子和芝麻。

(四)蛋氨酸

蛋氨酸可转化为腺苷甲硫氨酸。后者是机体内合成反应的甲基供给者，胆酸、胆碱、肌酸、肾上腺素等化合物的甲基都是由此而来的。当缺乏蛋氨酸时，会引起食欲减退、生长减缓或不增加体重、肾脏肿大和肝脏中铁的堆积等现象，最后导致肝坏死或纤维化。

蛋氨酸还可利用其所带的甲基，对有毒物或药物进行甲基化而起到解毒的作用。因此，蛋氨酸可用于防治慢性或急性肝炎、肝硬化等肝脏疾病，也可用于缓解砷、三氯甲烷、四氯化碳、苯、吡啶和喹啉等有害物质的毒性反应。

蛋氨酸在体内经甲基化后形成甲基甲硫氨酸，后者因其甲基的结合键能极高，很适宜作为体内合成反应的甲基供给体。组胺(Histamine)是导致胃溃疡的起因之一，而甲基甲硫氨酸可以将组胺进行甲基化而使其失去活性。因此，甲基甲硫氨酸具有抗溃疡的效果，常被用于治疗胃溃疡。

蛋氨酸的主要食物来源为鸡蛋、鱼类、大蒜、肉类、洋葱和酸奶等。

(五)苏氨酸

苏氨酸是一种重要的营养强化剂，可以强化谷物、糕点、乳制品，它和色氨酸一样有缓解人体疲劳，促进生长发育的效果。医学上，由于苏氨酸的结构中含有羟基，对人体皮肤具有持水作用，与寡糖链结合，对保护细胞膜起重要作用，在体内能促进磷脂合成和脂肪酸氧化。其制剂具有促进人体发育、抗脂肪肝药用效能，是复合氨基酸输液中的一个成分。同时，苏氨酸又是制造一类高效低过敏的抗生素——单酰胺菌素的原料。

目前，德国科学家在人体血液中发现了一种苏氨酸，实验发现，它可以阻止艾滋病病毒附着和侵入体细胞，通过干扰艾滋病病毒的表面蛋白，使其不能发挥作用。这种氨基酸的发现为抗艾滋病药物的研制提供了路径。

苏氨酸的主要食物来源为发酵食品(谷物制品)、鸡蛋、茼蒿、奶、花生、米、胡萝卜、叶菜类、番木瓜、苜蓿等。

(六)异亮氨酸

异亮氨酸能促进血红蛋白形成，调节糖和能量的水平；帮助提高体能，帮助修复肌肉组织；促进身体生长和智力发育，治疗神经障碍，改善偏食、厌食，治疗贫血。如果缺乏异亮氨酸，会出现体力衰竭、昏迷等症状。

异亮氨酸的主要食物来源为鸡蛋、大豆、杏仁、黑米、动物肝脏、糙米、鱼类与奶制品等。

(七)亮氨酸

亮氨酸的作用包括与异亮氨酸和缬氨酸一起合作修复肌肉，控制血糖，并给身体组织提供能量。它还能提高生长激素的产量，并帮助燃烧内脏脂肪，这些脂肪由于处于身体内部，仅通过节食和锻炼难以对它们产生有效作用。

亮氨酸、异亮氨酸和缬氨酸都是支链氨基酸，它们有助于促进训练后的肌肉恢复。其中亮氨酸是最有效的一种支链氨基酸，可以有效防止肌肉损失，因为它能够更快地分解转化为葡萄糖。增加葡萄糖可以防止肌肉组织受损，因此它特别适合健美运动员。亮氨酸还能促进骨骼、皮肤以及受损肌肉组织的愈合，手术后医生通常建议患者采取亮氨酸补充剂。

由于它很容易转化为葡萄糖，因此亮氨酸有助于调节血糖水平。亮氨酸缺乏的人会出现类似低血糖的症状，如头痛、头晕、疲劳、抑郁、精神错乱和易怒等。

亮氨酸最好的食物来源为糙米、豆类、肉类、坚果、大豆粉和全麦。由于它是一种必不可少的氨基酸，这意味着身体不能自己生产，只能通过饮食获得。从事高强度体力活动和低蛋白质饮食的人，应该考虑采取亮氨酸补充。尽管有独立补充形式，但是最好还是与异亮氨酸和缬氨酸一起摄入。因此，选择混合型补充剂更为方便。

但是，过量摄入亮氨酸也会造成副作用，大量摄入与糙皮病、维生素 A 缺乏症等问题有关系，并会引起皮炎、腹泻、精神失常等问题。饮食中含有过多亮氨酸还会增加体内氨的数量，并破坏肝、肾功能。因此，除非咨询过医生，否则肝或肾功能受损患者不应该采用大剂量的亮氨酸，否则会导致病情恶化。

(八)缬氨酸

缬氨酸是组成蛋白质的 20 种氨基酸之一，化学名称为 2-氨基-3-甲基丁酸，属于支链氨基酸，也是人体必需的 8 种氨基酸之一和生糖氨基酸，它与其他两种高浓度氨基酸(异亮氨酸和亮氨酸)一起工作促进身体正常生长，修复组织，调节血糖，并提供需要的能量。在参加激烈体力活动时，缬氨酸可以给肌肉提供额外的能量产生葡萄糖，以防止肌肉衰弱。它还帮助从肝脏清除多余的氮(潜在的毒素)，并将身体需要的氮运输到各个部位。

缬氨酸是一种必需氨基酸，这意味着身体本身不能生产，必须通过膳食来源获得补充。它的天然食物来源包括谷物、奶制品、香菇、蘑菇、花生、大豆蛋白和肉类。另外在一些放线菌素(如缬霉素)中也存在 D-缬氨酸。尽管大多数人都可以从饮食中获得足够的数量，但是缬氨酸缺乏症的案例也屡见不鲜。当缬氨酸不足时，大鼠中枢神经系统功能会发生紊乱，共济失调而出现四肢震颤。通过解剖切片脑组织，发现有红核细胞变性现象，晚期肝硬化患者因肝功能损害，易形成高胰岛素血症，致使血中支链氨基酸减少，支链氨基酸和芳香族氨基酸的比值由正常人的 3.0～3.5 降至 1.0～1.5，故常用缬氨酸等支链氨基酸的注射液治疗肝功能衰竭以及酗酒和吸毒对这些器官造成的损害。此外，它也可作为加快创伤愈合的治疗剂。

(九)胱氨酸、半胱氨酸

胱氨酸及半胱氨酸是含硫的非必需氨基酸，可降低人体对蛋氨酸的需要量。胱氨酸是形成皮肤不可缺少的物质，能加速烧伤伤口的康复及放射性损伤的化学保护，刺激红细胞、白细胞的增加。

胱氨酸为氨基酸类药物，能促进细胞氧化还原功能，使肝脏功能旺盛，并能中和毒素、促进白细胞增生、阻止病原菌发育；维生素 B_1 结合三磷酸腺苷形成维生素 B_1 焦磷酸盐(二磷酸硫胺，辅羧酶)，是碳水化合物代谢时所必需的辅酶；维生素 B_1 能抑制胆碱酯酶的活性，缺乏时胆碱酯酶活性增强，乙酰胆碱水解加速，致神经冲动传导障碍，影响胃肠、心肌功能；泛酸钙是辅酶 A 的前体，是多种代谢环节(包括碳水化合物、蛋白质和脂类)必需的物质，可参与类固醇、卟啉、乙酰胆碱等物质的合成，并可维持正常的上皮功能。

半胱氨酸所带的巯基(—SH)具有许多生理作用，包括：①对范围广泛的毒物如甲醛、乙醛、氯仿、四氯化碳、铅、镉、氯甲汞、过氧化脂、PCB、河豚毒、酒精等具有有效的解毒作用；②有效地预防和治疗放射性伤害；③在皮肤蛋白的角蛋白生成中维持重要的巯基酶的活性，并且补充硫基，以维持皮肤的正常代谢，调节表皮最下层的色素细胞生成的底层黑色素，是一种非常理想的自然美白化妆品。它可以除去皮肤本身的黑色素，改变皮肤本身的性质，使皮肤变得自然白皙；④每当出现炎症、过敏使胆磷酯酶等巯基酶降低时，补给 L-半胱氨酸可维持巯基酶的活性，改善炎症和过敏的皮肤症状；⑤具有溶解角质的作用，所以对角质肥厚的皮肤病也有效；⑥具有防止生物体衰老的功能；⑦主要分布在肝、脾、肾中，还大量积聚在人体表面包括皮肤、黏膜、消化器表面等，在异物包括经口摄取的、从大气吸入的、与皮肤接触侵入的异物侵入时可强化生物体自身的防卫能力、调整生物体的防御机构。

(十)组氨酸

在营养学的范畴里，组氨酸被认为是一种人类必需的氨基酸，主要是儿童。在发育多年之后，人类开始可以自己合成它，在这时便成为非必需氨基酸了。在慢性尿毒症患者的膳食中添加少量的组氨酸，氨基酸结合进入血红蛋白的速度加快，肾原性贫血减轻，所以组氨酸也是尿毒症患者的必需氨基酸。在组氨酸脱羧酶的作用下，组氨酸脱羧形成组胺。组胺具有很强的血管舒张作用，并与多种变态反应及发炎有关。此外，组胺会刺激胃蛋白酶与胃酸。

组氨酸的咪唑基能与 Fe^{2+} 或其他金属离子形成配位化合物，促进铁的吸收，因而可用于防治贫血。组氨酸能降低胃液酸度，缓和胃肠手术的疼痛，减轻妊娠期呕吐及胃部灼热感，抑制由植物神经紧张而引起的消化道溃烂，对过敏性疾病(如哮喘等)也有功效。此外，组氨酸可扩张血管，降低血压，临床上用于心绞痛、心功能不全等疾病的治疗。类风湿性关节炎患者血液中组氨酸含量显著减少，使用组氨酸后发现其握力、走路与血沉等指标均有好转。

组氨酸的主要食物来源为香蕉、葡萄、肉类、禽畜、牛奶以及奶制品。

(十一)牛磺酸

牛磺酸广泛分布于动物组织细胞内，海生动物含量尤为丰富，哺乳类组织细胞内亦含有较高的牛磺酸，特别是神经、肌肉和腺体内含量更高，是机体内含量最丰富的自由氨基酸，体内牛磺酸几乎全部以游离形式存在，且大部分在细胞内，细胞内外浓度比为(100～50000)∶1，人体含牛磺酸总量为 12～18 g，其中 15～66 mg 存于血浆中，75%以上存于骨骼肌肉中，心肌细胞与血清牛磺酸浓度之比为 200∶1。牛磺酸的生理功能包括以下几方面。

1. 促进婴幼儿脑组织和智力发育

牛磺酸在脑内的含量丰富、分布广泛，能明显促进神经系统的生长发育和细胞增殖、分化，且呈剂量依赖性，在脑神经细胞发育过程中起重要作用。研究表明：早产儿脑中的牛磺酸含量明显低于足月儿，这是因为早产儿体内的半胱氨酸亚磺酸脱氢酶(CSAD)尚未发育成熟，合成牛磺酸不足以满足机体的需要，需由母乳补充。母乳中的牛磺酸含量较高，尤其初乳中含量更高。如果补充不足，将会使幼儿生长发育缓慢、智力发育迟缓。牛磺酸与幼儿、胎儿的中枢神经及视网膜等的发育有密切的关系，长期单纯的牛奶喂养，易造成牛磺酸的缺乏。

2. 提高神经传导和视觉机能

夜行性动物(如猫、猫头鹰)之所以要捕食老鼠，其主要原因是老鼠体内含有丰富的牛磺酸，多食可保持其锐利的视觉。婴幼儿如果缺乏牛磺酸，会发生视网膜功能紊乱。长期静脉营养输液的患者，若输液中没有牛磺酸，会使患者视网膜电流图发生变化，只有补充大剂量的牛磺酸才能纠正这一变化。

3. 防止心血管病

牛磺酸在循环系统中可抑制血小板凝集，降低血脂，保持人体正常血压和防止动脉硬化；对心肌细胞有保护作用，可抗心律失常；对降低血液中胆固醇含量有特殊疗效，可治疗心力衰竭。

4. 影响脂类的吸收

肝脏中牛磺酸的作用是与胆汁酸结合形成牛黄胆酸，牛磺胆酸对消化道中脂类的吸收是必需的。牛磺胆酸能增强脂质和胆固醇的溶解性，解除胆汁阻塞，降低某些游离胆汁酸的细胞毒性，抑制胆固醇结石的形成，增加胆汁流量等。

5. 改善内分泌状态，增强人体免疫

牛磺酸能促进垂体激素分泌，活化胰腺功能，从而改善机体内分泌系统的状态，对机体代谢以有益的调节；并具有促进有机体免疫力增强和抗疲劳的作用。

6. 影响糖代谢

牛磺酸可与胰岛素受体结合，促进细胞摄取和利用葡萄糖，加速糖酵解，降低血糖浓度。研究表明，牛磺酸具有一定的降血糖作用，且不依赖于增加胰岛素的释放。牛磺酸对细胞糖代谢的调节作用可能是通过受体后机制实现的，它主要依靠与胰岛素受体蛋白的相互作用，而不是直接与胰岛受体结合。

7. 抑制白内障的发生发展

牛磺酸具有调节晶体渗透压和抗氧化等重要作用，在白内障发生发展过程中，晶状体中山梨酸含量增加，晶体渗透压增加，而作为调节渗透压的重要物质牛磺酸浓度则明显降低，抗氧化作用减弱，晶体中的蛋白质发生过度氧化，从而引起或加重白内障的发生。补充牛磺酸可抑制白内障的发生发展。

8. 改善记忆的功能

在牛磺酸与脑发育关系的动物实验研究中发现，牛磺酸可促进大白鼠的学习与记忆能力。补充适量牛磺酸不仅可以提高学习记忆速度，而且还可以提高学习记忆的准确性，并且对神经系统的抗衰老也有一定作用。

9. 维持正常生殖功能

正常的生殖功能需要用牛磺酸来维持。有资料证实，猫粮中牛磺酸含量低于 0.101%时，其生殖功能不良，死胎、流产和先天缺陷率增加，幼仔存活率下降。含 0.105%以上时，才能维持正常的生殖功能。

10. 其他功能

牛磺酸防治缺铁性贫血有明显效果，它不仅可以促进肠道对铁的吸收，还可以增加红细胞膜的稳定性；牛磺酸还是人体肠道内双歧菌的促生因子，优化肠道内细菌群结构；还具有抗氧化、延缓衰老作用；能够促进急性肝炎恢复正常；对四氯化碳中毒有保护作用，并能抑制由此所引起的血清谷丙转氨酶的升高。对肾毒性有保护作用，牛磺酸对顺铂所致的兔原代肾小管上皮细胞改变有保护作用；牛磺酸可镇静、镇痛和消炎，对冻伤、KCN中毒及偏头疼也有防治作用。

(十二)γ-氨基丁酸

γ-氨基丁酸(GABA)是一种天然活性成分，广泛分布于动植物体内。植物如豆属、参属、中草药等的种子、根茎和组织液中都含有 GABA。

根据目前的研究，发现 GABA 的生理活性主要表现在以下几方面。

1. 镇静神经、抗焦虑

医学家已经证明 GABA 是中枢神经系统的抑制性传递物质，是脑组织中最重要的神经递质之一。其作用是降低神经元活性，防止神经细胞过热，GABA 能结合抗焦虑的脑受体并使之激活，然后与另外一些物质协同作用，阻止与焦虑相关的信息抵达脑指示中枢。

2. 降低血压

GABA 能作用于脊髓的血管运动中枢，有效促进血管扩张，达到降低血压的目的。据报道，黄芪等中药的有效降压成分即为 GABA。

3. 治疗疾病

1997 年，大熊诚太郎的研究表明 GABA 与某些疾病的形成有关，帕金森综合征患者脊髓中 GABA 的浓度较低，癫痫病患者脊髓液中的 GABA 浓度也低于正常水平。日本大阪大学医学院的研究显示 GABA 对绝经综合征也具有显著的改善效果。另外，神经组织中 GABA 的降低也与 Huntington 疾病(大舞蹈病)、老年痴呆症等神经衰败症的形成有关。

4. 降低血氨

我国的临床医学和日本的研究者也都认为，GABA 能抑制谷氨酸的脱羧反应，使血氨降低。更多的谷氨酸与氨结合生成尿素排出体外，以解除氨毒，从而增进肝机能。摄入 GABA 可以提高葡萄糖膦酸酯酶的活性，使脑细胞活动旺盛，可促进脑组织的新陈代谢和恢复脑细胞功能，改善神经机能。

5. 提高脑活力

GABA 能进入脑内三羧酸循环，促进脑细胞代谢，同时还能提高葡萄糖代谢时葡萄糖膦酸酯酶的活性，增加乙酰胆碱的生成，扩张血管增加血流量，并降低血氨，促进大脑的新陈代谢，恢复脑细胞功能。

6. 促进乙醇代谢

以嗜酒者为对象，服用 GABA 再饮用 60mL 威士忌后采血测定血中乙醇及乙醛浓度，发现后者浓度明显比对照组低。

7. 其他

研究表明，GABA 还具有防止皮肤老化、消除体臭、改善脂质代谢、防止动脉硬化、高效减肥等功能。

(十三)5-羟基色氨酸

5-羟基色氨酸(5-Hydroxytryptophan，5-HTP)，是控制人体情绪、睡眠状况的神经传导物——血清素(Serotonin)的前体物质。

5-羟基色氨酸具有很多生理功能，主要包括抗抑郁症、抑制食欲、减肥、镇静、改善睡眠、收缩血管、缓和经前综合征和治疗偏头痛。

(十四)S-腺苷甲硫氨酸

S-腺苷基甲硫氨酸(SAM)带有一个活化了的甲基，是一种参与甲基转移反应的辅酶，存在于所有的真核细胞中。

现代研究发现 S-腺苷甲硫氨酸具有很多生理功能，包括以下几项。

1. 抗抑郁

其机理可能是 S-腺苷甲硫氨酸调节中枢神经系统功能，促进神经传递介质血胺和去甲肾上腺素的合成，使得神经传递介质受体的反应性增强。

2. 保护肝脏

在肝脏内，通过使质膜磷脂甲基化而调节肝脏细胞膜的流动性，而且通过转硫基反应可以促进解毒过程中硫化产物的合成。只要肝脏内腺苷蛋氨酸的生物利用率在正常范围内，这些反应就有助于防止肝内胆汁郁积。

3. 改善关节炎

有助于促进软骨组织的形成和修复，减轻关节疼痛、肿胀、僵硬。

4. 改善睡眠

S-腺苷基甲硫氨酸对调节睡眠的褪黑素的合成也非常重要，同时还能帮助降低人体高半胱氨酸水平。

5. 5-腺苷甲硫氨酸

5-腺苷甲硫氨酸对调节睡眠的褪黑素的合成也非常重要，同时还能帮助降低人体高半胱氨酸水平。

(十五)褪黑素

褪黑素是由哺乳动物和人类的松果体产生的一种胺类激素，能够使一种产生黑色素(Melanin)的细胞发亮，因而命名为褪黑素。

褪黑素的主要生理功能包括以下几点。

1. 延缓衰老

褪黑素通过清除自由基、抗氧化和抑制脂质的过氧化反应保护细胞结构、防止 DNA 损伤、降低体内过氧化物的含量。

2. 抗击肿瘤

体外研究发现，褪黑素对自由基产生的物理和化学致突变性和致癌性有拮抗作用。它能降低化学致癌物(黄樟素)诱发的 DNA 加成物的形成，防止 DNA 损伤。它可用作肿瘤的辅助治疗。

3. 改善睡眠

褪黑素能缩短入睡时间，改善睡眠质量，使睡眠中觉醒次数明显减少，缩短浅睡阶段，延长深睡阶段，降低次日早晨唤醒阈值，有较强的调整时差功能。褪黑素主要用于增白保湿化妆品，也常用于生发制品中。

国内外对褪黑素的生物学功能，尤其是作为膳食补充剂的保健功能进行了广泛的研究，表明其具有促进睡眠、调节时差、抗衰老、调节免疫、抗肿瘤等多项生理功能。国内外有关褪黑素的保健功能涉及调节内分泌(抑制排卵)、对脑炎病毒感染有保护作用并降低其感染后的死亡率、AIDS 的治疗和心血管的保护作用等。

工作页 2-2-1　氨基酸及其衍生物的生理功能

模块 2：功能性食品的功效成分 项目 2：氨基酸、活性肽、活性蛋白质的生理功能认知	任务 1：氨基酸及其衍生物的生理功能
主题：氨基酸及其衍生物的生理功能	编号：工作页 2-2-1
所属课程：功能性食品开发与应用	所属专业：
姓名：	班级 & 组号：
1. 素质目标 (1)强化学生自主学习能力，加强团队合作意识。 (2)树立严谨、科学的态度，增强责任感。 (3)提高职业素养。	
2. 知识目标 (1)掌握不同氨基酸的生理功能及食物来源。 (2)掌握氨基酸衍生物的生理功能及食物来源。	
3. 能力目标 (1)能够掌握魔芋、左旋肉碱的生理功能。 (2)能够初步掌握辅助减肥功能性食品配餐原则。	

续表

4. 知识要点 (1)8 种必需氨基酸。 (2)氨基酸的生理功能。
5. 案例分析 (1)牛磺酸广泛分布于动物组织细胞内，体内牛磺酸几乎全部以游离形式存在，很多人把牛磺酸作为补充，一些研究者将其称为“奇迹分子”。 人体含牛磺酸总量为 12～18 g，其中 15～66 mg 存于血浆中，75%以上存于骨骼肌肉中，心肌细胞与血清牛磺酸浓度之比为 200∶1。试论述：牛磺酸的生理功能，并查阅资料，说明猫以及夜行猫头鹰之所以要捕食老鼠的原因。 (2)褪黑素是人脑中松果体分泌的控制睡眠与清醒的化合物，可以助眠、增强人体的免疫功能，保持机体的内外平衡，通过分泌系统而延缓衰老，维持血液中锌的水平，主要应用于中老年功能性食品产品的开发中。试论述：褪黑素的主要生理功能，并查阅相关文献总结富含褪黑素的食品。

任务 2 活性肽

【学习目标】

1. 回顾多肽的概念，描述生物活性肽的定义及分类；
2. 明确活性肽的生理功能。

【工作情景】

随着生命科学的发展与深入研究，人类健康与食品营养学息息相关的观念也逐渐深入人心，具有多种生物活性功能和营养特性的多肽类产品势必前景广阔。生物活性肽资源十分丰富，来源广泛，种类繁多，生物功能各异且具有独特的营养作用、生理作用、增强风味和抗氧化作用。活性肽是极具潜力的一类功能性添加剂，它将为有效利用蛋白质和节约蛋白质资源开辟新的途径，也是医药食品行业的一种新原料、新材料。化学组合肽库和基因组合肽库的建立将使人们对肽的认识不断深入。各种活性肽的生产及应用前景越来越广阔，市场潜力会越来越大，它必将为人类的健康事业作出越来越大的贡献。

知识储备

一、活性肽的定义

活性肽是 α-氨基酸以肽键连接在一起而形成的化合物，是介于大分子蛋白质和氨基酸之间的一段最具活性、最易吸收、生理功能效价最高的一种崭新营养物质。

生物活性肽是蛋白质中 20 个天然氨基酸以不同组成和排列方式构成的，从二肽到复杂的线性、环形结构的不同肽类的总称，是源于蛋白质的多功能化合物。活性肽具有多种人体代谢和生理调节功能，易消化吸收，有促进免疫、激素调节、抗菌、抗病毒、降血压、降血脂等作用。活性肽食用安全性极高，是当前国际食品界最热门的研究课题和极具发展前景的功能因子。

二、生物活性肽的分类

(一)按来源分类

生物活性肽按来源不同可分为内源性生物活性肽和外源性生物活性肽。

1. 内源性生物活性肽

内源性生物活性肽即机体内存在的天然的生物活性肽，主要包括体内一些重要内分泌腺分泌的肽类激素(如促生长激素、促甲状腺素、胰腺分泌的胰岛素等)；由血液或组织中的蛋白质经专一的蛋白水解酶作用而产生的组织激肽(如缓激肽、胰激肽)；作为神经递质或神经活动调节因子的神经多肽；以及由昆虫、微生物、植物等生物体产生的抗菌肽等。

2. 外源性生物活性肽

外源性生物活性肽多以特定的氨基酸序列肽片段存在于蛋白质中，包括存在于动植物和微生物体内的天然生物活性肽和蛋白质降解后产生的生物活性肽成分，直接或间接来自动物食物蛋白质。如动物乳汁，尤其初乳，就可直接提供多种生物活性肽，包括乳源性表皮生长因子、神经生长因子、转化生长因子和胰岛素等；动物饲料蛋白质原料，包括筋肉、牛乳酪蛋白、小麦谷蛋白、小麦醇溶蛋白、玉米醇溶蛋白、大豆蛋白等，在动物胃肠道消化后可间接提供多种生物活性肽；也可以进行人工合成，如风味肽、苦味肽等。

(二)按功能分类

活性肽按功能可分为生理活性肽(包括抗菌活性肽、神经活性肽、激素调节肽、抗高血压活性肽、抗氧化活性肽、免疫活性肽等)、调味肽、抗氧化肽、营养肽等。

(三) 按取材分类

活性肽按取材可分为海洋生物活性肽和陆地生物活性肽。

海洋生物活性肽包括鱼类多肽、扇贝多肽、海绵多肽、海鞘多肽、海葵多肽、海藻多肽等。

陆地生物活性肽包括大豆多肽、乳蛋白活性肽、麦胚活性肽、玉米蛋白肽等。

(四)按原料分类

生物活性肽按原料划分主要有乳肽、大豆肽、玉米肽、畜产肽、水产肽、复合肽等。

三、生物活性肽的生理功能

生物活性肽是涉及生物体内多种细胞功能的生物活性物质，在生物体内已发现几百种，不同的生物活性肽具有不同的结构和生理功能，如抗病毒、抗癌、抗血栓、抗高血压、免疫调节、激素调节、抑菌、降胆固醇等作用。

(一)谷胱甘肽

谷胱甘肽(GSH)是由谷氨酸、半胱氨酸和甘氨酸结合而成的三肽化合物(γ-谷氨酰-L-

半胱氨酸-L-甘氨酸)。

谷胱甘肽的主要生理功能包括以下几点。

1. 解毒

谷胱甘肽可通过酶催化或非酶催化作用，其SH基团的嗜核性能可与外源的嗜电子毒物如致癌剂或药物等结合，以减轻毒性。SH基团也可直接与摄入体内的重金属螯合，形成不溶物排出体内。

因此，谷胱甘肽对丙烯腈、氟化物、一氧化碳、重金属及有机溶剂等的中毒均有解毒作用；对红细胞膜有保护作用，可防止溶血，从而减少高铁血红蛋白。

2. 对损伤器官的保护作用

化疗是治疗恶性肿瘤的重要手段，但化疗药物会通过干扰细胞代谢，形成氧自由基损坏正常细胞。谷胱甘肽可清除化疗过程中形成的氧自由基，或与化疗药物及其代谢产物形成低毒产物，保护或恢复受损细胞或受损器官功能。

谷胱甘肽可有效改善由于放射线治疗、放射性药物或由于使用肿瘤药物所引起的器官受损以及由于放射线引起的骨髓组织炎症症状。

3. 保护肝脏

肝脏是谷胱甘肽合成的主要场所，且谷胱甘肽在肝内浓度最高，是肝脏重要的过氧化酶，在肝脏生化代谢中起重要作用。当肝脏病变、低氧血症时，谷胱甘肽水平下降，因此加重了肝细胞的变性和坏死。严重创伤时，自由基大量产生，细胞膜不饱和脂肪酸氧化成脂过氧基，并引起一系列继发性损伤。谷胱甘肽可直接通过提供H^+拮抗氧自由基毒性，清除体内的超氧离子及其他自由基，防止肝细胞损伤。因谷胱甘肽具有强大的还原作用而使肝细胞膜对氧自由基的耐受性增强，从而保护肝细胞膜，使肝细胞膜稳定性增强、肝酶降低。国外已有报道，应用谷胱甘肽治疗药物中毒引起的暴发性肝功能衰竭，取得较满意疗效。

4. 抗辐射

辐射对生物体的危害较大，可以直接作用于DNA、蛋白质及酶类，引起电离激发化学键断裂，使分子变性和细胞结构破坏；也可以作用于机体内水分子，使其发生电离和激发，产生大量的具有强氧化性能的自由基，间接使组织细胞变性、坏死，以致机体代谢紊乱，引起免疫、神经和内分泌系统的调节功能障碍等一系列病变。长期接受射线辐射，容易引起头昏乏力、记忆力减退、心悸失眠多梦、毛发脱落、皮肤干燥、骨关节酸痛、晶状体混浊、肝脏肿大、齿龈出血、咳嗽等。

谷胱甘肽是一种内源性放射防护物质，含量高，其放射敏感性差；含量低，其放射敏感性强。原因是谷胱甘肽本身是一种射线保护剂，它可使射线通过直接作用和间接作用在生物体内产生高活性的各种自由基，通过谷胱甘肽作用后而淬灭。

5. 增强免疫力

人体本身是由大大小小的细胞组成的，可以说人体就是一个细胞王国。而嗜中性粒细胞、吞噬细胞、淋巴细胞等组成了人体内的免疫系统，让人体由此具备自发性的免疫能力，既可以对抗外来的致病物质如细菌、病毒、寄生虫等的入侵，也可以解决体内的异常生理变化，如癌细胞的增殖等，从而维持正常的生存秩序，保护身体健康。然而，要维持免疫系统的正常运作，免疫细胞必须能充分地活化与分化，而谷胱甘肽恰好扮演了这个让免疫细胞充分活化与分化的角色。细胞内的谷胱甘肽浓度保持或高于正常水平，就会使人体的各种免疫细胞得到充分地活化与分化，从而增强人体的免疫力，预防肿瘤、心脏病、早衰、自身免疫性疾病和多种慢性病。相反，若细胞内的谷胱甘肽 GSH 浓度降低到 40%，则 T 细胞(人体主要的免疫细胞)的活性将完全受到抑制，人体的免疫功能将大受影响，一些疾病将会趁机“行凶”。总之，谷胱甘肽对于人体细胞的作用可归结为 8 个字：抑制、激活、修复、促进。抑制细胞变化，增强人体免疫力。

6. 防止皮肤老化及色素沉着、美容

绝大多数化妆品中含有铅，在使用过程中会刺激皮肤以及沉着在皮肤上引起黑斑；当机体衰老时，体内各式各样自由基生成增多，自由基作为人体垃圾，是人体内重要的内毒素之一。由于谷胱甘肽能够清除自由基、能够螯合重金属等内外毒素，防止皮肤色素沉着，防止新的黑色素形成并减少其氧化，因而本品适用于延缓衰老而具有佳效。另外，谷胱甘肽的化学本质是小分子肽，外用时容易透过细胞膜而被皮肤吸收，它作为化妆品外用是很显效的。同时，谷胱甘肽作为小分子肽，内服无须被消化即可吸收的，所以谷胱甘肽口服更加有效。

7. 改善某些疾病的症状

谷胱甘肽对缺氧症的不适、恶心、呕吐、瘙痒、糖尿病等症状以及由于肺病引起的其他症状，均有改善作用。

8. 眼科疾病

谷胱甘肽抑制晶体蛋白质巯基的不稳定，因而可以抑制进行性白内障及控制角膜及视网膜疾病的发展等。

9. 抗过敏

谷胱甘肽能纠正乙酰胆碱、胆碱酯酶之间的不平衡，从而消除由于这种不平衡引起的过敏症状。

10. 抑制艾滋病病毒的功能

谷胱甘肽对抑制艾滋病病毒有一定的功效。

11. 隔离 PM2.5

谷胱甘肽作用于皮肤表面可以隔离 PM2.5 对肌肤的伤害。

(二)酪蛋白磷酸肽

酪蛋白磷酸肽(CPP)是以牛乳酪蛋白为原料，通过生物技术制得的具有生物活性的多肽，可用于各种营养、保健食品中，能有效促进人体对钙、铁、锌等二价矿物营养素的吸收和利用。

酪蛋白磷酸肽的生理功能包括以下几方面。

1. 促进小肠对钙的吸收

人的饮食中的谷类食物含有大量的植酸、肌醇六磷酸等高磷成分，在小肠下端 pH 7～8 环境下与钙结合而生成磷酸钙沉淀。而 CPP 能抑制磷酸钙沉淀的形成，使游离钙保持较高的浓度，促进钙的被动吸收，成为维生素 D 作为钙吸收的促进剂。

2. 促进骨骼对钙的利用

动物实验表明，CPP 能促进钙的吸收和利用，减弱破骨细胞作用及抑制骨的再吸收。

3. 促进牙齿对钙的利用

研究发现，乳酪中含有的 CPP 能将食物中的钙离子结合在龋齿处，减轻釉质的去矿物化，从而达到抗龋目的。

目前，国外已将 CPP 应用于儿童咖喱饭、饮料、口香糖等食品和保健品中。CPP 在儿童缺钙、老年人骨质疏松、不育症的治疗和牙齿保健方面的研究和应用也在进行之中。因为 CPP 是从天然蛋白质中提取的多肽，具有不良反应小、安全可靠的优点，因而将会得到更广泛的应用。国外研究了酪蛋白、脱脂乳蛋白和 CPP 的致敏反应，发现 CPP 的致敏性很小，表明它能够适用于对牛奶过敏的体质。但也应注意到，影响 CPP 作用的因素非常复杂，在钙代谢过程中的作用还须进行深入的研究。

(三)降血压肽

降血压肽是活性肽中的一种小分子肽，也称为血管紧张素转化酶(ACE)抑制肽，是一种锌离子金属肽酶。它能够被活体内大量特异性底物激活，可以与血管紧张素转化酶的两个功能区竞争性结合，从而抑制其活性。

目前，降血压活性肽的食物来源主要有乳酸蛋白、鱼贝类、植物。这些肽通常由蛋白酶在温和条件下水解制得，对血压正常的人无降血压作用。

(四)高 F 值低聚肽

高 F 值低聚肽是指一类由 3～7 个氨基酸残基组成，其独特之处在于支链氨基酸的含量高于芳香族氨基酸。F 值，即 Fischerratio，这一概念的提出，是为了纪念德国医学博士 Fischer 及其团队在 20 世纪 70 年代提出的“伪神经递质假说”。它精准地刻画了氨基酸混合物或寡肽中支链氨基酸(BCAA)与芳香族氨基酸(AAA)的含量对比，为生命科学领域的研究提供了有力的工具。

低聚肽，又称寡肽、小肽或短肽，是蛋白质的前体，由 3～9 个氨基酸紧密相连，共同编织出生命的基石。而高 F 值低聚肽在维持生命正常运作、预防疾病、促进康复等方面发挥着至关重要的作用。

高 F 值寡肽的生理功能如下。

1. 支链氨基酸的生理功能

支链氨基酸是指侧链中具有分支结构的氨基酸，包括亮氨酸、异亮氨酸和缬氨酸。它们在人体内不仅扮演着能量供应者的角色，更在维持骨骼健康、促进伤口愈合、调节血糖水平、治疗精神障碍、增强食欲、抗贫血、维持神经系统正常运作、增强免疫功能等方面发挥着举足轻重的作用。

2. 辅助治疗肝性脑病

肝性脑病是一神经症状，往往与肝功能衰竭紧密相连。其表现为行为异常、意识障碍等症状。而高 F 值低聚肽在此时展现了其神奇的功效。它通过纠正体内氨基酸代谢的失衡状态，降低芳香族氨基酸的含量，有效地减轻或消除了肝性脑病的病情，为患者带来了新的希望。

3. 抗疲劳

在繁重的工作和生活压力下，人体往往容易感到疲劳。而高 F 值低聚肽中的支链氨基酸(BCAA)，作为唯一主要在肌肉组织中氧化的氨基酸，能够为肌肉组织提供直接的能量供应，有效缓解疲劳症状。此外，与其他氨基酸相比，BCAA 在体内分解产生 ATP 的效率显著提高，为身体注入源源不断的活力。

4. 治疗苯丙酮尿症

苯丙酮尿症(PKU)是常见的氨基酸代谢异常疾病，给患者的健康带来了巨大的威胁。

由于苯丙氨酸羟化酶的缺乏，患者无法正常代谢苯丙氨酸，导致大量苯丙酮酸在体内积聚。高 F 值低聚肽的出现为这一疾病的治疗带来了新的希望。它通过降低饮食中的苯丙氨酸含量，并补充适量的高 F 值低聚肽，使患者血液中的苯丙氨酸浓度得以控制在安全范围内，从而有效减轻病情，改善生活质量。

5. 改善术后病人的蛋白质营养状态

对于刚刚经历外科手术的患者来说，恢复身体健康是一项艰巨的挑战。手术往往会影响患者吸收及合成蛋白质的能力，使得体内蛋白质及氨基酸的正常循环陷入混乱。此时，高 F 值低聚肽的摄入显得尤为重要。它不仅能够促进蛋白质的合成，还能起到节氮的作用。它通过补充肌肉中亮氨酸的含量，可以帮助患者快速恢复体内的蛋白质平衡，改善其营养状态，为康复之路打下坚实的基础。

6. 与维生素协同作用

高 F 值低聚肽与维生素之间存在着微妙而重要的相互作用。在代谢过程中，BCAA 与生物素、钴胺素、核黄素及烟酸等关键营养素紧密相连。亮氨酸代谢物 3-甲基丁烯酰 CoA 的转化过程需要生物素的催化作用，而这一转化对于维持体内正常的生理功能至关重要。此外，BCAA 的代谢途径还涉及黄素腺嘌呤二核苷酸(FAD)和烟酚胺腺嘌呤二核苷酸(NDAH)等关键酶的参与。它们在 BCAA 分解过程中扮演着传递氢的重要角色。这些酶的辅基正是核黄素和烟酸的成分，表明 BCAA 与这两种维生素之间存在着密切的互作关系。尽管具体的互作途径目前尚不清楚，但这一发现无疑为营养学研究提供了新的视角和思路。

7. 预防四氯化碳导致的肝损伤

四氯化碳对肝脏的损伤早已被科学界所熟知。为了探索高 F 值寡肽混合物在肝脏保护方面的潜力，我们进行了大鼠实验。实验结果显示，高 F 值寡肽混合物能够显著保护大鼠肝细胞免受四氯化碳的损伤，减轻肝脏病变的程度，并促进肝功能损伤的恢复。此外，它还能够维持和改善肝脏氨基酸清除率，为肝脏健康提供全方位的保护。但这些功能具体机理尚未清楚，可能与中药保肝机理有一定相似之处。

(五)大豆多肽

大豆多肽是大豆蛋白经蛋白酶水解并分离精制所得到的分子量低于 1000 的低聚肽混合物。

大豆多肽作为功能性保健物质，其生物保健功能有低黏度、酸溶性、提高肌力、促进脂肪代谢、低抗原性、降低胆固醇、抑制血压升高和易消化、易吸收等特点。

1. 增强体能和消除疲劳

运动员进行竞技运动后，体内因消耗过多的营养物质，致使体内出现内环境失调，各系统功能处于低效状态，肌肉处于疲劳状态，一般通过休息可使疲劳肌肉得到恢复，而食用大豆多肽制品却能够加速疲劳肌肉的恢复。另外，大豆多肽对运动员还有增强肌肉的效果，日本学者曾用大豆多肽做对比试验证实，每天服用 20 g 大豆多肽者体能明显增强。

2. 易消化性和易吸收性

大豆多肽的氨基酸结构几乎完全与大豆蛋白一样，必需氨基酸平衡良好，含量丰富，即它保留了原蛋白的营养特性，而且通过蛋白质的改性作用消除了原蛋白中的一些营养抑制因子，这在一定程度上增加了它的吸收利用效率。与氨基酸运输体系比较，肽的吸收具有吸收快、能耗低、不易饱和、且各种多肽吸收无竞争性、抑制性等特点。大豆多肽在肠道的吸收率最好，且其消化吸收性比蛋白质更佳。

3. 低过敏性

大豆多肽的分子较小，这在一定程度上其抗原性降低至大豆蛋白质的1/100～1/1000，这一性质在临床上有实用价值，可以给易引起食品过敏的人们提供一种比较安全的蛋白饮料。

4. 大豆多肽的降胆固醇作用

大豆多肽具有降低血清胆固醇的作用。给动物喂食大豆多肽，血清中的胆固醇显著下降，而粪便中的胆固醇则大大增加，证明大豆多肽能阻止胆固醇在大肠中的吸收。我们知道，大肠除了排泄功能外还有吸收功能。对人体有害的物质(包括胆固醇)被大肠重新吸收对人体是非常有害的，这种作用的机理就是大豆多肽刺激甲状腺素分泌，促进胆汁酸化，使胆固醇排出体外。

5. 大豆多肽的降血压作用

大豆多肽具有降低血脂、调整血压的作用。从大豆蛋白中提出的多肽，具有良好的降脂作用，它能阻碍肠道内胆固醇的吸收。同时，大豆蛋白肽还能抑制血管紧张素转换酶(ACE)的活性，防止血管末梢收缩，达到降低血压的作用，而对正常的血压无调节作用，因此它对有心血管疾病的患者有显著疗效，对正常人体又无害，安全可靠。

6. 大豆多肽的促脂肪代谢作用

大豆多肽能很快引起皮下脂肪的减少。

7. 大豆多肽的延缓衰老作用

大豆多肽具有抑制自由基对自由基质的过氧化作用，使细胞功能修复，保持肌体活力，减少色素沉着的发生，从而阻止和推迟“寿斑”的出现。另外，大豆多肽能有效增强机体免疫功能，维护细胞正常代谢，延缓细胞衰老，使人延年益寿。

8. 大豆多肽对糖尿病辅助治疗作用

大豆多肽能有效提高机体免疫力，阻止糖尿病的合并症的发生。加快糖尿病患者的机体康复。

9. 大豆多肽的解酒与排毒作用

摄入含有大量氨基酸的大豆多肽饮料可对酒精代谢有积极影响。另外，大豆多肽对于放射线、放射线药物或由于抗肿瘤药物所引起的白细胞减少等症状，能够起到强有力的保护作用。大豆多肽能与进入机体的有毒化合物、重金属离子或致癌物质等相结合，并促其排出体外，起到了中和解毒作用。

工作页 2-2-2 活性肽的生理功能

模块 2：功能性食品的功效成分 项目 2：氨基酸、活性肽、活性蛋白质的生理功能认知	任务 2：活性肽
主题：活性肽的生理功能及食物来源	编号：工作页 2-2-2
所属课程：功能性食品开发与应用	所属专业：
姓名：	班级 & 组号：

续表

1. 素质目标 (1)强化学生自主学习能力，加强团队合作意识。 (2)树立严谨、科学的态度，增强责任感。 (3)提高职业素养。
2. 知识目标 (1)掌握生物活性肽的分类(按照来源、功能)。 (2)掌握常见的几种生物活性肽的生理功能。
3. 能力目标 (1)能够掌握生物活性肽的分类。 (2)能够明确常见几种生物活性肽的生理功能。
4. 知识要点 (1)生物活性肽按照来源分类。 (2)生物活性肽的生理功能之一是在体内制造酵素，有助于将食物转化为能量，查阅资料，总结酵素的概念、分类等知识点。 (3)大豆多肽的主要生理功能。

任务 3　活性蛋白质

【学习目标】

1. 回顾蛋白质的概念、分类；
2. 明确常见活性蛋白质的生理功能及食物来源。

【工作情景】

张伟是一名篮球运动员，他平时运动量大，运动完后会感觉很疲劳。他的教练懂得营养学方面的知识，就告诉他疲劳是由运动时能量的大量消耗、蛋白质的大量分解和电解质的丢失等多种原因造成的。因此，人们要特别注意运动后的恢复，及时合理补充营养是实现运动恢复的有效手段之一，尤其要注意补充蛋白质。教练说，蛋白质在运动营养中的功能主要表现在肌肉耐力和肌肉纤维修复，肌肉耐力取决于肌糖原的存储是否充足、血糖是否稳定在正常水平。富含支链氨基酸的蛋白质通过提供额外能量来源，可节约肌糖原，有助于维持血糖水平。

知识储备

一、活性蛋白质的定义

蛋白质是组成人体一切细胞、组织的重要成分。机体所有重要的组成部分都需要有蛋白质的参与。一般来说，蛋白质约占人体全部质量的18%，最重要的还是其与生命现象有关。

活性蛋白质是指除具有一般蛋白质的营养作用外，还具有某些特殊生理功能的一类蛋白质。

二、活性蛋白质的分类

活性蛋白质的种类繁多，酶是其中最重要的一类，另外还包括激素蛋白(胰岛素、生长激素)、收缩蛋白(肌球蛋白、肌动蛋白)、传递蛋白(血红蛋白、肌红蛋白、铁传递蛋白)、抗体蛋白(免疫球蛋白)、储存蛋白(卵清蛋白、种子蛋白)、保护(防御)蛋白(毒素、过敏原)等。

三、活性蛋白质的生理功能

(一)大豆蛋白

1. 大豆蛋白的概述

大豆蛋白即大豆类产品所含的蛋白质，含量为38%以上，是谷类食物的4～5倍。大豆蛋白是一种植物性蛋白质。大豆蛋白的氨基酸组成与牛奶蛋白质相近，是植物性的完全蛋白质，在营养价值上，可与动物蛋白等同，在基因结构上也最接近人体氨基酸，所以是最具营养的植物蛋白质。人类试验结果表明，大豆蛋白必需氨基酸组成较适合人体需要，对于2岁以上的人，大豆蛋白的生理效价为100。大豆中富含蛋白质，其蛋白质含量几乎是肉、蛋、鱼的2倍。而且大豆所含的蛋白质中人体“必需氨基酸”含量充足、组分齐全，属于“优质蛋白质”。人体对蛋白质的需求因年龄、性别、体重、工种等不同而有所差异。为了指导人们的膳食，世界各国结合本国实际情况分别制订出“推荐每日膳食营养素供给量”(RDA)。1999年，美国食品药品监督管理局(FDA)发表声明：每天摄入25 g大豆蛋白，有减少患心脑血管疾病的风险。

2. 大豆蛋白的生理功能

(1)大豆蛋白与心血管疾病。

在发达国家，心血管疾病是导致死亡的主要原因。在发展中国家，心血管疾病的发病率正急剧上升。引起心血管疾病的主要原因是血液中的胆固醇含量高。胆固醇有两种，一种是低密度脂蛋白(LDL)胆固醇，另一种是高密度脂蛋白(HDL)胆固醇。LDL胆固醇氧化后聚集，引起动脉粥样硬化，是不良胆固醇，应控制其浓度。而HDL胆固醇可防止LDL胆固醇的氧化，清除血管壁上淤积的粥样物质，对血管起保护功能。

研究发现食用大豆蛋白后，血清中胆固醇浓度降低了9.3%，LDL胆固醇降低了12.9%，血清中甘油三酸酯浓度降低了0.5%，而血清中HDL胆固醇浓度增加了2.4%。

由于胆固醇浓度每降低 1%，患心脏病的危险性就降低 2%～3%，因此可以认为，食用大豆蛋白可使患心血管疾病的危险性降低 18%～28%。

分析还表明，大豆蛋白对胆固醇的降低作用与胆固醇的初始浓度相关。食用大豆蛋白后，对于胆固醇浓度正常的人，LDL 胆固醇只降低 7.7%，而对于血清胆固醇浓度严重超标的人，LDL 胆固醇降低了 24%。因此，正常人食用大豆蛋白不会有任何顾虑，而胆固醇浓度越高，大豆蛋白的降低效果越显著。并且只要每天食用 17～25g 大豆蛋白，就足以起到降低胆固醇的作用。

(2)大豆蛋白与骨质疏松症。

人的骨骼处于高度的新陈代谢中，每年新生的骨骼占总骨骼的 15%，每天有大约 7000 mg 的钙进出骨骼组织，一部分钙会随尿液排出体外。如果尿钙损失 50 mg，就必须摄入 200～250 mg 的钙(假设钙的吸收率为 20%～25%)，因此，减少尿钙损失比摄入钙更为重要。研究表明，与优质动物蛋白相比，大豆蛋白造成的尿钙损失较少，当膳食中的蛋白质为动物蛋白质时，每天的尿钙损失达 150 mg；而当膳食中的蛋白质为大豆蛋白时，每天的尿钙损失只有 103 mg。值得一提的是，大豆中的另一成分——大豆异黄酮可抑制骨骼再吸收，促进骨骼健康。因此，常食大豆食品对防止骨质疏松非常有益。

(3)大豆蛋白与肾脏病。

随着人类寿命延长，老龄人口增多，慢性肾病的发病率也逐步上升。除了医学手段，饮食调整对肾脏患者病情的控制和康复也十分重要。研究表明，在肾病患者饮食中用大豆蛋白代替动物蛋白，其效果与完全控制蛋白质的摄入相同，如可降低肾脏过滤组织的水压和工作负荷、减少血液中有益成分(如白蛋白)从尿液中流失。

(4)大豆蛋白与高血压。

血管紧张肽原酶对稳定血液循环和血压起着重要作用。那些具有抑制血管紧张肽原酶活性的物质，是目前治疗高血压的首选药。日本的 Kawamura 研究发现，大豆 11S 球蛋白和 7S 球蛋白中含有 3 个可抑制血管紧张肽原酶活性的短肽片段。因此，大豆蛋白具有抗高血压的潜在功能。

(5)大豆蛋白与肥胖症。

随着人们生活水平的提高，肥胖症已成为一个全世界关心的话题。研究发现，对因食物致肥和遗传肥胖的老鼠，大豆分离蛋白及其水解物能明显降低胆固醇。同时，大豆蛋白及酪蛋白能显著降低老鼠体内脂肪和血清胰岛素含量，改变体内激素平衡和加速脂类代谢。

(6)大豆蛋白与更年期综合征。

研究发现，每日食用 40 g(含 68 mg 异黄酮)大豆分离蛋白的女性，即使有较低的雌激素水平也能显著地改善更年期综合征，并降低热潮红和盗汗的严重程度，提高她们的健康水平。

(二)乳铁蛋白

乳铁蛋白是乳汁中一种重要的非血红素铁结合糖蛋白，中性粒细胞颗粒中具有杀菌活性的单体糖蛋白。其分子量为 80 kDa，主要由乳腺上皮细胞表达和分泌。

乳铁蛋白广泛分布于哺乳动物乳汁和其他多种组织及其分泌液中(包括泪液、精液、胆汁、滑膜液等内、外分泌液和嗜中性粒细胞)，人乳中乳铁蛋白浓度为 1.0～3.2 mg/mL，是牛乳中的10倍(牛乳中含量为0.02～0.35 mg/mL)，占普通母乳总蛋白的20%，在泌乳期间，乳铁蛋白含量随着泌乳时间的不同而发生变化，如人初乳中乳铁蛋白可达6～14 mg/mL，常乳期降至1 mg/mL。

乳铁蛋白的生理功能主要包括以下几方面。

1. 抗菌抗病毒

乳铁蛋白能增强抵抗力。对于孕妇来说，最怕的就是感冒，担心药物影响胎儿，乳铁蛋白粉能让孕妇自身产生免疫力，对身体无副作用。对于婴儿而言，乳铁蛋白的营养成分接近母乳，能让婴儿有更强的抵抗力。

2. 促进铁吸收利用

乳铁蛋白具有结合并转运铁的能力，到达人体肠道的特殊接受细胞后再释放出铁，这样就能增强铁的吸收利用率，降低有效铁的使用量，减少铁的负面影响。有效预防孕产妇及婴幼儿贫血。

3. 促进消化吸收

乳铁蛋白能调节肠胃，改善肠道健康，有效促进胃肠道有益菌群的生长，抵制有害菌繁衍，促进营养成分的消化吸收。

乳铁蛋白的生理活性受多种因素的制约，盐类、铁含量、pH、抗体或其他免疫物质、介质等均有影响。它的铁含量对其抑菌作用有决定性作用，碳酸盐的存在可明显增强其抑菌能力，而柠檬酸盐的增加却明显减弱其抑菌能力，另外，它的抑菌效果还与pH密切相关，在pH为7.4时的效果明显高于pH为6.8时的效果，pH<6基本无抑菌作用。

(三)金属硫蛋白

金属硫蛋白(Metallothionein，MT)是一种广泛存在于生物界、低分子量、高金属含量、功能独特的蛋白质。化学名为金属硫组氨酸三甲基内盐，是一类广泛存在于生物中的低分子质量(2～7 kD)、富含半胱氨酸(20%～30%)、不含组氨酸和芳香族氨基酸的一类金属结合蛋白质。MT能被金属、细胞因子、荷尔蒙、细胞毒性药物、有机化学药物和应激等诱导。

金属硫蛋白的主要生理功能包括以下几方面。

1. 清除体内自由基

MT清除自由基的能力约是超氧化物歧化酶(SOD)和谷胱甘肽(GSH)的10000倍。

2. 解除重金属毒素

有毒金属一般指铅、砷、汞等。MT可以与铅、砷、汞等有毒金属紧密结合，解除重金属毒素，是目前临床最理想的生物解毒剂。

3. 抗辐射和紫外线照射

MT含丰富的细胞组织，可抵抗电离辐射或紫外线引起的细胞组织损伤。小鼠药效试验已初步证实，MT具有拮抗Co^{60}辐射、对由急性放射线疾病所引起的血小板损伤有恢复作用。

4. 参与体内微量元素代谢

MT可根据体内微量元素状况，自动释放出金属离子，补充体内所缺元素，调节体内微量元素平衡，增强体质。在肝、肾中锌元素主要以金属硫蛋白形式存储。

5. 防止细胞癌变

MT 可消除自由基、重金属，从而防止它们致癌、致突变作用。帮助维持细胞正常代谢和分裂，激发人体免疫功能，增强肌体的防癌抗癌作用。

(四)免疫球蛋白

1. 免疫球蛋白的概述

免疫球蛋白(Immunoglobulin)是指具有抗体活性的动物蛋白。它主要存在于血浆中，也见于其他体液、组织和一些分泌液中。人血浆内的免疫球蛋白大多数存在于丙种球蛋白(γ-球蛋白)中。

2. 免疫球蛋白的分类

免疫球蛋白可分为五类，即免疫球蛋白 G(IgG)、免疫球蛋白 A(IgA)、免疫球蛋白 M(IgM)、免疫球蛋白 D(IgD)和免疫球蛋白 E(IgE)。其中在体内起主要作用的是 IgG，而在局部免疫中起主要作用的是分泌型 IgA(SIgA)。

3. 免疫球蛋白的生理作用

(1)首要的功能是与相应的抗原结合，从而在体内介导多种生理或病理效应。在体外引起抗原抗体反应，借此特异性免疫学反应建立了临床各种免疫诊断技术，如凝集试验、免疫酶联技术(ELISA)等诊断方法。

(2)激活补体。抗原抗体结合形成复合物可激活补体。

(3)结合细胞。许多细胞表面有免疫球蛋白 Fc(Fc 即可结晶片段。用木瓜蛋白酶水解 IgG 分子，可得到两个 Fab 和一个 Fc 段。该片段能与效应分子和效应细胞相互作用，但不能与抗原结合)受体，如巨噬细胞、淋巴细胞、嗜碱性粒细胞、肥大细胞、中性粒子细胞和血小板等，可分别与不同类别 IgFc 段结合，产生不同效应。

(4)调理作用。免疫球蛋白或补体能覆盖在颗粒性抗原表面(如细胞或病毒)使后者更容易被吞噬细胞吞噬。

(5)通过胎盘和黏膜。IgG 类免疫球蛋白是人类唯一能通过胎盘转移给胎儿的免疫球蛋白，IgG 能借助 Fc 段选择性地与胎盘微血管壁发生可逆结合，主动进入胎儿血液中，形成婴儿的天然被动免疫。

(6)膜表面免疫球蛋白。在 B 淋巴细胞表面存在有膜表面免疫球蛋白，是 B 细胞的抗原，识别受体主要是 SmIgM 与 SmIgD。

工作页 2-2-3 活性蛋白质

模块 2：功能性食品的功效成分 项目 2：氨基酸、活性肽、活性蛋白质	任务 3：活性蛋白质
主题：活性蛋白质的生理功能及食物来源	编号：工作页 2-2-3
所属课程：功能性食品开发与应用	所属专业：
姓名：	班级 & 组号：
1. 素质目标 (1)强化学生自主学习能力，加强团队合作意识。 (2)树立严谨、科学的态度，增强责任感。 (3)提高职业素养。	

续表

2. 知识目标

(1)掌握大豆蛋白、乳铁蛋白、免疫球蛋白的生理功能。

(2)了解血红蛋白、免疫球蛋白的生理功能。

3. 能力目标

(1)能够掌握活性蛋白质的分类。

(2)能够掌握大豆蛋白、乳铁蛋白、免疫球蛋白的生理功能。

(3)能够明确血红蛋白、免疫球蛋白的生理功能。

4. 知识要点

(1)活性蛋白质的分类。

(2)总结大豆蛋白、乳铁蛋白的生理功能。

(3)查阅资料，总结血红蛋白在人体中的作用。

(4)查阅资料，试说明低密度脂蛋白、高密度脂蛋白的定义，这两个指标与血脂有何相关性。

5. 案例分析

张伟是一名篮球运动员，他平时运动量大，运动完后会感觉很疲劳，他的教练懂得营养学方面的知识，就告诉他疲劳是由运动时能量的大量消耗、蛋白质的大量分解和电解质的丢失等多种原因造成的。因此，人们要特别注意运动后的恢复，及时合理补充营养是实现运动恢复的有效手段之一，尤其要注意补充蛋白质。教练说，蛋白质在运动营养中的功能主要表现在肌肉耐力和肌肉纤维修复，肌肉耐力取决于肌糖原的存储是否充足、血糖是否稳定在正常水平。富含支链氨基酸的蛋白质通过提供额外能量来源，可节约肌糖原，有助于维持血糖水平。

(1)根据以上案例，试论述活性蛋白质的主要生理功能。

(2)有哪些食物还有活性蛋白质？

【学习资源】

氨基酸学习视频 1

氨基酸学习视频 2

活性肽学习视频 1

活性肽学习视频 2

活性肽学习视频 3

活性蛋白质学习视频 1　　活性蛋白质学习视频 2

项目 3　活性油脂

脂类是油、脂肪、类脂的总称。脂肪是重要的营养物质，是食物的一个基本构成部分。摄入过多的饱和脂肪酸容易诱发心脑血管病，会导致肥胖症，还将诱发高血压、糖尿病等。脂肪的生理功效包括以下几方面。

(1)供给维持生命所必需的热能，保持体温和存储热能。

(2)构成身体细胞的重要成分之一。脂肪中的磷脂、固醇是形成新组织和修补旧组织、调节代谢、合成激素所不可缺少的物质。

(3)脂肪是脂溶性维生素 A、维生素 D、维生素 E、维生素 K 等的溶剂。

(4)给人体提供必需的脂肪酸。

(5)多数芳香物质都是脂溶性的，脂肪有利于提高食品的香气和味道，以增进食欲。

(6)可延长食物在消化道内停留时间，利于各种营养素的消化吸收。

任务 1　多不饱和脂肪酸

【学习目标】

1. 描述多不饱和脂肪酸的概念及分类；
2. 明确多不饱和脂肪酸的食物来源；
3. 掌握 ω-3 系列多不饱和脂肪酸、ω-6 系列多不饱和脂肪酸的生理功能；
4. 概述课程学习内容和学习要求。

【工作情景】

1961 年，西方国家针对饱和脂肪酸摄入过量，营养失衡、过早发胖的社会现象，以及脑力工作者因工作、学习压力而普遍产生的大脑和视力器官疲劳症状，开始了 ω-3 系列不饱和脂肪酸的开发研究。其中，α-亚麻酸是一种既不能人工合成，也不能人体自行生成，只能通过外源补充的一种必需营养素。它是影响人类生命进化过程中一种最基本、最核心的物质，健康必需却又普遍缺乏，急需补充。考古历史学家发现成吉思汗远征大军的军粮除了牛肉干外，必备熟制亚麻粉，药食两用，定期冲服，这正是他们强健、智慧和长寿的物质基础。

知识储备

一、多不饱和脂肪酸的定义及分类

多不饱和脂肪酸(PUFA)指含有两个或两个以上双键且碳链长度为18～22个碳原子的直链脂肪酸，分为ω-3和ω-6两个系列不饱和脂肪酸。

1. ω-3系列不饱和脂肪酸

ω-3系列不饱和脂肪酸，即从甲基端数，第一个不饱和键在第三和第四碳原子之间的各种不饱和脂肪酸，主要包括α-亚麻酸、二十碳五烯酸(EPA)和二十二碳六烯酸(DHA)。

2. ω-6系列不饱和脂肪酸

ω-6系列不饱和脂肪酸，即从甲基端数，第一个不饱和键在第六和第七碳原子之间的各种不饱和脂肪酸，主要包括亚油酸、γ-亚麻酸、二十碳四烯酸(ARA，花生四烯酸)。

二、多不饱和脂肪酸的来源

多不饱和脂肪酸通常来自高等植物种子、动物内脏和鱼油。

大多数植物油富含亚油酸，如玉米胚芽油、燕麦油、芝麻油、大豆油、葵花籽油等。常见植物油中脂肪酸含量见表2-3-1。

表2-3-1　常见植物油中脂肪酸含量

植物油	饱和脂肪酸	不饱和脂肪酸			其他脂肪酸
		油酸($C_{18:1}$)	亚油酸($C_{18:1}$)	亚麻酸($C_{18:1}$)	
可可油	93	6	1		
椰子油	92	0	6	2	
橄榄油	10	83	7		
菜籽油	13	20	16	9	42
花生油	19	41	38	1	1
茶油	10	78	10	1	1
葵花籽油	14	19	62	5	
豆油	16	22	52	7	3
棉籽油	24	25	44	4	3
芝麻油	15	38	45	1	1

动物性食物，尤其是蛋黄、内脏中富含ARA(花生四烯酸)和EPA(二十碳五烯酸)。

从鱼的种类来看EPA与DHA的含量，EPA在沙丁鱼等小型青背鱼油中含量居多，DHA在金枪鱼和松鱼等大型青背鱼中含量较多。特别是金枪鱼和松鱼的头部DHA含量较高，而其眼窝脂肪中DHA含量最高。

我国几种水产动、植物油中的EPA与DHA含量如表2-3-2所示。

表 2-3-2　我国几种水产动、植物油中的 EPA 与 DHA 含量

来源	EPA	DHA
沙丁鱼	8.5	16.03
带鱼	5.8	14.4
海鳗	4.1	16.5
鲨	5.1	22.5
海条虾	11.8	15.6
梭子蟹	15.6	12.2
小球藻	35.2	8.7
螺旋藻	32.8	5.4

三、多不饱和脂肪酸的生理功能

(一)ω-3 系列不饱和脂肪酸

1. α-亚麻酸

α-亚麻酸(α-Linolenic Acid，ALA，十八碳 9，12，15-三烯酸)是有三个双键的多不饱和脂肪酸，是一种 ω-3 必需脂肪酸。在体内可转化为 DHA、DPA(二十二碳五烯酸)、EPA 等。α-亚麻酸在亚麻籽油中占55%，在沙棘籽油中占32%，在巴马火麻油中占20%，在菜籽油中占 10%，在豆油中占 8%；在苏子油、小麦胚芽油和卡诺拉油中的含量一般较低。

随着研究的深入，α-亚麻酸与健康及疾病的关系，已引起了国内外学者瞩目和高度重视。尽管 α-亚麻酸资源数量少，能够摄取到的食物种类也少，但它们的生理活性却是人体不可缺少的。综合全球医学和营养学的研究结果，α-亚麻酸有以下基本功效。

(1)调节血脂作用。

血脂异常严重威胁人类健康和生命，它是动脉粥样硬化病灶形成和进展的重要危险因素，已证实调脂药物可以延缓动脉粥样硬化事件(如心肌梗死和卒中)的发生。很多实验证明 α-亚麻酸具有降低血清总胆固醇(TC)、甘油三酯(TG)、低密度脂蛋白和极低密度蛋白，升高血清高密度脂蛋白的作用。

(2)预防血栓。

从发生机理来看，血栓主要有两种：一是脂质栓子；二是血液凝固。大多数的抗血栓药物只是对其中的某一因素产生作用，而 α-亚麻酸的抗血栓作用则是完全的、全面的。

α-亚麻酸可以降低胆固醇、甘油三酯、LDL、VLDL，升高 HDL，发挥抗血栓的作用。以每天 1.2 g 的量服用 α-亚麻酸 120 天，显微镜下胆固醇结晶密度可以非常明显地减少，大块的脂质斑块可以消失。

(3)降低血黏度。

在多数情况下，冠心病和脑缺血都是由血栓引起的，但血液黏度也是一个不可忽视的因素。部分冠心病和脑缺血患者都没有明显的动脉栓塞，其中的原因就是血黏度的升高，血液携氧量下降而导致心肌和大脑供血不足及外周循环障碍，表现出心悸、胸闷、头晕、失眠、记忆力下降及四肢麻木等症状。

对于血黏度，并无针对性的药物，在这方面，α-亚麻酸有其独特的作用。α-亚麻酸可以调节糖、脂肪和蛋白质的代谢，降低血液中可溶性蛋白质的水平，增加血液的流动性，高黏血症患者以每天1.5 g补充α-亚麻酸90天，各项指标可恢复正常，同时心悸、胸闷、头晕、失眠、记忆力下降及四肢麻木等症状得到明显改善，有效率在90%以上。

(4)调节血糖，抑制并发症。

α-亚麻酸可促进胰岛素β-细胞分泌胰岛素及使胰岛素在血液中维持稳定，可降低靶细胞对胰岛素的抵抗，提高细胞膜上胰岛素受体的敏感度，减少胰岛素的拮抗性。

α-亚麻酸在人体内可调节脂类代谢，抑制并发症，降低酸、酮中毒的概率。同时α-亚麻酸对人体各器官及神经系统的保护作用和增强作用对糖尿病患者是大有裨益的。

(5)降血压。

α-亚麻酸及其代谢物EPA、DHA能使高血压患者的血压降低，每天服用1.2 g可使收缩压、舒张压和平均动脉压降低10 mmHg，而正常血压几乎不受影响。ω-3多不饱和脂肪酸降血压的机理被认为是内源性血管活性物质对血管的反应，如前列腺环素PGI3的舒张血管作用，刺激内皮细胞释放NO，同时使α-亚麻酸促进血浆中的中性脂肪(胆固醇、甘油三酯)含量下降。

(6)减肥。

α-亚麻酸在降低肥胖患者体重方面不同于任何其他药物。其主要通过以下两个途径来实现：一是增加代谢率；二是抑制甘油三酯的合成，增加体内各种脂质的排泄。但要达到减肥效果，服用量要相对增加。

(7)抗炎作用。

随着抗生素和其他相关药物的应用，病原性炎症对人体健康的影响日趋减少，而一些非病原性、非致命性的慢性炎症给人类健康带来新的威胁，严重影响了人们的生活质量，如风湿、类风湿性关节炎，慢性鼻炎、慢性前列腺炎等，解热镇痛、非甾体抗炎药及激素类抗炎药对这一类疾病虽能起到对症治疗作用，即减少各种炎症介质的合成，但同时对机体产生严重的副作用。α-亚麻酸对各种炎症介质和细胞因子有抑制作用，并且不会带来不良反应，给这一类疾病的治疗带来新思路。

(8)增强智力。

二十二碳六烯酸(DHA)在脑神经和视网膜中大量存在，从胎儿到哺乳期间脑的发育是非常重要的。到离乳时脑细胞分裂大部分已结束，以后神经细胞数也不再增加，所以妊娠期到哺乳期的α-亚麻酸补给是非常必要的。

此外，α-亚麻酸还有抗癌、抗衰老、抗抑郁、预防老年性痴呆等的作用，对维持人类正常生长发育、维护皮肤正常状态是必不可少的。

2. EPA与DHA

EPA和DHA即二十碳五烯酸以及二十二碳六烯酸，其烯键即碳碳双键化学结构很不稳定，容易被氧化。EPA和DHA同属于ω-3系列多不饱和脂肪酸，是人体自身不能合成但又不可缺少的重要营养素，因此称为人体必需脂肪酸。

(1)EPA的主要生理功能。

EPA具有帮助降低胆固醇和甘油三酯的含量，促进体内饱和脂肪酸代谢的作用。从而降低血黏度，增进血液循环，提高组织供氧而消除疲劳。防止脂肪在血管壁的沉积，预防动脉粥样硬化的形成和发展、预防脑血栓、脑出血、高血压等心血管疾病。

(2)DHA 的主要生理功能。

①DHA 对脑神经生长发育至关重要。脑部发育从胎儿期就开始了，胎儿期至 3 岁这段时间宝宝脑部发育最快，到 3 岁时，脑重就达成年人的 80%，因此这段时间被称为“脑部发育黄金期”。胎儿期的脑部发育主要表现为脑细胞数量的快速增长，脑细胞每分钟增长高达约 25 万个；到出生时，脑细胞数量达到千亿个，和成人脑非常接近。出生以后，脑部发育进入另外一个阶段：脑细胞快速连接。直到 6 岁，就会长成发达的“大脑互联网”。

②DHA 对婴儿视觉发育起重要作用。在各种脑部营养素中，DHA 尤为重要。它又被誉为“脑黄金”，这是因为它在脑细胞膜和视网膜中大量存在，占大脑总脂肪酸的 35%～45%，对智力及视力发育至关重要。

③DHA 对儿童智能发育的重要作用。在婴儿期补充临床验证水平 DHA 和 ARA，第 18 个月测量的智力分数比对照组高 7 分。即表示在包括记忆力、解决问题能力、分辨能力、归类能力、言语能力和社交技能的智力综合测试中有更优越的表现。

④DHA 具有抗过敏、增强免疫作用。近年来，儿童、青少年哮喘发病率有逐年增高趋势，严重影响到儿童、青少年的身心健康和学业成绩。临床研究发现，花生四烯酸(ARA)可在体内合成导致炎症与过敏性的物质，若摄入适量的 DHA，可以避免过量 ARA 的形成，减少过度的炎症反应与过敏机会，增强免疫。

DHA 是大脑细胞形成发育及运作不可缺少的物质基础，同时也能对活化衰弱的视网膜细胞有帮助，从而起补脑健脑以及提高视力，防止近视眼的作用。

DHA 还是母乳中的必要成分，能增强人体免疫能力。

深海鱼油富含 DHA，其适用病症包括高血压、高胆固醇、高血脂、脑血管障碍、心肌梗死、动脉硬化、青光眼、白内障等。

(二)ω-6 系列不饱和脂肪酸

1. 亚油酸

亚油酸是分布最广的一种多不饱和脂肪酸。亚油酸与其他脂肪酸一起，以甘油酯的形式存在于动植物油脂中。动物脂肪中的含量一般较低，如牛油为 1.8%，猪油为 6%；一些植物油中含量较高，如花生油为 26%，豆油为 57.5%，菜油为 15.8%。

亚油酸的主要生理功能包括：降低血清胆固醇；维持细胞膜功能；作为某些生理调节物质(如前列腺素)的前体物；保护皮肤免受射线损伤。

2. 花生四烯酸

花生四烯酸简称 AA 或 ARA，为花生油中饱和的花生酸的相对物。花生四烯酸是一种液态必需脂肪酸，人体中只有很小一部分。它对前列腺素、血栓素和白三烯的生产，以及婴儿脑发育很重要。尽管被认为是一种必需脂肪酸，但不一定必须从饮食获得，因为人体本身能够将来自蔬菜、坚果和植物种子的亚油酸转变成花生四烯酸。

花生四烯酸的生理功能主要包括以下几方面。

(1)抗消化性溃疡及胃肠功能障碍；

(2)花生四烯酸是人体大脑和视神经发育的重要物质，对提高智力和增强视敏度具有重要作用；

(3)花生四烯酸具有酯化胆固醇、增加血管弹性、降低血黏度、调节血细胞功能等一系列生理活性；

(4)花生四烯酸对预防心血管疾病、糖尿病和肿瘤等具有重要功效。

3. γ-亚麻酸

γ-亚麻酸(γ-Lenolenic Acid)为 6，9，12-十八碳三烯酸。自然界和人类食物中，富含 γ-亚麻酸的资源并不多，首先发现的高 γ-亚麻酸资源是月见草(7%～13%)。后来在一些野生植物中，也发现含有较为丰富的亚麻酸，如琉璃苣(Borage，20%～25%)、黑加仑(16%)等。此外，一些微藻类和霉菌也能富集高含量的 γ-亚麻酸。

γ-亚麻酸的主要生理功能包括以下几方面。

(1)抗心血管疾病作用。

血栓素 A2(TXA2)是内源性最强烈的血小板聚集剂和血管收缩剂，而前列腺环素(PGI2)为最强烈血管扩张剂。正常机体两者保持平衡，以维持血小板生理作用。一旦 TXA2 合成增多，PGI2 生成减少，则将增加血小板聚集作用，引起血栓。γ-亚麻酸抗血栓心血管机理如下。

①GLA 作为 PGE1 前体抑制血小板聚集；

②GLA 转化成 DHA，γ-亚麻酸抑制血小板 TXA2 合成酶活性。因此对血栓症方面，γ-亚麻酸具有减轻的效果，可降低引起血栓性心脑血管疾病的危险外，它也能抑制动脉粥样状硬化症的形成，保护缺血性心肌，减少坏死区，维持血小板的正常功能。

(2)降血脂作用。

γ-亚麻酸作为 PGE1 的前体可降低总胆固醇，γ-亚麻酸能增强胆固醇的极性和水溶性，使之易被酶解，还可从血液中清除甘油三酯，减少内源性胆固醇的合成，从而减少 β-脂蛋白的生成。因此，γ-亚麻酸能降低血液中总胆固醇含量，起到降血脂的作用。γ-亚麻酸是目前报道的治疗高脂血症疗效较佳、安全性最高的药物。

(3)降血糖作用。

由 γ-亚麻酸组成的磷脂可以增强细胞膜上磷脂的流动性，增强细胞膜受体对激素(包括胰岛素)的敏感。由 γ-亚麻酸而来的前列腺素等活性物质，可以提高胰岛 β-细胞分泌胰岛素的功能。而 γ-亚麻酸作为多不饱和脂肪酸还可以帮助恢复糖尿病患者细胞的脂肪酸去饱和酶的活性。

(4)抗癌作用。

γ-亚麻酸可作为潜在的抗癌药物。对 γ-亚麻酸的研究表明，它具有明显的抗脂质氧化作用，因 γ-亚麻酸在体内首先被氧化，从而减轻了细胞脂质过氧化损害。研究表明，γ-亚麻酸可抑制人肝癌细胞生长，抑制人结肠癌、胃癌和胰癌细胞 DNA 的合成。

(5)美白和抗皮肤老化作用。

γ-亚麻酸与曲酸反应生成的曲酸单 γ-亚麻酸酯可作为酪氨酸酶的抑制剂，具有抗黑色素生成的作用，可作为增白化妆品的功能因子，也可以制成药膏治疗色素沉着。另外，γ-亚麻酸可作为化妆品的天然油脂原料，具有保护和湿润皮肤，延缓皮肤老化以及治疗慢性湿疹，促进血液循环等作用。

因此，γ-亚麻酸作为食品添加剂或营养补充剂，长期食用可以改善人类食品的结构，增强人体免疫机能，因而它和其他多不饱和脂肪酸一起，被誉为“21 世纪功能食品的主角”。婴幼儿、老年人，因肥胖、疾病或饮酒过量引起代谢紊乱的成年人，矿质元素或维生素摄取不足的人，都要补充γ-亚麻酸。国外一些制药或食品公司，为了满足上述特定消费群体的要求，已经为老年人和小孩研制生产了含γ-亚麻酸的食品，如：牛奶、奶粉、果汁、饮料、果冻、饼干、巧克力、口香糖等。

近年来，医学界对γ-亚麻酸的临床研究非常活跃，也发现γ-亚麻酸对肥胖、精神分裂症、女性月经期综合征、周期性乳腺疼痛以及多种炎症(风湿性关节炎、溃疡结肠炎、肾炎等)具有良好的改善作用，这预示着γ-亚麻酸具有更广泛的应用前景。一般来说，我们多从食物中摄取亚油酸，经体内酶的作用和一系列生物合成作用，转化成γ-亚麻酸，维持机体正常运作所需。当人体摄取了过量的饱和脂肪酸或出现其他代谢紊乱时，会影响亚油酸向γ-亚麻酸的转化，从而影响机体的正常运作，导致种种疾病的产生。因此，若能及时地补充γ-亚麻酸，就可促使身体机能的代谢正常，从而减少疾病的产生。

实验及临床研究表明，本品具有明显的抗脂质过氧化、降低总胆固醇、提高高密度脂蛋白、抑制血小板聚集及血栓素A2合成、降低血压、抑制溃疡及胃出血、增加胰岛素分泌、减肥等作用。临床上用于某些老年性疾病如糖尿病、高脂血症、动脉粥样硬化、血栓性心脑血管疾病、癌症以及胃溃疡、肥胖症、精神分裂症、特应性湿疹、风湿性关节炎、脉管炎等。

工作页 2-3-1 多不饱和脂肪酸的生理功能

模块 2：功能性食品的功效成分 项目 3：活性油脂	任务 1：多不饱和脂肪酸
主题：多不饱和脂肪酸的分类及生理功能	编号：工作页 2-3-1
所属课程：功能性食品开发与应用	所属专业：
姓名：	班级 & 组号：
1. 素质目标 (1)强化学生自主学习能力，加强团队合作意识。 (2)树立严谨、科学的态度，增强责任感。 (3)提高职业素养。	
2. 知识目标 (1)掌握多不饱和脂肪酸的概念及分类。 (2)了解多不饱和脂肪酸的食物来源。 (3)掌握α-亚麻酸、二十二碳六烯酸(DHA)的生理功能。 (4)明确花生四烯酸(ARA)、γ-亚麻酸的生理功能。	
3. 能力目标 (1)能够掌握多不饱和脂肪酸的概念及分类。 (2)能够掌握α-亚麻酸、二十二碳六烯酸(DHA)的生理功能。 (3)能够明确花生四烯酸(ARA)、γ-亚麻酸的生理功能。	
4. 知识要点 (1)ω-3 系列不饱和脂肪酸的生理功能部分知识点：α-亚麻酸的生理功能；二十二碳六烯酸(DHA)的主要生理功能。	

续表

(2)ω-6系列不饱和脂肪酸的生理功能部分知识点：亚油酸的生理功能；花生四烯酸(ARA)的生理功能，并查阅资料，总结前列腺素的生理功能。

任务2 磷脂

【学习目标】

1. 回顾磷脂的概念、分类；
2. 明确磷脂的食物来源；
3. 掌握磷脂的生理功能。

【工作情景】

磷脂最早在人脑中被发现，后来从蛋黄中分离得到。1961年，日本批准使用大豆磷脂。20世纪70年代起，欧美国家开始使用磷脂类保健品。我国早在20世纪50年代开始对磷脂进行研究和开发，但受技术、设备等限制未得到有力发展，直到20世纪90年代才实现磷脂的工业化规模生产。

知识储备

一、磷脂的概念

磷脂是含有磷酸根的类脂化合物，由C、H、O、N、P五种元素组成，是生物膜的重要组成部分，人们已发现磷脂几乎存在于所有机体细胞中，在动植物体重要组织中都含有较多磷脂。动物磷脂主要来源于蛋黄、牛奶、动物体脑组织、肝脏、肾脏及肌肉组织部分。植物磷脂主要存在于油料种子，且大部分存在于胶体相内，并与蛋白质、糖类、脂肪酸、菌醇、维生素等物质以结合状态存在，是一类重要的油脂伴随物。

二、磷脂的分类

根据磷脂的主链结构分为磷酸甘油酯和鞘磷脂。

(一)磷酸甘油酯

磷酸甘油酯(Phosphoglyceride)主链为甘油-3-磷酸，甘油分子中的另外两个羟基都被脂肪酸所酯化，磷酸基团又可被各种结构不同的小分子化合物酯化后形成各种磷酸甘油酯。体内含量较多的是磷脂酰胆碱(卵磷脂)、磷脂酰乙醇胺(脑磷脂)、磷脂酰丝氨酸、磷脂酰甘油、二磷脂酰甘油(心磷脂)及磷脂酰肌醇等，每一磷脂可因组成的脂肪酸不同而有若干种。

从分子结构可知甘油分子的中央原子是不对称的，因而有不同的立体构型。天然存在的磷酸甘油酯都具有相同的主体化学构型。按照化学惯例，这些分子可以用二维投影式来表示。D-型和 L-型磷酸甘油醛的构型就是根据其 X 射线晶体衍射结果确定的。右旋为 D-型，左旋为 L-型。磷酸甘油酯的立体化学构型及命名由此而推定。

1. 卵磷脂

卵磷脂又称为蛋黄素，被誉为与蛋白质、维生素并列的“第三营养素”，蛋黄中含有丰富的卵磷脂，牛奶、动物的脑、骨髓、心脏、肺脏、肝脏、肾脏以及大豆和酵母中都含有卵磷脂。卵磷脂在体内多与蛋白质结合，以脂肪蛋白质(脂蛋白)的形态存在着，所以卵磷脂以丰富的姿态存在于自然界当中，建议人们尽量摄取足够多种类的食物。

卵磷脂可使大脑神经及时得到营养补充，有利于消除疲劳，缓解神经紧张。补充卵磷脂没有年龄限制，从小孩到老年人均可服用。对胎儿、婴儿来说，它更是神经发育的必需品，可根据需要适当补充卵磷脂。

(1)人体营养需要。

人体所需的外源性胆碱 90%是由卵磷脂提供。卵磷脂提供胆碱有两大益处：一是不像游离胆碱会因肠道中微生物作用而降解成为甲胺；二是在肝以及其他纤维组织中由脑磷脂(PE)的连续甲基化获得胆碱，且这一合成过程需要一定时间，故当膳食胆碱不足时，体内尚存卵磷脂(PC)的内源资源即可补充人体需要。

(2)对血清脂质的调节作用。

调节血清脂质水平意味着能降低胆固醇水平，保护肝脏，也能改善记忆力，加强免疫力以及抗脂肪肝的活力。

(3)胞囊纤维变性时对吸收脂肪的影响。

胞囊纤维变性是一种外分泌腺失调，一般都是因为体内脂质有限，胰脂酶、胆汁盐和碳酸氢钠存量不足引起。结果严重影响脂肪的吸收，因而会造成脂肪痢。溶血磷脂酰胆碱能使摄入脂肪移位，将甘油一酯及脂肪酸在低共熔基质中相结合，在有碳酸氢钠离子及胆汁盐情况下，变得容易吸收。

(4)健康心脏。

20 世纪 60 年代，科学家们就发现卵磷脂可能具有保护心脏的作用，在进一步的研究中，终于证实卵磷脂对心脏健康有积极作用。这是因为它能调节胆固醇在人体内的含量、有效降低胆固醇、高血脂及冠心病的发病率。

(5)有益大脑。

脑神经细胞中卵磷脂的含量占其质量的 17%～20%。“胆碱”是大豆卵磷脂的基本成分，卵磷脂的充分供应保证充分的“胆碱”与人体内的“乙酰”合成为“乙酰胆碱”，“乙酰胆碱”是大脑内的一种信息传导物质，能提高脑细胞的活性化程度，提高记忆与智力水平。

卵磷脂具有乳化、分解油脂的作用，可增进血液循环，改善血清脂质，清除过氧化物，使血液中胆固醇及中性脂肪含量降低，减少脂肪在血管内壁的滞留时间，促进粥样硬化斑的消散，防止由胆固醇引起的血管内膜损伤。服用卵磷脂对高血脂和高胆固醇具有显著的功效，因而可预防和治疗动脉硬化症(高血压、心肌梗死、脑出血)。

(6)柔润皮肤。

卵磷脂是人体每一个细胞不可缺少的物质，如果缺乏，就会降低皮肤细胞的再生能力，导致皮肤粗糙、有皱纹。如能适当摄取卵磷脂，皮肤再生活力就可以保障，再加上卵磷脂良好的亲水性和亲油性，皮肤当然就有光泽了。另外，卵磷脂所含的肌醇还是毛发的主要营养物，能抑制脱发，使白发慢慢变黑。

(7)延缓衰老。

人随着年龄增长，记忆力会减退，其原因是与乙酰胆碱含量不足有一定关系。脑部的神经传导物质(乙酰胆碱)减少是引起老年痴呆的主要原因，乙酰胆碱是神经系统信息传递时必需的化合物。而且“胆碱”是卵磷脂的基本成分，卵磷脂的充分供应将保证机体内有足够的胆碱与人体内的乙酰结合为“乙酰胆碱”，从而为大脑提供充分的信息传导物质，大脑能直接从血液中摄取卵磷脂及胆碱，并很快转化为乙酰胆碱。长期补充卵磷脂可以减缓记忆力衰退的进程，预防或推迟老年痴呆的发生。

(8)调剂心理状态。

社会竞争日趋激烈，人们长期处在紧张的环境和种种压力下，常患有焦虑、急躁、易怒、失眠、耳鸣等症，即植物神经紊乱，通常被称为神经衰弱。经常补充卵磷脂，可使大脑神经及时得到营养补充，保持健康的工作状态，利于消除疲劳，激化脑细胞，改善因神经紧张而引起的急躁、易怒、失眠等症。

图 2-3-1 表示卵磷脂的结构。

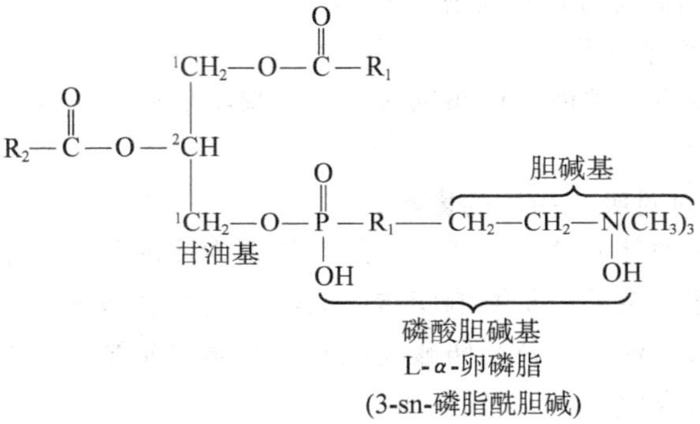

图 2-3-1　卵磷脂的结构

2. 脑磷脂

脑磷脂是脑组织和神经组织中提取的磷脂，心、肝及其他组织中也含有，常与卵磷脂共同存在于组织中。

脑磷脂的结构与卵磷脂的相似，只是分别以氨基乙醇或丝氨酸代替胆碱的位置，以其羟基—OH 与磷酸脱水结合。

脑磷脂的脂肪酸通常有四种，即软脂酸、硬脂酸、油酸及少量二十碳四烯酸，性质与卵磷脂相似，不溶于丙酮，也不溶于乙醇，但溶于乙醚，因此可以与卵磷脂分开。

(二)鞘磷脂

鞘磷脂(sphingomyelin)是含鞘氨醇或二氢鞘氨醇的磷脂，其分子不含甘油，是一分子脂肪酸以酰胺键与鞘氨醇的氨基相连。鞘氨醇或二氢鞘氨醇是具有脂肪族长链的氨基二元醇。鞘氨醇或二氢鞘氨醇有长链脂肪烃基构成的疏水尾和两个羟基及一个氨基构成的极性头。

鞘磷脂含磷酸，其末端烃基取代基团为磷酸胆碱酰乙醇胺。人体含量最多的鞘磷脂是神经鞘磷脂，由鞘氨醇、脂肪酸及磷酸胆碱构成。神经鞘磷脂是构成生物膜的重要磷脂。它常与卵磷脂并存于细胞膜外侧。

三、磷脂的食物来源

磷脂存在于所有动、植物的细胞内。在植物中主要分布于种子、坚果及谷类中，在人类和其他动物中，磷脂主要存在于脑、肾及肝等器官内。其中主要加以利用的来源为鸡蛋黄、大豆等。

不同种类油脂中磷脂的含量如表 2-3-3 所示。

表 2-3-3　不同种类油脂中磷脂的含量

油脂种类	磷脂含量
大豆	1.2%～3.2%
棉籽仁	1.8%～3.0%
油菜子	0.9%～1.2%
葵花籽	0.6%～0.8%
亚麻籽	0.44%～0.73%
花生	0.44%～0.62%
蓖麻籽	0.25%～0.30%
大麻籽	0.85%

四、磷脂的生理功能

(一)构成生物膜的重要成分

生物膜(Biomembrane)是镶嵌有蛋白质和糖类(统称糖蛋白)的磷脂双分子层，起着划分和分隔细胞和细胞器作用，生物膜也是与许多能量转化和细胞内通信有关的重要部位，同时，生物膜上还有大量的酶结合位点。生物膜是细胞、细胞器和其环境接界的所有膜结构的总称。生物膜的这种液态镶嵌结构(Fluid-mosaic Structure)，并不是固定不变的，而是处于动态的平衡之中。双分子层的每一个磷脂分子都可以自由横向移动。当生物膜受到自由基的攻击而损伤时，磷脂可修复被损伤的生物膜。

生物膜具有极其重要的生理功效，能起保护层的作用，是细胞表面的屏障，也是细胞内外环境进行物质交换的通道。许多酶系统与生物膜相结合，一系列生物化学反应在膜上进行。当膜的完整性受到破坏时，细胞将出现功能上的紊乱。

图 2-3-2 表示生物膜的结构。

(二)促进神经传导，提高大脑活力

人脑约有 200 亿个神经细胞，各种神经细胞之间依靠乙酰胆碱来传递信息。乙酰胆碱是由胆碱和乙酸反应生成的。食物中的磷脂被机体消化吸收后释放出胆碱，随血液循环系统送至大脑，与乙酸结合生成乙酰胆碱。当大脑中乙酰胆碱含量增加时，大脑神经细胞之间的信息传递速度加快，记忆力功能得以增强，大脑的活力也明显提高。

因此，磷脂可促进大脑组织和神经系统的健康完善，提高记忆力，增强智力。此外，它们还能改善或配合治疗各种神经官能症和神经性疾病，有助于癫痫和痴呆等病症的康复。

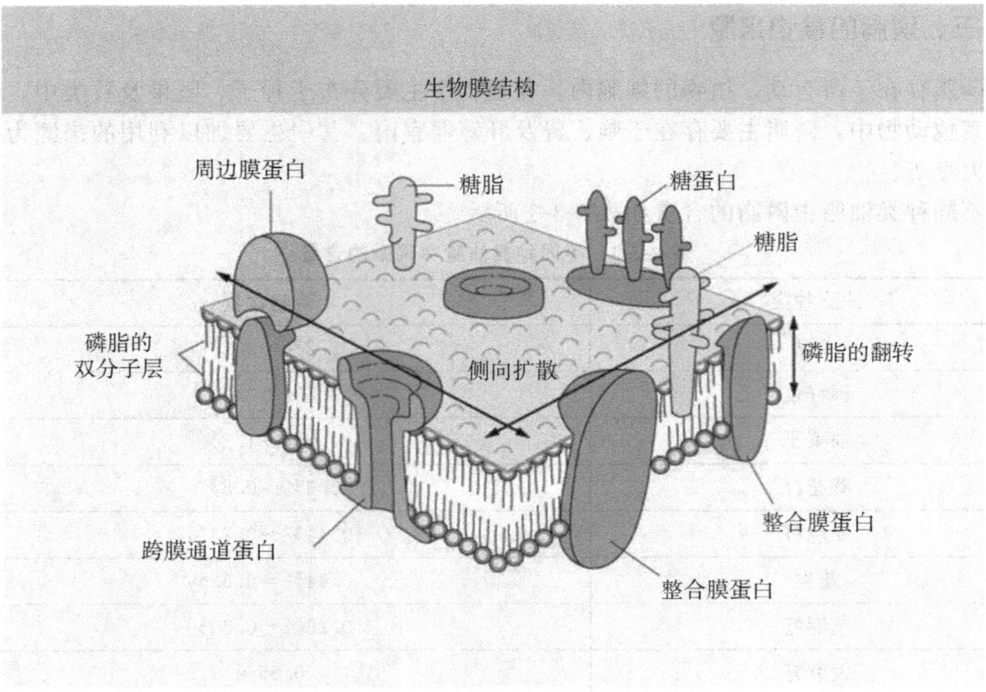

图 2-3-2 生物膜结构图

(三)促进脂肪代谢，防止出现脂肪肝

胆碱对脂肪有亲和力，可促进脂肪以磷脂形式由肝脏通过血液输送出去，或改善脂肪酸本身在肝脏中的利用，并防止脂肪在肝脏内异常积聚。如果没有胆碱，脂肪聚积在肝中会出现脂肪肝，阻碍肝正常功能的发挥，同时还可能发生急性出血性肾炎，使整个机体处于病态。

(四)降低血清胆固醇、预防心血管疾病

磷脂，特别是卵磷脂，具有良好的乳化特性，能阻止胆固醇在血管内壁的沉积，并清除部分沉积物，同时改善脂肪的吸收与利用。因此，它具有预防心血管疾病的作用。因磷脂的乳化性，能降低血液黏度，促进血液循环，改善血液供氧循环，延长红细胞生存时间并增强造血功能。补充磷脂后，血色素含量增加，贫血症状将有所减少。

五、磷脂的有效摄入量

正常人每天摄入 6～8 g 的磷脂比较合适，可以一次或分次摄取。若为特殊保健需要，可适当增加至 15～25 g。研究表明，每天摄入 22～50 g 磷脂持续 2～4 个月，可明显降低血清胆固醇水平，而无任何副作用。

工作页 2-3-2 磷脂的生理功能

模块 2：功能性食品的功效成分 项目 3：活性油脂	任务 2：磷脂
主题：磷脂生理功能及食物来源	编号：工作页 2-3-2

续表

<table>
<tr><td>所属课程：功能性食品开发与应用</td><td>所属专业：</td></tr>
<tr><td>姓名：</td><td>班级 & 组号：</td></tr>
<tr><td colspan="2">1. 素质目标
(1)强化学生自主学习能力，加强团队合作意识。
(2)树立严谨、科学的态度，增强责任感。
(3)提高职业素养。</td></tr>
<tr><td colspan="2">2. 知识目标
(1)掌握磷脂的生理功能。
(2)了解磷脂的食物来源。</td></tr>
<tr><td colspan="2">3. 能力目标
(1)能够掌握磷脂的生理功能。
(2)能够了解磷脂的食物来源及有效摄入量。</td></tr>
<tr><td colspan="2">4. 知识要点
(1)磷脂的分类。

(2)总结磷脂的生理功能。

(3)查阅资料，总结生物膜在人体中的作用。</td></tr>
<tr><td colspan="2">5. 案例分析题
磷脂最早由 Uauquelin 于 1812 年从人脑中发现，于 1844 年从蛋黄中分离出来，并于 1850 年按照希腊文 Lekithos(蛋黄)被命名为 Lecithin(卵磷脂)。1861 年，科学家又从植物种子发现了磷脂的存在。1925 年，科学家将卵磷脂(磷脂酰胆碱)从其他磷脂中分离出来。而迄今为止最为丰富的大豆磷脂是在 1930 年发现的。磷脂和蛋白质是构成细胞膜的最主要成分，并且有很好的增强记忆力的功效。20 世纪 90 年代以来，磷脂研究在生命科学和脑科学领域已经取得了显著的成效。
(1)由于卵磷脂具有良好的什么特性，在食品工业中得到了广泛的应用？
(2)日常生活中很多的食品中都含有卵磷脂成分，哪两种可以作为富含卵磷脂食品的代表？
(3)根据材料及所学知识，写出至少 4 种卵磷脂的生理保健功效。</td></tr>
</table>

【学习资源】

多不饱和脂肪酸学习视频 1　　多不饱和脂肪酸学习视频 2

磷脂学习视频 1　　磷脂学习视频 2

项目 4　维生素及其类似物

任务 1　维生素的生理功能

【学习目标】

1. 回顾维生素的概念及分类；
2. 明确各种脂溶性维生素的生理功能；
3. 掌握常见水溶性维生素的生理功能；
4. 概述课程学习内容和学习要求。

【工作情景】

人类对维生素的认识始于 3000 多年前。当时古埃及人发现夜盲症可以被一些食物治愈，虽然他们并不清楚食物中什么物质起了医疗作用，这是人类对维生素最朦胧的认识。

1519 年，葡萄牙航海家麦哲伦率领的远洋船队从南美洲东岸向太平洋进发。三个月后，有的船员牙床破了，有的船员流鼻血，有的船员浑身无力，待船到达目的地时，原来的 200 多人，活下来的只有 35 人，人们对此找不出原因。诸如此类的坏血病，曾夺去了几十万英国水手的生命。1747 年，英国海军军医林德总结了前人的经验，建议海军和远征船队的船员在远航时要多吃些柠檬，他的意见被采纳，从此再未发生过坏血病。但那时还不知柠檬中的什么物质对坏血病有抵抗作用。

知识储备

一、维生素的概述

维生素是人和动物为维持正常的生理功能而必须从食物中获得的一类微量有机物质，这类物质在体内既不是构成身体组织的原料，也不是能量的来源，却在人体生长、代谢、发育过程中发挥着重要的作用，也是保持人体健康的重要活性物质。

二、维生素的分类

维生素分为脂溶性维生素和水溶性维生素两大类。

(一)脂溶性维生素

脂溶性维生素包括：维生素 A、维生素 D、维生素 E、维生素 K，它们的共同特点是：(1)化学组成仅含碳、氢和氧，溶于油脂和脂溶剂，不溶于水。(2)在食品中与脂类共同存在，随脂肪经淋巴系统吸收，随胆汁少量排出，摄入后大部分储存在脂肪组织中。(3)缺乏症状出现缓慢，营养状况不能用尿值进行评价，大剂量摄入时易引起中毒。

(二)水溶性维生素

水溶性维生素包括 B 族维生素和维生素 C，它们的共同特点是：(1)化学组成除碳、氢、氧外，还有氮、硫、钴等元素，溶于水，不溶于脂和脂溶剂。(2)在满足机体需要后的多余部分随尿排出，在体内仅有少量储存。(3)绝大多数是以辅酶或辅基形式参与各种酶系统，在中间代谢的很多重要环节(如呼吸、羧化等)发挥重要作用。(4)缺乏时症状出现较快，营养状况大多可通过血、尿值进行评价，毒性很小。

三、维生素的生理功能

(一)脂溶性维生素

1. 维生素 A

维生素 A 包括所有具有视黄醇生物活性的化合物。在体内可以转化为视黄醇的类胡萝卜素(包括胡萝卜素)，称为维生素 A 原。

维生素 A 的生理功能包括以下几方面。

(1)防止夜盲症和视力减退，有助于对多种眼疾的治疗(维生素 A 可促进眼内感光色素的形成)。

(2)抗呼吸系统感染作用；有助于免疫系统功能正常。

(3)维持上皮组织细胞的正常功能。

(4)促进发育，强壮骨骼，维护皮肤、头发、牙齿、牙床的健康。

(5)外用有助于对粉刺、脓包、疖疮、皮肤表面溃疡等症的治疗。

(6)有助于对肺气肿、甲状腺功能亢进症的治疗。

(7)是一种重要的自由基清除剂，抗肿瘤。

富含维生素 A 的食物包括：鱼肝油、动物肝脏、胡萝卜、黄绿蔬菜、蛋类、牛奶、奶制品、奶油、黄色水果。

维生素 A 缺乏时的主要症状为干眼症、夜盲症。长期对脂肪的吸收不良往往会导致缺乏维生素 A，这种情况常常发生在 5 岁以下的儿童身上，主要是因为饮食的摄取量不足所致。

但是维生素 A 摄入量过多同样会出现毒副作用。成人连续几个月每天摄取 50000 IU 以上会引起中毒现象；幼儿如果在一天内摄取超过 18500 IU 则会引起中毒现象。中毒征兆有脱发、胃痛、呕吐、腹泻、皮疹、骨痛、生理功能紊乱、疲劳、头痛、肝脏肿大、皮肤剥落、视力模糊等。

2. 维生素 D

维生素 D 为固醇类衍生物，具有抗佝偻病作用，又称抗佝偻病维生素。目前认为维生素 D 也是一种类固醇激素。

维生素 D 主要包括维生素 D_2(麦角钙化醇)和维生素 D_3(胆钙化醇)。维生素 D 均为不同的维生素 D 原经紫外照射后的衍生物。人体皮下储存有从胆固醇生成的 7-脱氢胆固醇，受紫外线的照射后，可转变为维生素 D_3。适当的日光浴足以满足人体对维生素 D 的需要。

维生素 D 的生理功能包括以下几方面。

(1)促进钙的吸收，维持正常血钙水平和磷酸盐水平。

(2)促进骨骼与牙齿的生长发育。

(3)维持血液中正常的氨基酸浓度。

(4)调节柠檬酸代谢。

维生素 D 能促进小肠对钙的吸收，其代谢活性物促进肾小管重吸收磷和钙，提高血钙、血磷浓度，或维持及调节血浆钙、磷正常浓度。一般认为，只有钙与磷酸盐的血浆浓度适宜，才呈现骨形成的正常速率。

维生素 D 缺乏时人体吸收钙、磷能力下降，钙、磷不能在骨组织内沉积，成骨作用受阻。

婴儿和儿童缺乏维生素 D，新形成的骨组织和软骨基质不能进行矿化，从而引起骨生长障碍，即所谓佝偻病。钙化不良的一个后果是佝偻病患者的骨骼异常疏松，而且由于支撑重力负荷和紧张而产生该病的特征性畸形。

成人维生素 D 缺乏时，可引起骨软化病或成人佝偻病，最多见于钙的需要量增大时。如妊娠期或哺乳期。该病特点是骨质密度普遍降低。它与骨质疏松症不同，该病骨骼的异常在于包含过量未钙化的基质。而骨骼的显著畸形反见于疾病的晚期阶段。

3. 维生素 E

维生素 E 是一种脂溶性维生素，其水解产物为生育酚，是最主要的抗氧化剂之一。维生素 E 在食用油、水果、蔬菜及粮食中均存在。维生素 E 最突出的化学性质是抗氧化作用，它能增强细胞的抗氧化作用，有利于维持各种细胞膜的完整性；参加整体的某些细胞组织的多方面的代谢过程；保持膜结合酶的活力和受体等作用。有人认为，维生素 E 具有许多重要的生理功能。譬如：抗衰老作用、抗凝血作用、增强免疫力、改善末梢血液循环、防止动脉硬化，维持红细胞、白细胞、脑细胞、上皮细胞的完整性，从而保持肌肉、神经血管和造血系统的正常功能等。经研究还发现，维生素 E 有类似人参的生理作用，如对胃溃疡有保护作用；能促进 DNA 和蛋白质的合成；延长红细胞寿命；增强免疫活性；延缓血管和组织的衰老等。

维生素 E 的生理功能主要包括以下几方面。

(1)一种重要的自由基清除剂。

(2)与硒协同清除自由基。

(3)提高机体免疫力。

(4)保持血红细胞完整性，调节体内化合物的合成。

(5)促进细胞呼吸，保护肺组织免受空气污染。

(6)降低血清胆固醇水平。

(7)降低低密度脂蛋白的氧化作用，具有抗动脉粥样硬化的功能。

长期服用大剂量维生素 E 可引起各种疾病。其中较严重的有：血栓性静脉炎或肺栓塞，或两者同时发生，这是由于大剂量维生素 E 可引起血小板聚集和形成；引起血压升高，停用后血压可以降低或恢复正常；男女两性均可出现乳房肥大、头痛、头晕、眩晕、视力模糊、肌肉衰弱、皮肤豁裂、唇炎、口角炎、荨麻疹；糖尿病或心绞痛症状明显加重；激素代谢紊乱，凝血酶原降低；血中胆固醇和甘油三酯水平升高；血小板增加，免疫功能减退。

富含维生素 E 的食物包括：果蔬、坚果、瘦肉、乳类、蛋类、压榨植物油、柑橘皮等。果蔬包括猕猴桃、菠菜、卷心菜、菜塞花、羽衣甘蓝、莴苣、甘薯、山药。坚果包括杏仁、榛子和胡桃。

压榨植物油包括向日葵籽、芝麻、玉米、橄榄、花生、山茶等。此外，红花、大豆、棉籽、小麦胚芽、鱼肝油都有一定含量的维生素 E。含量最为丰富的是小麦胚芽，最初多数自然维生素 E 从麦芽油提取，通常从菜油、大豆油中获得。

4. 维生素 K

维生素 K 又叫凝血维生素，已经发现天然的维生素 K 有两种：一种是在苜蓿中提出的油状物，称为维生素 K_1；另一种是在腐败鱼肉中获得结晶体，称为维生素 K_2。丹麦化学家达姆于 1929 年从动物肝和麻籽油中发现并提取。它具有防止新生婴儿出血疾病、预防内出血及痔疮、减少生理期大量出血、促进血液正常凝固的作用。绿色蔬菜含量较多。

维生素 K 的主要生理功能包括以下几方面。

(1)促进血液凝固。

维生素是凝血因子 γ-羧化酶的辅酶。而其他凝血因子 7、9、10 的合成也依赖于维生素 K。人体缺少它，凝血时间延长，严重者会流血不止，导至死亡。对女性来说可减少生理期大量出血；还可防止内出血及痔疮；经常流鼻血的人，可以考虑多从食物中摄取维生素 K。

(2)参与骨骼代谢。

维生素 K 参与合成 BGP(维生素 K 依赖蛋白质)，BGP 能调节骨骼中磷酸钙的合成。特别对老年人来说，他们的骨密度和维生素 K 呈正相关。经常摄入大量含维生素 K 的绿色蔬菜的女性能有效降低骨折的危险性。

缺乏维生素 K 会减少机体中凝血酶原的合成，从而导致出血时间延长，出血不止，即便是轻微的创伤或挫伤也可能引起血管破裂。出现皮下出血以及肌肉、脑、胃肠道、腹腔、泌尿生殖系统等器官或组织的出血或尿血、贫血甚至死亡。如新生儿出血疾病，像肠道、脐带及包皮部位出血；成人不正常凝血，导致流鼻血、尿血、胃出血及淤血等症状；低凝血酶原症，症状为血液凝固时间延长、皮下出血；小儿慢性肠炎。摄入过量的维生素 K 可引起溶血、正铁血红蛋白尿和卟啉尿症。

对于健康人体，每日需要量约为 2 μg/kg，其中 40%～50%来自植物性食物(即维生素 K_1)，其余则由肠道细菌合成。对于新生儿，必须注意维生素 K 的供应问题。一些外国推荐，婴儿配方乳中的维生素 K 含量至少为 4 μg /418kJ，其他代乳品应为 8 μg /418 kJ。

维生素 K 在体内主要储存于肝脏、动物性食物中。菜花、甘蓝、莴苣、菠菜、芜菁叶、紫花苜蓿、豌豆、香菜、海藻、干酪、乳酪、鸡蛋、鱼、鱼卵、蛋黄、奶油、黄油、大豆油、肉类、奶、水果、坚果、肝脏和谷类食物等维生素 K 含量较丰富。

(二)水溶性维生素

1. 维生素C

维生素C(L-抗坏血酸)是高等灵长类动物与其他少数生物的必需营养素。最广为人知的是缺乏维生素C会造成坏血病。在生物体内，维生素C是一种抗氧化剂，保护身体免于自由基的威胁，维生素C同时也是一种辅酶。其广泛的食物来源为各类新鲜蔬果。维生素C有L-型和D-型两种异构体，只有L-型的才具有生理功能。

维生素C的生理功能主要包括以下几方面。

(1)防癌、抗癌。

①维生素C能降低一些癌症的发病率。研究表明，每天吃新鲜水果，特别是柑橘类水果，胃癌、食管癌、口腔癌、咽癌及宫颈癌的发病率会大大降低。还有些研究指出，含维生素C丰富的水果有助于预防结肠癌和肺癌。

②维生素C能阻断致癌物亚硝酰胺的形成。盐腌、渍和熏制食品含亚硝酰胺(咸肉、香肠之类也一样)，亚硝酸盐与胺在胃中结合形成致癌物亚硝酰胺。不少亚硝酸盐也来自新鲜食物，它们开始是以硝酸盐形式存在，唾液中的细菌使硝酸盐变成亚硝酸盐，在胃酸作用下，亚硝酸盐会合成亚硝酰胺。研究表明：将亚硝酸物与胺放在一起，同时加入维生素C，维生素C能阻断亚硝胺的形成。

(2)促进胶原的生物合成，有利于组织创、伤口的愈合。

(3)促进骨骼和牙齿生长，增强毛细血管壁强度，避免骨骼和牙齿周围出现渗血现象。

(4)促进酪氨酸和色氨酸代谢，加速蛋白或肽类的脱氢基的代谢作用。

(5)影响脂肪和类脂的代谢。

(6)改善铁、钙和叶酸的利用。

(7)是一种重要的自由基清除剂。

(8)增强机体对外界环境的应激能力。

(9)提高机体免疫力，抗肿瘤。

维生素C的主要食物来源是新鲜蔬菜与水果。蔬菜中，辣椒、茼蒿、苦瓜、豆角、菠菜、土豆、韭菜等中含量丰富；水果中，酸枣、鲜枣、草莓、柑橘、柠檬等中含量最多；在动物的内脏中也含有少量的维生素C。

2. 维生素B_1

维生素B_1又称硫胺素或抗神经炎素，是由嘧啶环和噻唑环结合而成的一种B族维生素。维生素B_1主要存在于种子的外皮和胚芽中，如米糠和麸皮中含量很丰富，在酵母菌中含量也极为丰富。瘦肉、白菜和芹菜中含量也较多。目前，所用的维生素B_1都是化学合成的产品。在人体内，维生素B_1以辅酶形式参与糖的分解代谢，有保护神经系统的作用；还能促进肠胃蠕动，增进食欲。

维生素B_1主要生理功能包括以下几方面。

(1)参与糖的代谢。

(2)促进能量代谢。

(3)维护神经与消化系统的正常功能。

(4)促进生长发育。

维生素B_1缺乏时，可引起多种神经炎症，如脚气病菌。维生素B_1缺乏还可引起多发性神经炎，患者的周围神经末梢有发炎和退化现象，并伴有四肢麻木、肌肉萎缩、心力衰竭、下肢水肿等症状。

3. 维生素 B_2

维生素 B_2 又称核黄素，为黄素酶类的辅酶组成部分，在生物氧化的呼吸链中起递氢作用，对神经细胞、视网膜代谢、脑垂体促肾上腺皮质激素的释放和胎儿的生长发育亦有影响。另外，碳水化合物、脂肪和氨基酸的代谢与核黄素密切相关。若缺乏时，可出现舌炎、口角炎、脂溢性皮炎、阴囊炎、眼结膜炎和畏光等。核黄素的缺乏主要是因为机体摄取维生素 B_2 量不足所致，成人每天需要量为 15～20 mg，肠道细菌虽能合成维生素 B_2，但量少，故主要靠食物提供。机体储存有限，多余部分随尿排出。

4. 烟酸

烟酸也称作维生素 B_3，或维生素 PP，在体内转化为烟酰胺后，发挥药理作用，后者是辅酶Ⅰ和辅酶Ⅱ的组成部分，参与体内脂质代谢，如组织呼吸的氧化过程和糖原分解的过程。烟酸还可降低辅酶 A 的利用；通过抑制低密度脂蛋白的合成而影响胆固醇的合成，可降低血清胆固醇及甘油三酯的浓度；且有扩张周围血管作用。

烟酸缺乏病也称糙皮病。缺乏时人体的皮肤、胃肠道和中枢神经系统都会受到影响，其典型症状是皮炎(Dermatitis)、腹泻(Diarrhea)和痴呆(Dementia)，又称"三 D"症状。本病的发生与烟酸的摄入、吸收减少及代谢障碍有关，尤其在以玉米等谷类为主食、又缺乏适当副食品地区，有时以地方性疾病表现。本病同时可伴有色氨酸和其他维生素的缺乏。

5. 维生素 B_6

维生素 B_6 包括吡哆醇、吡哆醛和吡哆胺 3 种。它主要是作为辅酶参与许多代谢反应，包括蛋白质、脂肪以及碳水化合物的代谢，其中最重要的是蛋白质的代谢。维生素 B_6 是能量产生、氨基酸和脂肪代谢、中枢神经系统的活动以及血红蛋白生成等必不可少的重要物质。

富含维生素 B_6 的食物：啤酒酵母、小麦麸、麦芽、动物肝脏与肾脏、大豆、美国甜瓜、甘蓝菜、糙米、蛋、燕麦、花生、胡桃。

维生素 B_6 的生理功能包括以下几方面。

(1)能适当地消化、吸收蛋白质和脂肪。

(2)防止各种神经、皮肤的疾病。

(3)缓解呕吐(为防止早晨起床时的呕吐感，医生的处方中都开有维生素 B_6)。

(4)可促进核酸的合成，防止组织器官的老化。

(5)减缓夜间肌肉的痉挛、脚的抽筋、手的麻痹等各种手足神经炎的病症。

维生素 B_6 的缺乏症：可引起贫血、脂溢性皮肤炎、舌炎等。

6. 叶酸

叶酸也叫蝶酰谷氨酸，由蝶啶、对氨基苯甲酸和 L-谷氨酸组成，是 B 族维生素的一种。叶酸富含于新鲜的水果、蔬菜、肉类食品中。食物中的叶酸若经长时间烹煮，可损失 50%～90%。叶酸主要在十二指肠及近端空肠部位吸收。人体内叶酸储存量为 5～20 mg。叶酸主要经尿和粪便排出体外，每日排出量为 2～5 μg。

叶酸的生理功效包括以下几方面。

(1)叶酸是人体在利用糖分和氨基酸时的必要物质，是机体细胞生长和繁殖所必需物质。

(2)叶酸对细胞的分裂生长及核酸、氨基酸、蛋白质的合成起着重要的作用。

(3)叶酸是胎儿生长发育不可缺少的营养素。孕妇缺乏叶酸有可能导致胎儿出生时出现低体重、唇腭裂、心脏缺陷等。如果在怀孕前3个月内缺乏叶酸，可引起胎儿神经管发育缺陷，而导致畸形。

(4)预防乳腺癌。常喝酒的女性(大约是每天一杯啤酒)乳腺癌的发生率会增加大约15%，但是如果能够经常地注意补充叶酸，这种危险就会下降45%之多。

7. 维生素 B_{12}

维生素 B_{12} 又称钴胺素。维生素 B_{12} 间接参与胸腺嘧啶脱氧核苷酸合成。在体内需转化为甲基钴胺和辅酶 B_{12}，使其具有活性，甲基钴胺参与叶酸代谢。缺乏时可致叶酸缺乏，而叶酸参与DNA的合成，因而导致DNA合成受阻，使巨幼细胞贫血。维生素 B_{12} 还促使甲基丙二酸转变为琥珀酸，参与三羧循环，故缺乏时亦可影响神经髓鞘脂类的合成，维持有鞘神经纤维的正常功能。促进红细胞的形成和再生，防止贫血；促进儿童发育，增进食欲；增强体力；维持神经系统的正常功能；能使脂肪、碳水化合物、蛋白质适宜地为体内所利用；消除烦躁不安；促使注意力集中，增进记忆力与平衡感。

维生素 B_{12} 缺乏时，主要影响造血系统和神经系统。这是因为造血系统的敏感性与细胞更新速率高。特别是红细胞系统表现得最为明显，主要特征是在外周血液中出现许多细胞碎片、变形细胞和高色素性巨大细胞。此外神经系统表现在脊髓和脑皮层中皆可见到有髓神经元的进行性肿胀，脱髓鞘的细胞死亡，从而引起广泛的神经系统症状和体征。如手足感觉异常，震动和体位感觉减退，以致站立不稳，深部腱反射减弱，晚期可出现记忆丧失，神志模糊，忧郁，甚至中枢视力丧失等。表现为妄想、幻觉，以致发展成一种明显的精神病。

工作页 2-4-1　维生素的生理功能

模块2：功能性食品的功效成分 项目4：维生素及其类似物	任务1：维生素的生理功能
主题：维生素的生理功能	编号：工作页2-4-1
所属课程：功能性食品开发与应用	所属专业：
姓名：	班级&组号：
1. 素质目标 (1)强化学生自主学习能力，加强团队合作意识。 (2)树立严谨、科学的态度，增强责任感。 (3)提高职业素养。	
2. 知识目标 (1)明确维生素的概念及分类。 (2)明确水溶性维生素的生理功能。 (3)明确脂溶性维生素的生理功能。	

续表

3. 能力目标 (1)能够掌握水溶性维生素的生理功能。 (2)能够掌握各种常见脂溶性维生素的生理功能。
4. 知识要点 (1)简述维生素的分类。 (2)试总结脂溶性维生素(维生素 A、维生素 D、维生素 E、维生素 K)，并通过查阅相关标准，总结各种脂溶性维生素的每日允许摄入量及主要食物来源。 (3)试总结水溶性维生素(维生素 C、B 族维生素)，并通过查阅相关标准，总结各种水溶性维生素的每日允许摄入量及食物来源。

任务 2　维生素类似物的生理功能

【学习目标】

1. 描述维生素类似物的概念；
2. 明确常见维生素类似物(如：左旋肉碱、生物类黄酮、辅酶 Q10 等)的生理功能。

【工作情景】

维生素类似物是具有维生素的某些特性，但是不能观察到特别的缺乏症而不具备必要性，不符合维生素定义的物质。目前，在功能性食品中较为常见的维生素类似物包括：肌醇、左旋肉碱、胆碱、生物类黄酮、辅酶 Q10 等。其中辅酶 Q10 是近年来一直受到关注的功能性食品之一。辅酶 Q10 是人类生命不可缺少的重要元素之一，是能激活人体细胞和细胞能量的营养，具有提高人体免疫力、增强抗氧化、延缓衰老和增强人体活力等功能，医学上广泛用于心血管系统疾病。近年来，国内外广泛将其用于营养保健品及食品添加剂。辅酶 Q10 最早于 1957 年在美国被发现，同年，英国爱丁堡大学彼得·麦克博士因在研究辅酶 Q10 与细胞能源关系方面的贡献获得诺贝尔奖。

知识储备

维生素类似物具有维生素的某些特性，但因不能观察到特别的缺乏症而不具备必要性，不符合维生素的定义。这些维生素类似物大多能在机体内合成，不过其合成数量是否满足需要，视机体的健康状况而定。通过体外补充这些物质，通常能观察到明显的生理功效。

一、肌醇

肌醇又名肌糖、环己六醇、纤维醇(肌糖)，广泛分布在动物和植物体内，是动物、微生物的生长因子。在理论上肌醇有 9 种可能的异构体，在自然界中发现的有 4 种，分别称为 D-chiro-inositol(D-手性肌醇)、L-chiro-inositol(L-白雀木醇)、Myo-inositol(肌肉肌醇)和 Scyllo-inositol(鲨肌醇)。其中在自然界最常见的是肌肉肌醇。

肌醇的主要生理功能包括以下几方面。

(1)通过与胆碱结合，肌醇能预防脂肪性动脉硬化，并保护心脏。

(2)肌醇对脂肪有亲和性，可促进机体产生卵磷脂，从而有助于将肝脏脂肪转运到细胞中，减少脂肪肝的发病率。肌醇还可促进脂肪代谢，降低胆固醇。

(3)肌醇为肝脏和骨髓细胞生长所必需。

(4)肌醇是存在于机体各组织中的磷酸肌醇的前体物质。

富含肌醇的食物包括：动物肝脏、啤酒酵母、白花豆、牛脑和牛心、美国甜瓜、葡萄柚、葡萄干、麦芽、未精制的糖蜜、花生、甘蓝菜、全麦谷物。

一般每日的摄取量为 250～500 mg。

二、苦杏仁苷

关于苦杏仁苷的生理功效，存在着很大的争议。一种观点将苦杏仁苷称为维生素 B_{17}，认为其具有预防和治疗肿瘤的作用。支持者认为，苦杏仁苷的活性成分是一种天然产生的氰化物。这是人体的一种正常代谢产物，只能在癌细胞中发挥它的毒性作用。苦杏仁苷与抗癌药物的最大区别在于，它在杀灭癌细胞的同时，并不损伤正常细胞。美国 FDA 和美国肿瘤学会对此观点却持反对意见。美国 FDA 禁止使用苦杏仁苷来治疗癌症，认为它无效，而且是一种有毒的物质，可能有害于患者的健康。另一种观点则认为苦杏仁苷根本不属于维生素，甚至还有毒。

有关苦杏仁苷的毒性，还无定论。有报道称，每日给白鼠注射剂量高达 2 g/kg 的苦杏仁苷，时间长达 15 d 也无毒性反应。

三、潘氨酸

潘氨酸旧称维生素 B_{15}，它的生理功效还有待进一步明确，但以下几个方面的作用已经得到证实：①激发甲基转移；②增强机体的适应性和耐力；③抑制脂肪肝的形成；④促进氧吸收，消除疲劳，增强活力；⑤用于治疗冠心病和慢性酒精中毒。

富含潘氨酸的食物包括啤酒酵母、糙米、全麦、南瓜子、芝麻。

四、L-肉碱

L-肉碱又称左旋肉碱或音译卡尼丁，是一种促使脂肪转化为能量的类氨基酸，对人体无毒副作用，红色肉类是左旋肉碱的主要来源。

早期的研究发现，L-肉碱是一种类维生素营养素，并将其命名为维生素 Bt。而事实上，碱的化学结构类似于胆碱，与氨基酸相近；另外，由于一些动物可由自身合成来满足肉碱的需要，因此认为肉碱不是维生素，但习惯上仍将其称为维生素 Bt。

美国科学院的食品与营养委员会广泛审查了有关左旋肉碱的研究，在 1989 年作出结论“左旋肉碱不是一种必需的营养成分”，也就不需要“推荐摄入量”。1985 年在芝加哥召开的国际营养学术会议上，将左旋肉碱指定为“多功能营养品”。

L-肉碱的主要生理功能包括以下几方面。

1. 促进脂肪转化成能量，减少身体脂肪、降低体重

左旋肉碱是脂肪代谢过程中的一种关键的物质，能够促进脂肪酸进入线粒体氧化分解。可以说肉碱是转运脂肪酸的载体。在长时间大强度运动中，肉碱提高了脂肪的氧化速率，减少了糖原的消耗，同时也延缓了疲劳。

左旋肉碱作为脂肪酸 β-氧化的关键物质，能够在机体内除去多余的脂肪及其他脂肪酸的残留物，使细胞内的能量得到平衡。左旋肉碱在减肥过程中真正达到了世界卫生组织(WHO)所规定的健康减肥三大标准：不厌食、不腹泻、不乏力。

2. 增强耐力，提高运动成绩

左旋肉碱由于能够促进脂肪酸穿过线粒体膜进行氧化供能，因此在运动时可以促进身体内脂肪的燃烧来提供能量。同时左旋肉碱还可以促进支链氨基酸的氧化利用，通过改变线粒体内呼吸酶的活性，从而可以提高机体有氧氧化供能的能力。因此运动员适当服用左旋肉碱能够提高运动中的能量生成，提高机体的耐力水平，从而提高运动成绩，尤其适合于耐力性运动项目。

3. 促进疲劳恢复

补充左旋肉碱可以促进细胞内丙酮酸脱氢酶的活性，从而促进葡萄糖的氧化利用，有利于延缓运动时的疲劳发生。

4. 延缓衰老过程

能量是最大的抗衰老力量，细胞有足够的能量就会充满活力。在人体衰老过程中细胞能量的减弱是其加速衰老的原因之一，适当补充左旋肉碱可以延缓衰老的过程。

5. 有利于婴儿健康

左旋肉碱属条件性婴儿必需营养物质，在婴儿利用脂肪作为能量来源的代谢中起着重要作用。左旋肉碱不仅在能量产生和脂肪代谢过程中起重要作用，而且在维持婴儿生命及促进婴幼儿发育的某些生理过程，如生酮作用、氮代谢等方面均具有一定的功能。目前，世界上已有 22 个国家在婴幼儿奶粉中加入左旋肉碱，而我国也已有添加左旋肉碱的母乳化奶粉上市。

6. 有利于心脏和血管的保健

左旋肉碱对于心肌细胞的健康极为重要，补充足够的左旋肉碱有利于预防及治疗心脏疾病。例如，可以改善患充血性心脏问题，能够在心脏病发作之后尽量减少其损害，可以减少心绞痛的痛苦，能够改善心律不齐而又不影响血压。

另外，左旋肉碱还能提高血液中的高密度脂蛋白水平，有助于清除体内的胆固醇，保护血管，降低血脂，同时也可降低高血压患者的血压。大量的动物和人体实验都证实补充左旋肉碱对治疗心血管疾病大有益处，目前我国临床研究最为广泛深入的是左旋肉碱的抗心肌缺血、心律失常和降血脂作用。

7. 有利于消除脂肪肝

增加或补给左旋肉碱的摄入量，可调节脂肪代谢，促进脂肪的氧化，从根本上消除体

内或脏器内多余的或存积的脂肪。目前，瑞士、美国及日本等国家都用左旋肉碱来防止脂肪肝的发生，也可以通过添加左旋肉碱来消除肝脏中存积过多的脂肪而获得康复。

8. 治疗失血性休克

失血性休克发生机制除了应激状态下由于内分泌紊乱引起的血管舒缩功能失调外，还与缺血缺氧引起体内自由基含量增高、细胞损伤有密切关系。左旋肉碱对失血性休克有多种药理作用。

五、胆碱

胆碱是一种强有机碱，是卵磷脂的组成成分，也存在于神经鞘磷脂之中，是机体可变甲基的一个来源而作用于合成甲基的产物，同时又是乙酰胆碱的前体。人体也能合成胆碱，所以不易造成缺乏病。胆碱耐热，在加工和烹调过程中的损失很少，干燥环境下，即使很长时间储存的食物中胆碱含量也几乎没有变化。胆碱是卵磷脂中鞘磷脂的重要组成部分，卵磷脂即是磷脂酰胆碱，广泛存在于动植物中。

胆碱首次由 Streker 在 1849 年从猪胆汁中分离出来，1962 年被正式命名为胆碱，现已成为人类食品中常用的添加剂。美国的《联邦法典》将胆碱列为“一般认为安全”(Generally Recognized as Safe)的产品；欧洲联盟 1991 年颁布的法规将胆碱列为允许添加于婴儿食品的产品。

胆碱的主要生理功能包括：①促进脑发育和提高记忆能力；②保证信息传递；③调控细胞凋亡；④构成生物膜的重要组成成分；⑤促进脂肪代谢；⑥促进体内转甲基代谢；⑦降低血清胆固醇。

富含胆碱的食物包括蛋类、动物的脑、啤酒酵母、麦芽、大豆卵磷脂，特别是肝脏、花生、蔬菜中含量较高。

六、硫辛酸

硫辛酸(Lipoic Acid)是一种存在于线粒体的辅酶，类似维生素，能消除加速老化与致病的自由基。硫辛酸在体内经肠道吸收后进入细胞，兼具脂溶性与水溶性的特性，因此可以在全身通行无阻，到达任何一个细胞部位，提供人体全面效能。硫辛酸是具脂溶性与水溶性的万能抗氧化剂。

硫辛酸的主要生理功能包括以下几方面。

1. 抗氧化作用

硫辛酸被称为万能抗氧化剂，更是自由基捕手，是机体细胞利用糖类等能源物质产生能量所需的一种限制性必需营养物质，广泛用于治疗和预防心脏病、糖尿病等多种疾病。一般认为它能保存和再生其他抗氧化剂，如维生素 C 和维生素 E 等；并能平衡血糖浓度；有效增强体内免疫系统，免受自由基的破坏。

硫辛酸对多种病症具有治疗功效，包括肝病、糖尿病、人类后天免疫不全带原者、艾滋病、牛皮癣、湿疹、烧伤、皮肤癌、多发性硬化症、帕金森氏症、神经科方面的疾病、风湿病、风湿性关节炎、红斑性狼疮、硬皮症、自体免疫方面的疾病、白内障、其他眼科疾病、心脏病、中风、动脉硬化、用于急性及慢性肝炎、肝硬化、肝性昏迷、脂肪肝等疾病。

2. 可抑制老年痴呆症

将硫辛酸类药物(这种价格低廉的糖尿病辅助治疗药物)与治疗阿尔茨海默症的常用药物乙酰胆碱酯酶抑制剂配合使用，可以有效抑制患者病情发作，并使部分患者的病情得到缓解。

3. 血糖值的安定化

硫辛酸主要是作为防止糖分跟蛋白质结合，也就是有“抗糖化”的作用，因此能让血糖值轻易地变得安定，所以以前是被当作改善代谢的维生素，让肝脏疾病患者及糖尿病患者服用。

4. 强化肝功能

硫辛酸带有可以强化肝脏活动的机能，因此早期也被当作食物中毒或是金属中毒的解毒剂来使用。

5. 消除疲劳

硫辛酸能提高能量代谢率，并有效地将吃下的食物转化成能量，因此能快速消除疲劳，让身体不容易觉得累。

6. 保护身体

在欧洲特别针对硫辛酸作为抗氧化物的部分来做研究，发现硫辛酸能保护肝脏及心脏免受损害、抑制体内癌细胞的发生，并缓和体内因发炎所引起的过敏、关节炎及气喘等。

7. 抗老化

硫辛酸具有令人惊讶的抗氧化能力，能将造成肌肤老化的活性氧成分去除，且由于比维生素E的分子还要小，再加上又是兼具水溶性及脂溶性，所以皮肤吸收相当容易。尤其对于黑眼圈、皱纹及斑点等效能卓著，再加上其强化代谢功能能让身体的血液循环变好，肌肤的黯沉就能改善、毛细孔也会变小。

此外，只要摄取足够的硫辛酸，就能从体内达到让紫外线对肌肤的伤害降到最小；还可以缓解随着年龄增长而造成的肌肤损害并生成新的肌肤；保持肌肤的滋润，活化身体的循环且改善容易冰冷的体质。

七、生物类黄酮

生物类黄酮(Bioflavonoids)，即维生素P，是植物次级代谢产物，并非单一的化合物，而是多种具有类似结构和活性物质的总称，因多呈黄色而被称为生物类黄酮。主要的维生素P类化合物包括黄酮、芸香素、橙皮素等，属于水溶性维生素。主要包括：①黄酮类，如芹菜黄素；②黄酮醇类，如槲皮素；③二氢黄酮及二氢黄酮醇类；④异黄酮，如黄豆苷原、葛根素；⑤二氢异黄明；⑥双黄酮类，如银杏素；⑦查尔酮类；⑧燈酮类；⑨黄烷醇类，如儿茶素；⑩花青素；⑪新黄酮类。

生物类黄酮的主要功效包括：①具有清除自由基、抗氧化作用；②抗血栓、保护心脑血管作用，抗肿瘤、消炎抑菌作用；③解除醇中毒、保肝护肝等多种功效；④具有清热解毒、祛风湿、强筋骨等功效；⑤调节免疫力的作用；⑥抗女性更年期综合征；⑦抗菌、消炎及抗过敏作用；⑧抗病毒作用；⑨抗氧化作用。

八、辅酶 Q10

辅酶 Q10 又名“泛醌”，是一种存在于多种生物体内的脂溶性天然维生素类物质。辅酶 Q10 是细胞自身产生的天然抗氧化剂，能提高有机体的免疫力。研究表明，辅酶 Q10 有抗肿瘤功效，临床对于晚期转移性癌症有一定疗效，在预防冠心病、缓解牙周炎、治疗十二指肠溃疡及胃溃疡、增强人体免疫力功能以及缓解心绞痛方面有显著效果。

辅酶 Q10 的生理功能主要有以下几方面。

1. 保护心脏

辅酶 Q10 有助于为心肌提供充足氧气，预防突发性心脏病，尤其在心肌缺氧过程中辅酶 Q10 发挥关键作用。

2. 延缓衰老、保护皮肤

局部实验表明随着年龄的增加皮肤胶原蛋白抵御紫外线等氧化刺激物损伤的能力下降，长期使用辅酶 Q10 能够有效防止皮肤衰老，减少眼部周围的皱纹。

3. 抗慢性疲劳综合征

实验发现参与的患者都出现不同程度的氧化应激，虽然对氧化损伤是该病的原因还是结果需要作进一步观察，但这表明氧化应激是产生慢性疲劳综合征的一个重要原因。目前，抗氧化剂辅酶 Q10 已经成功地用于预防和治疗慢性疲劳综合征。

4. 促进能量转化、提高免疫力、提升精力

辅酶 Q10 是细胞自身产生的天然抗氧化剂和细胞代谢启动剂，可阻止自由基的形成，有助于维护免疫系统的正常运作。辅酶 Q10 使细胞保持良好健康的状态，因而使机体充满活力，精力旺盛，脑力充沛。

工作页 2-4-2　维生素类似物的生理功能

模块 2：功能性食品的功效成分 项目 4：维生素及其类似物	任务 2：维生素类似物的生理功能
主题：维生素类似物的生理功能	编号：工作页 2-4-2
所属课程：功能性食品开发与应用	所属专业：
姓名：	班级 & 组号：
1. 素质目标 (1)强化学生自主学习能力，加强团队合作意识。 (2)树立严谨、科学的态度，增强责任感。 (3)提高职业素养。	
2. 知识目标 (1)明确维生素类似物的概念。 (2)明确常见维生素类似物生理功能。	
3. 能力目标 能够掌握维生素类似物的生理功能。	

续表

4. 知识要点 (1)维生素类似物的概念。 (2)试总结辅酶 Q10 的生理功能及食物来源。
5. 案例分析 L-肉碱又称为 L-肉毒碱(L-carnitine，CN)，是存在于动物组织、植物和微生物中一种类似维生素的营养物质。1905 年，俄国科学家 Krimberg 和 Gulewitsch 首先从牛肉浸汁中发现了肉碱。1927 年 Tomita 和 Sendju 证实其分子结构为 L-β-羟-γ-三甲铵丁酸(Haeckel 等，1990)。在 20 世纪 50 年代末，Irving Fritz 第一次证实了 L-肉碱在心脏和其他肌肉中的长链脂肪酸 β-氧化中起着重要作用(Fritz IB，1959)。由于大多数健康动物能产生足够的 L-肉碱，所以其重要性长期被忽略。直到 20 世纪 80 年代，L-肉碱才被认为是机体必需的营养物质。1993 年，L-肉碱获得美国食品药品管理局(FDA)和世界卫生组织(WHO)认可，美国专家委员会确认 L-肉碱为“公认安全、无毒物质”。 (1)L-肉碱的生理功能有哪些? (2)为什么 L-肉碱具有减肥作用?

【学习资源】

维生素学习视频 1

维生素学习视频 2

维生素学习视频 3

维生素类似物学习视频

项目5 常量元素及微量元素的生理功能

任务1 常量元素的生理功能

【学习目标】

1. 回顾常量元素的概念及常见的常量元素；
2. 明确常量元素的生理功能；
3. 掌握钙、磷、钾、钠等常量元素的生理功能。

【工作情景】

标准健康成年人的元素组成为：氧65%、碳18%、氢10%、氮3%、钙1.5%、磷1%、钾0.35%、硫0.25%、钠0.15%、氯0.15%、镁0.05%，这11种含量大于0.01%的元素，称为人体常量元素。这些常量元素约占体重的99%以上。所有的人体常量元素中，碳、氢、氧、氮是组成人体有机质的主要元素，占人体总重量的96%以上，还有少量的硫(0.25%)也是组成有机质的元素。

知识储备

一、常量元素的概念

常量元素(Macroelement)是指在有机体内含量占体重0.01%以上的元素。这类元素在体内所占比例较大，有机体需要量较多，是构成有机体的必备元素。

已发现的人体必需元素有20多种，占机体总质量的4%～5%。其中含量较多(大于5 g)的有钙、磷、镁、钾、钠、氯、硫7种，每日膳食需要量都在100 mg以上，称为常量矿物元素。

二、常量元素的生理功能

常量元素往往成对出现，对机体发挥着极为重要的生理功效：

(1)构成人体组织的重要成分，如骨骼和牙齿等硬组织，大部分由钙、磷和镁组成，而软组织含钾较多。

(2)在细胞内、外液中与蛋白质一起调节细胞膜的通透性，控制水分，维持正常渗透压和酸碱平衡(磷、氯为酸性元素，钠、钾、铁为碱性元素)，维持神经肌肉兴奋性。

(3)构成酶的成分参与物质代谢。

各种常量元素在人体新陈代谢过程中，每日都有一定数量由各种途径排出体外，因此必须通过膳食补充。

三、常见的常量元素

1. 钙(Calcium)

钙是常量矿物元素。我国缺钙现象相当普遍，结果导致佝偻病、骨软化、老年性骨质疏松等的发病率较高。调查表明，少年儿童中钙的实际摄入量，只有推荐量标准的 40%～50%。

钙是最先确认的必需元素之一，对所有生物体都是必需的。对人体而言，体内 99%的钙的作用是用来构成骨骼和牙齿以及维持它们的正常功能，其余 1%对体内一系列的生理生化反应起到重要的调节作用。

由钙参与的硬组织形成过程称为生物钙化，关系到骨骼、牙齿等机体硬组织的形成。血液凝固是一个复杂的生理过程，一些酶原必须被激活成为具有活力的酶后，才能起到凝血作用。而在凝血过程中，血浆中的 Ca^{2+} 对酶的激活起到至关重要的作用。

钙参与肌肉的收缩与舒张过程，对心脏的收缩与舒张过程具有重要意义。生物体内的钙，与环磷酸腺苷(cAMP)、环磷酸鸟苷(cGMP)一样，在信息传递上起偶联作用，影响着神经与肌肉组织之间的相互作用。

2. 磷(Phosphorus)

磷普遍地存在于各种食品中，且易于吸收，因此磷缺乏症极为罕见。但是，人体中的磷和钙紧密相连，任何一种元素的缺乏或过量，都会干扰另一种元素的正常作用。

磷是构成细胞膜和遗传物质 RNA、DNA 的必要成分，存在于机体的每个细胞中。凡涉及能量代谢的生化反应，都离不开磷的参与。另外，能量的调节、骨骼的钙化、体液酸碱平衡的调节、遗传信息的传递等，都离不开磷。

3. 镁(Magnesium)

镁的生理功效主要包括以下几点。

①镁和钙、磷共同构成骨骼和牙齿的主要成分。

②镁是体内许多酶系统的激活剂，是高能磷酸键转移酶的重要激活剂。

③是糖、蛋白质等物质代谢的必需元素。

④是钙离子兴奋作用的拮抗剂。

尽管镁不易造成缺乏，但由于镁的重要生理功效，我国仍将它列为需要补充的矿物元素，尤其是对酒精中毒患者、恶性营养不良患者以及镁吸收障碍者。

4. 钾(Potassium)

机体中大量的生物学过程，都不同程度地受到血浆钾浓度的影响。钾的生理功效主要包括以下几方面。

①调节细胞的渗透压。

②维持正常的神经兴奋性和心肌运动。

③参与细胞内糖和蛋白质的代谢。

④调节体液的酸碱平衡。

值得注意的是，钾的大部分生理功效都是在与钠离子的协同作用中表现出来的。因此，维持体内钾、钠离子浓度的平衡，对生命活动具有重要意义。

过量的摄入食盐，是产生高血压的重要原因之一。给高血压患者使用钠盐，会使患者的血压进一步升高，使用钾盐则可降低血压。据此推测，从膳食中摄取充足的钾，有助于预防高血压。

尽管钾有预防高血压的作用，但它的降压作用仅在高钠时才表现出来。有时，高血压患者为了减少体内水量，而服用利尿剂(尤其是氯噻嗪类)，会导致尿钾的大量丢失，此时需要同时服钾。但对任何非自然膳食方式的补钾，都必须慎重，因为高血钾会造成心力衰竭，甚至死亡。每天摄入量高于 8 g/d，将发生高血钾症。

5. 钠(Sodium)

钠是细胞外液中带正电的主要离子，有助于维持水、酸与碱的平衡，调节细胞的渗透压平衡。钠在机体的水分代谢中起重要作用，对碳水化合物的吸收、代谢有特殊作用，与肌肉收缩及神经功能也有关。

通常每天摄入钠 1 g 即已足够。钠摄入量过多，可能导致高血压的发生。过量的钠还会造成浮肿，表现在腿肿和脸肿上。钠摄入量过多，还会引起血小板功能亢进，产生凝聚现象，进而出现血栓堵塞血管；还会因血压升高，血管承受不了血液的冲击，脑部出现血管破裂，形成脑内血肿。

钠与胃癌的发病率有密切的关系。食盐具有腐蚀性，会对胃黏膜产生严重的腐蚀，易发生萎缩性胃炎。萎缩性胃炎是胃癌的前期病变，食盐的摄取量与胃癌的死亡率呈正相关。降低食盐摄取量，不但能预防高血压，减少因高血压所致中风的死亡率，而且能降低因钠盐所致的萎缩性胃炎而导致胃癌的死亡率。

工作页 2-5-1　常量元素的生理功能

模块 2：功能性食品的功效成分 项目 5：常量元素及微量元素的生理功能	任务 1：常量元素的生理功能
主题：常量元素的生理功能	编号：工作页 2-5-1
所属课程：功能性食品开发与应用	所属专业：
姓名：	班级 & 组号：
1. 素质目标 (1)强化学生自主学习能力，加强团队合作意识。 (2)树立严谨、科学的态度，增强责任感。 (3)提高职业素养。	
2. 知识目标 (1)明确常量元素的概念。 (2)明确常见常量元素的生理功能。	
3. 能力目标 能够掌握各种常量元素的生理功能。	
4. 知识要点 (1)复习常量元素的概念及生理功能。 (2)哪些元素属于常量元素？	

续表

5. 案例分析 1808 年，英国的戴维、瑞典的贝采利乌斯、法国的蓬丁发现了单质钙。 人体中的钙主要存在于骨骼和牙齿中，骨钙的更新速率随年龄的增长而减慢，幼儿的骨骼每 1～2 年更新一次，成人更新一次则需 10～12 年。钙摄入量过低可致钙缺乏症，主要表现为骨骼的病变，即儿童时期的佝偻病和成年人的骨质疏松症。 中国营养学会提出成年人钙适宜摄入量为 800 mg/d。膳食中的钙主要在 pH 较低的小肠上段吸收。适量补充维生素 D、某些氨基酸(赖氨酸、精氨酸、色氨酸)、乳糖均有利于钙吸收。 试总结：钙的主要生理功能及食物来源。

任务 2 微量元素的生理功能

【学习目标】

1. 回顾微量元素的概念及常见的微量元素；
2. 明确微量元素的生理功能；
3. 掌握铁、锌、硒、碘等微量元素的生理功能；
4. 能够对矿物元素与重金属进行区分。

【工作情景】

在机体内，微量元素的含量甚微，但对生命过程具有重要意义。它们是机体内 50%～70%的酶的组成成分，构成机体内重要的载体和电子传递系统，参与某些激素和维生素的合成，与某些原因不明的疾病(如肿瘤和地方病)相关等。微量元素在人体中存在量极少，通常低于人体体重的 0.01%。

知识储备

一、微量元素的概念

有一些矿物元素，在人体内的存在数量极少，但它们都具有重要的生理功能，且必须从食品中摄取，称为必需微量元素。目前有：

(1)确认是必需的微量元素，包括碘、锌、铁、铜、硒、钴、铬、钼 8 种。

(2)可能是必需的微量元素，包括锰、硅、镍、矾、硼 5 种。

(3)具有毒性，但剂量低时可能是必需的微量元素，包括氟、锡、砷等。

二、微量元素的生理功能

微量元素(Trace Element)的生理功能，主要有以下几方面。

1. 酶和维生素必需的活性因子

许多金属酶都含有微量元素，如碳酸酐酶含有锌、呼吸酶含有铁和铜、精氨酸酶含有锰、谷胱甘肽过氧化酶含有硒等。

2. *构成某些激素或参与激素的作用*

如甲状腺素含碘、胰岛素含锌、铬是葡萄糖耐量因子的重要组成成分、铜参与肾上腺类固醇的生成等。

3. *参与核酸代谢*

核酸是遗传信息的携带者，含有多种适量的微量元素，并需要铬、锰、钴、铜、锌等维持核酸的正常功效。

4. *协助常量元素和大宗营养素发挥作用*

常量元素要借助微量元素起化学反应，如含铁红血蛋白可携带并输送氧到各种组织。不同微量元素参与蛋白质、脂肪、碳水化合物的代谢。

三、常见的微量元素

1. 铁(Iron)

铁是构成血红蛋白、肌红蛋白的必要成分。铁作为 O_2 和 CO_2 的载体，也是很多酶的活性部分。铁与细胞的呼吸、氧化磷酸化、卟啉代谢、胶原的合成、淋巴细胞与粒细胞功能、神经介质的合成与分解、躯体与神经组织的发育等都有关系。

人体缺铁，会发生缺铁性贫血。孕妇和儿童的铁需要量大，最有可能出缺铁性贫血。另外，还有一些贫血与铁有关。例如，溶血性贫血是由于红细胞破坏过多所造成，而红细胞的破坏可因铁催化产生自由基引起。由于铁供给不足使红细胞增殖能力下降，也可引起贫血。

铁缺乏还会影响其他组织，是一种全身性疾病。当铁缺乏时，会引起血红蛋白浓度降低，使体力明显下降，同时含铁酶的含量和功效也都会受到影响，从而影响机体的一些代谢功能。

铁摄入过多，会造成机体氧自由基代谢失常，导致基因突变和肿瘤。目前，对于铁与肿瘤发生的关系虽不确定，但有不少研究表明这种关系是存在的。动物试验表明，铁化合物可能有致癌作用。虽然曾报告铁离子未能在实验动物上致癌，但对原核和真核细胞都有致突变作用，也对染色体有影响。有一种情况是，如摄入铁过多并引起肝脏蓄积时，不经治疗的话有可能产生肝癌。

食品中铁的生物利用率较低，平均按 8%计。孕妇在妊娠中期(4～7 个月)，铁的吸收率提高 1 倍，计为 15%；妊娠后期(7～10 个月)甚至提高 4 倍，计为 20%。

2. 锌(Zinc)

在生物体内，锌既是许多酶的组成成分，又可以影响某些非酶的有机分子配位体的结构。锌至少以这两种方式参与体内各种物质与能量的代谢，从而显示出它所具有的各种极其复杂的生理功效。

(1)参与体内多种金属酶的组成。

(2)保护和稳定生物膜。

(3)促进机体的生长发育和组织再生。

(4)调节免疫功能。

(5)影响内分泌系统。

(6)改善味觉并促进食欲。

(7)促进维生素 A 的正常代谢和视觉功能。

(8)保护皮肤和骨骼的正常功能。

(9)促进智力发育。

在正常条件下，供应生长所必需的、组织修复以及强制性排泄的补充等，成人锌的需要量每日约 2.2 mg。为获得这么多的锌，成人每日锌供给量约为 14 mg。

3. 铜(Copper)

铜吸收后，经血液送至肝脏及全身，除一部分以铜蛋白形式储存于肝脏外，其余或在肝脏内合成血浆铜蓝蛋白，或在各组织内合成细胞色素氧化酶、过氧化物歧化酶、酪氨酸酶等。这些铜蛋白和铜酶在人体内发挥以下重要的作用。

(1)维护正常造血机能和铁代谢。

(2)维护骨骼、血管、皮肤的正常。

(3)维护中枢神经系统的健康。

(4)保护毛发正常的色素和结构。

(5)保护机体细胞免受超氧离子的毒害。

铜缺乏症的特征是贫血、骨质疏松、皮肤和毛发脱色、肌张力减退及精神性运动障碍。铜缺乏导致运铁蛋白结合的铁的缺乏，其症状和铁缺乏非常相似。缺铜贫血为低血色素小红细胞性贫血，补充铁不能改善症状。

在铜与疾病的关系方面，值得注意的是 Cu/Zn 比值。铜和锌有对抗作用，血清 Cu/Zn 比例需保持恒定，正常的为 0.82 或 0.9～1.2。在很多病理情况下，血清 Cu/Zn 比例会发生显著的变化。例如，在下列疾病中，血清 Cu/Zn 比值较高：支气管癌、白血病、肉瘤、弥漫性淋巴瘤、各型肝炎(除慢性活动性肝炎)、糖尿病、缺铁性贫血等。因此，Cu/Zn 比值可作为衡量健康与否的参考指标。

4. 碘(Iodine)

碘对合成甲状腺激素是必不可少的，这是它最为重要的生理功能。尽管有人推测，碘本身也能影响中枢神经系统的发育，但尚缺乏有力的证据。

甲状腺激素对机体的作用最主要的是对物质代谢的作用，以及对生长发育和组织系统发育的影响。它参与糖类、脂肪、维生素、水等营养物质的代谢，并刺激蛋白质、核糖核酸、脱氧核糖核酸等生命物质的合成。此外，对神经系统、骨骼系统、心血管系统、消化系统、生殖系统等也有显著影响，尤其在胚胎发育期表现得更为明显。

碘与甲状腺肿之间具有明显的双相性，存在着上、下限阈值。低于下限阈值容易引发低碘甲状腺肿，高于上限阈值易引发高碘甲状腺肿。

低碘甲状腺肿是世界上流行最广的地方性疾病，多见于缺碘的山区、丘陵和沙漠等地区。不仅表现为脖根粗大，更由于甲状腺肿大而压迫气管，影响呼吸，以及增加心脏跳动频率，容易导致心脏病。高碘甲状腺肿，其病征在外观上与低碘甲状腺肿无异，只是尿碘高，甲状腺吸收低。

地方性克汀病是一种严重损害健康的先天性疾病，主要表现有智力低下、身材短小、聋哑、瘫痪等。克汀病一旦形成，就会对人体造成严重的伤害，且很难治愈，故在实践中以防为主。根本方法就是给缺碘机体，特别是怀孕前的女性，补充足量的碘。

5. 硒(Selenium)

谷胱甘肽过氧化物酶(GSH-Px)是生命有机体内最重要的含硒酶。含硒酶和非酶硒化物，都具有很好的清除自由基功效。通过抑制细胞膜脂质的过氧化，激活机体免疫功能，从而延缓组织细胞衰老进程，有效地控制肿瘤的诱发与发展。

硒有利于维持心血管系统的正常功能，预防动脉硬化和冠心病的出现；维持机体正常血压水平，对高血压有调节作用。此外，硒能刺激损伤血管的修复速度，破坏沉积在动脉管壁损伤处的胆固醇。硒化物能够拮抗重金属如 Hg、Cd、As 等的毒性，消除机体内重金属的积累，对重金属中毒具有解毒作用。

缺硒是导致克山病和大骨节病的重要原因。

6. 铬(Chromium)

铬参与机体糖类代谢和脂肪代谢。缺铬会引起糖尿病和动脉硬化等疾病，白内障、高血脂也可能与长期缺铬有关。

铬的生理功效，体现在以下几个方面。

(1)铬是葡萄糖耐量因子的组成成分，促使升高的血糖降回正常值。

(2)促进机体糖代谢的正常进行，加强胰岛素的作用。

(3)促进机体脂代谢的正常进行，维持正常血清胆固醇水平。

(4)铬是核酸类物质的稳定剂和某些酶的激活剂。

早期缺铬没有明显征兆，体内会分泌足够的额外胰岛素，以补偿因缺铬引起的胰岛素效能降低。因此胰岛素分泌增加，是临界缺铬的主要标志。胰岛素增加，会使铬过多释放到血液中，经尿排出。若不及时补充铬，当胰腺分泌胰岛素的代偿能力枯竭时，胰岛素依赖功能将严重受损，从而引起糖尿病，同时出现低血糖、异常肥胖以及动脉粥样硬化等症状。

7. 钴(Cobalt)

钴主要是以维生素 B_{12} 和维生素 B_{12} 辅酶的形式参与蛋白质的生物合成、叶酸的储存等一系列生命活动。钴同时是许多酶的重要组成成分，对维持这些酶的活力是必需的。

维生素 B_{12} 中钴的生物活性，是无机钴活性的1000倍。从目前的情况看，许多归咎于缺钴的疾病，实际上是由于缺乏维生素 B_{12} 引起的。这些疾病，通常可以通过补充维生素 B_{12} 加以防治。

甲状腺肿与碘缺乏是紧密相关的，但地方性甲状腺肿与该地区钴含量偏低也存在着对应关系。在不补充碘的情况下，用钴治疗甲状腺肿取得较好的效果。与碘一样，过量的钴摄取也会导致甲状腺肿。

有人认为，机体每天的钴摄入量达 300 μg，就能维持正常的代谢平衡。由于对人体中非维生素 B_{12} 形式钴的研究十分有限，因此未能对钴的摄入量作出规定，只是对维生素 B_{12} 的摄入量作出明确的规定。

8. 锰(Manganese)

锰是体内某些酶的活性基团或辅助因子，又是多种酶的激活剂。人体内锰的含量虽然很少，但具有以下重要作用。

(1)促进骨骼的生长发育，参与软骨和骨骼形成所需的糖蛋白的合成。

(2)保护线粒体的完整。

(3)保持正常的脑功能。

(4)维持正常的糖代谢。

(5)维持正常的脂质代谢。

(6)对遗传的影响，可能与 DNA、RNA 和蛋白质的生物合成有关。

(7)在免疫功能上也发挥作用，与嗜中性白细胞和巨噬细胞之间存在一定的相互作用。

动脉硬化与缺锰有关。锰对加速细胞内脂肪的氧化具有促进作用，能改善动脉硬化患者脂质代谢，防止动脉粥样硬化的发生。调查发现，缺锰的地区肿瘤癌症的发生率高。四川盐亭、山西太行山、河南林县、河北一些地区等食管癌高发区，饮用水和食品中除含钼量低以外，含锰量也低。

9. 氟(Fluorine)

氟最重要的生理功效是预防龋齿的发生。缺氟时，牙釉质易受口腔细菌和酸性环境的破坏而导致龋齿，这在儿童时期尤为明显。氟的防龋功效与其浓度密切相关，当饮水中氟浓度为 1 mg/L 时，其抗龋效果最好。

大量事实证明，成年人每天摄入 4 mg/kg 的氟，可预防骨质疏松症。这是因为，氟可促进生物矿化并抑制脱矿。适量补充氟化物，已成为临床上防治骨质疏松的有效辅助手段。如果同时摄取氟化物、钙盐和维生素 D，可使患者产生正常的骨组织。但氟的这方面作用，与其摄入量密切相关，浓度过高反而会加重骨质疏松的症状。

氟是中等毒性元素，口服的半数致死量(LD_{50})为 141 mg/kg。氟过量对人体造成的危害，要比氟缺乏更为严重。世界上有 50 多个国家和地区报道过地方性氟中毒事件。我国也是地方性氟中毒分布面积较广、危害较严重的国家之一。

由于氟的有益和有害作用都很明显。因此，各国对其安全摄取范围都持谨慎态度。

工作页 2-5-2　微量元素的生理功能

模块 2：功能性食品的功效成分 项目 5：常量元素与微量元素的生理功能	任务 2：微量元素的生理功能
主题：微量元素的生理功能	编号：工作页 2-5-2
所属课程：功能性食品开发与应用	所属专业：
姓名：	班级 & 组号：
1. 素质目标 (1)强化学生自主学习能力，加强团队合作意识。 (2)树立严谨、科学的态度，增强责任感。 (3)提高职业素养。	
2. 知识目标 (1)明确微量元素的概念。 (2)明确常见微量元素的生理功能。	
3. 能力目标 能够掌握各种微量元素的生理功能。	

续表

4. 知识要点 (1)复习微量元素的概念及生理功能。 (2)试总结哪些元素属于微量元素。 (3)试总结矿物元素与重金属的区别。
5. 案例分析 一项对全国2000多个家庭的调查发现，三成多父母给孩子补充微量元素是凭自己的判断或效仿他人，缺乏理性。一位妈妈最近给孩子列出的营养补充计划就是补锌。她的孩子头发有些黄，不太爱吃饭，“我看电视广告说这可能是因为缺锌，所以买了补锌口服液来给孩子补补。” (1)根据上述描述的情况，请问孩子需要补锌吗？ (2)锌补充过多会对人体造成哪些危害？

【学习资源】

常量元素学习视频　　微量元素学习视频

项目6　自由基清除剂在人体中的作用

任务1　自由基的概念及其对人体的危害

【学习目标】

1. 明确自由基的概念及分类；
2. 了解自由基积极的生物学功能；
3. 掌握过多的自由基对人体的危害。

【工作情景】

自由基学说是于1956年由英国人Harman提出的。该学说认为，自由基攻击生命大分子造成组织细胞损伤，是引起机体衰老的根本原因，也是诱发肿瘤等恶性疾病的重要起因。自由基(Free Radical)是人体生命活动中各种生化反应的中间代谢产物，具有高度的化学活性，是机体有效的防御系统，若不能维持一定水平则会影响机体的生命活动。但自由基产生过多而不能及时地清除就会攻击机体内的生命大分子物质及各种细胞器，造成机体在分子水平、细胞水平及组织器官水平的各种损伤，加速机体的衰老进程并诱发各种疾病。

知识储备

一、自由基的概念及分类

自由基，化学上也称为“游离基”，是指化合物的分子在光热等外界条件下，共价键发生均裂而形成的具有不成对电子的原子或基团。它的单电子有强烈的配对倾向，倾向于以各种方式与其他原子基团结合，形成更稳定的结构，因而自由基非常活泼，成为许多反应的活性中间体。

人体内的自由基分为氧自由基和非氧自由基。氧自由基占主导地位，大约占自由基总量的95%。氧自由基包括超氧阴离子(O_2^- ·)、过氧化氢分子(H_2O_2)、羟自由基(·OH)、氢过氧基自由基(HOO·)、烷过氧基(ROO·)、烷氧基(RO·)、氮氧自由基(NO·)、过氧亚硝酸盐(ONOO—)、氢过氧化物(ROOH)和单线态氧($1O_2$)等，它们又统称为活性氧(Reactive Oxygen Species，ROS)，都是人体内最为重要的自由基。非氧自由基主要有氢自由基(H·)和有机自由基(R·)等。

二、自由基对机体生命活动的影响

(一)自由基积极的生物学功能

自由基作为人体正常的代谢产物，对维持机体的正常代谢有特定的促进作用。这种促进作用主要表现在对机体危害物的防御作用。

1. 增强白细胞的吞噬功能，提高杀菌效果

白细胞在吞噬细菌的过程中，对氧的消耗量激增，会产生大量的 O_2^- ·和 H_2O_2，两者通过 Haber-Weiss 反应还会进一步产生·OH，这些活性氧对病原菌都有很强的杀灭效果。·OH 还可引发被吞噬细菌的不饱和脂肪酸降解，降解终产物丙二醛也是一种强力杀菌剂，足以致细菌死亡。

2. 促进前列腺素的合成

前列腺素是人体内的一种重要的激素，它以花生四烯酸为前驱物质，经膜上多酶系统催化氧化生成，其生物合成途径中必须有氧自由基(·OH 或 O_2^- ·)的参与。

3. 参与脂肪加氧酶的生成

血小板脂肪加氧酶作用于花生四烯酸生成 1，2-氢过氧化-5，8，11，14-碳四烯酸(12-HPETE)及其他相关的化合物，该类化合物是一系列具有强生物学活性化合物(如白三烯)的前体。在 HPETE 形成过程中有活性氧自由基参与。

4. 参与胶原蛋白的合成

胶原蛋白的前体称为原胶原蛋白。原胶原蛋白中的脯氨酸和赖氨酸经羟化酶的羟化作用是原胶原蛋白合成的关键步骤。在此酶促羟化过程中，需要 O_2^- ·、H_2O_2、·OH 或 $1O_2$ 等活性氧自由基的参与。

5. 参与肝脏的解毒作用

机体对外来毒物的解毒作用主要在肝脏进行，解毒作用实质是在肝微粒体细胞色素

P450 催化下对各类毒物的羟化作用。一定剂量范围内的外来毒物可被羟化并排出体外而完成解毒作用，当剂量大时，机体受不住就会出现中毒。在肝解毒过程中，连接于细胞色素上的 O_2^- · 自由基是真正起羟化作用的物质。

6. 参加凝血酶原的合成

凝血酶原是凝血酶的前体。在凝血酶原合成过程中，其前体蛋白质氨基端的 10 个谷氨酸残基经过酶促羧化作用转变为 10 个 γ-羧基谷氨酸残基，形成凝血酶原。该羧化过程与氧自由基密切相关，没有氧自由基的参加，就不能形成凝血酶原。

7. 参与血管壁松弛而降血压

NO · 是精氨酸在酶作用下形成的一种信号化合物，还作为细胞松弛因子而松弛血管壁，降低血压。血管扩张剂(如乙酰胆碱等)启动一个钙调节受体，在 NO · 合成酶催化和辅酶 NADPH 参与下，氧化 L-精氨酸的胍基生成 NO · 并释放到细胞外。接着活化可溶性鸟苷酸环化酶，使血管平滑肌与血小板中的 cGMP 水平增加，从而促进血管平滑肌松弛，抑制血小板凝聚和黏附到内皮细胞上。

8. 杀伤外来微生物和肿瘤细胞

NO · 和 O_2^- · 结合以后生成 $ONOO^-$ 阴离子，在略高于生理 pH 的碱性条件下相当稳定，从而允许其由生成位置扩散转移到较远的位置。一旦在低于生理 pH 的酸性条件下(病理条件下往往如此)，$ONOO^-$ 立即分解生成 NO · 和 O_2^- ·，这两种自由基的氧化性非常强，具有很大的细胞毒性，对于杀伤外来微生物和肿瘤细胞非常有意义。

然而，在生命活动中，由于经常受到各种外界不良因素的刺激，导致机体组织中的自由基数量往往过多，甚至对机体组织产生危害。

(二)衰老自由基学说

人们根据对衰老机理的不同理解，提出了许多种衰老学说，主要有自由基学说、免疫功能下降学说、脑中心学说、代谢失调学说、生物膜衰老学说、脂褐素与衰老学说、衰老过程中基因淋巴因子及其基因表达改变的学说等。自由基学说能比较清楚地解释机体衰老过程中的种种症状，如老年斑、皱纹及免疫力下降等，是目前最有说服力的学说。

自由基学说认为，自由基的强氧化作用，损伤了机体的生命大分子，引起人体细胞免疫和体液免疫的功能减弱，最终导致免疫疾病的出现。其作用机理可概括为以下几个方面。

1. 生命大分子的交联聚合和脂褐素的累积

自由基作用于脂质能发生过氧化反应，其氧化的终产物丙二醛等会引起蛋白质、核酸等生命大分子的交联聚合，形成脂褐素。由于脂褐素不溶于水，所以不能随着机体的代谢排出体外，在细胞内逐渐堆积。其颗粒呈圆形或椭圆形，直径为 1～5 μm，颗粒大小会随年龄的增大而增大。老年斑就是由脂褐素在皮肤的堆积而形成的，老年斑的出现是人体衰老的一个明显的外表象征。另外，随着胶原蛋白的交联聚合，会使胶原蛋白溶解性下降、弹性降低及水合能力减弱，会导致皮肤失去张力，皱纹增多，老年骨质再生能力减弱等。脂褐素在脑细胞中的堆积，会出现记忆力的减退或使智力发生障碍，甚至出现老年性痴呆症。眼球晶状体长期暴露于光和氧中，极易发生脂质氧化损伤，导致视网膜模糊，引起白内障和老年黄斑变性。

2. 器官组织细胞的破坏与减少

器官组织细胞的破坏与减少是机体衰老的症状之一。器官组织细胞破坏或减少主要是由于自由基引起的脂质过氧化而造成对细胞膜与细胞器膜的损害，改变了生物膜的结构与功能，影响了膜的通透性与流动性，从而导致了膜功能的紊乱，加快机体的衰老。

另外，自由基作用于核酸引起的基因突变改变了遗传信息的传递，导致蛋白质与酶的合成错误及酶活性的降低。自由基还可与膜上的酶发生作用，影响细胞正常生理功能的发挥。自由基通过对脂质的侵袭加速了细胞的衰老进程。这些结果的积累，造成了器官组织细胞的老化与死亡。

3. 免疫功能的降低

免疫功能是指机体抵抗外来有害物质入侵的能力。人体内的免疫系统包括细胞免疫和体液免疫。自由基作用于免疫系统，会引起人体细胞免疫与体液免疫功能减弱，并使免疫识别力下降，免疫系统在攻击病原体和异常的细胞时，也会侵犯自身正常的细胞和健康组织而出现自身免疫性疾病。

有研究表明，弥散性硬皮病、系统性硬结、溃疡性结肠炎和成胶质病变等自身免疫性疾病往往伴有较多的染色体断裂现象，这类患者血液中有一种血清因子能够促进正常的淋巴细胞染色体发生断裂。自身免疫疾病的病变过程与自由基关系密切，其致病机理可能是由于特殊血清断裂因子的作用或细胞的氧化代谢而产生了大量的 OH・和 O_2^-・所致。

(三)自由基对人体的影响

1. 自由基与心血管疾病

大多数心血管疾病的主要原因是动脉粥样硬化，是动脉壁的一种多因素疾病。自由基攻击动脉血管壁和血清中的不饱和脂肪酸使之发生过氧化反应而生成过氧化脂质，后者能刺激动脉壁，增加粥样硬化的趋势。动脉硬化的程度与硬化斑中脂质过氧化程度呈正相关，血管内壁的蜡样物质就是脂质发生过氧化反应的直接证明。动脉粥样硬化的早期，在内皮下层间隙形成脂质沉淀，即所谓的脂肪条纹。随着年龄的增加，粥样硬化症呈增多的趋势，这是因为老年人动脉壁不饱和脂肪酸含量高，血清中 Fe^{2+} 和 Cu^{2+} 含量高，Fe^{2+} 或 Cu^{2+} 通过 Haber-Weiss 反应促使 OH・产生，OH・的存在加剧了脂质过氧化进程。过氧化产物丙二醛促使弹性蛋白发生交联，破坏了其正常的结构和功能，其应有的弹性与水结合能力丧失，最终产生了动脉硬化症，从而引起冠心病等其他心血管疾病。

2. 自由基与癌症

致癌过程是一个复杂的多阶段的过程，包括诱发和促进两步。一个正常的细胞发生癌变必须经历诱发和促进这两个阶段，这就是两步致癌学说。

大量研究证明，诱发阶段与自由基关系密切，促癌阶段也与自由基有关，促癌能力与其产生自由基的能力相平行。致癌物必须在体内经过代谢活化形成自由基并攻击 DNA 才能致癌，抗癌剂也必须通过自由基形式去杀死癌细胞。

3. 自由基与肺气肿

自由基作用于肺部的巨噬细胞，使其释放了蛋白水解酶类而导致了对肺组织的损伤破坏，从而引起细支气管和肺泡管的破裂，肺泡间隔面积缩小，周围血液与肺之间气体交换量减少，导致肺气肿。

正常情况下，肺组织细胞间的蛋白酶与抗蛋白酶能够保持平衡，蛋白酶抑制剂控制着水解蛋白酶类的释放与活性。如果缺乏这种抑制剂，就有可能导致肺气肿。长期吸入香烟及其他大气中的污染物，会使肺中氧自由基增多，使水解蛋白酶增多和使水解蛋白酶的天然抑制剂失活，最终导致肺气肿的出现。

4. 自由基与缺血后重灌流损伤

缺血所引起的组织损伤是致死性疾病的主要原因。有许多证据说明，在完全性缺血、缺氧时，组织损伤程度较轻，而在缺血后再灌注时，由于自由基的急剧增多而使组织损伤更加严重。

在缺血后重灌流状态下，细胞内的氧自由基主要来自黄嘌呤氧化酶，它是由前体黄嘌呤脱氢酶转变而来的。该脱氢酶广泛存在于各种组织细胞中，它是以 NAD^+（烟酰胺腺嘌呤二核苷酸）为电子接受体，所以不产生自由基。当组织细胞缺血时，ATP(腺苷三磷酸）生成量减少，导致细胞内能量不足，不能维持正常的离子浓度。于是，Ca^{2+} 重新分布使得细胞内 Ca^{2+} 浓度增加，激活了一种蛋白酶而将脱氢酶不可逆地转化成氧化酶。另外，缺血使得细胞内 ATP 减少，AMP(腺苷一磷酸)增多，AMP 又可逐步分解成次黄嘌呤，而次黄嘌呤是氧化酶的适宜作用底物。当重灌流时，氧分子重新进入组织，与组织中积累的次黄嘌呤和氧化酶发生反应，生成大量的活性氧自由基。这些活泼且有强氧化性的自由基使细胞膜脂质过氧化，使透明质酸和胶原蛋白降解，从而改变了细胞的结构与功能，造成组织的不可逆损伤。另外，在缺血组织中具有清除自由基的抗氧化酶类合成能力发生障碍，从而加剧了自由基对缺血后重灌流组织的损伤。

5. 自由基与眼病

由自由基氧化损伤引起的视力损害，最常见的当数白内障和老年黄斑变性。

老年人由于全身机体的衰老使得眼球晶状体中自由基清除剂的含量与活性降低，导致对自由基侵害的抵御能力降低。许多事实表明，白内障的起因和发展与自由基对视网膜的损伤导致晶状体组织的破坏有关。

又由于眼晶状体长期暴露于光和氧中，所形成的活性氧类物质可能与晶体蛋白质起反应。受损的蛋白质可能聚合和沉淀，从而丧失原来的功能。视觉活性最高的视网膜组织易受损害，从而引起老年黄斑变性。

6. 自由基与炎症

当局部氧量过少或外来病原菌侵袭时，大量多形嗜中性白细胞积聚在病变处。这些白细胞由特殊作用的代谢物激活，结合在膜上的 $NADPH_2$ 氧化酶被激活，氧化 $NADPH_2$ 成为 $NADP^+$，同时产生大量的 $O_2^-\cdot$。氧自由基一方面破坏病原菌和病变细胞，另一方面进攻白细胞本身而造成白细胞大量死亡，引起溶酶体酶的大量释放，进而杀伤组织细胞，造成骨、软骨的破坏，导致炎症和关节炎。

7. 自由基与贫血

贫血的出现也与自由基有关。研究表明，地中海贫血的病理变化包含红细胞膜的过氧化、膜上多不饱和脂肪酸含量减少、—SH 转变成—S—S 基团和维生素 E 含量减少。缺铁性贫血的病变过程也有自由基参与，因为此时红细胞的维生素 E 和过氧化酶含量减少，易被自由基破坏而缩短寿命。

8. 自由基与癫痫

研究证明，癫痫活动伴有活跃的自由基反应。清除自由基，阻断自由基反应对癫痫的预防和治疗有一定作用。自由基反应在癫痫发生中的作用日益受到重视。

目前认为，老年性耳聋与自由基受损关系密切；自由基与糖尿病也有比较复杂的关系；大骨节病与克山病也有密切的关系。随着自由基理论的研究发展，许多人类重大疾病与自由基反应的关系正在逐步被揭示。自由基对人类健康的影响作用正在被更多的人所了解，越来越多的专家正在运用自由基理论，在确保人体健康方面的研究中取得较大的成果。

工作页 2-6-1　自由基对人体的危害认知

模块 2：功能性食品的功效成分 项目 6：自由基清除剂在人体中的作用	任务 1：自由基的概念及其对人体的危害
主题：自由基的概念及其对人体的危害	编号：工作页 2-6-1
所属课程：功能性食品开发与应用	所属专业：
姓名：	班级 & 组号：
1. 素质目标 (1)强化学生自主学习能力，加强团队合作意识。 (2)树立严谨、科学的态度，增强责任感。 (3)提高职业素养。	
2. 知识目标 (1)明确自由基的概念。 (2)了解自由基的分类。 (3)明确自由基的积极作用。 (4)了解自由基对人体的危害。	
3. 能力目标 能够掌握自由基的积极作用及过量的自由基人体的危害。	
4. 知识要点 (1)自由基的概念及分类。 (2)自由基的积极作用。 (3)过量自由基对人体的危害。 (4)查阅相关文献，试总结哪些食品中可能含有自由基？何种烹饪方式更加容易产生较多的自由基？	

任务 2 自由基清除剂的作用

【学习目标】

1. 明确自由基清除剂的概念及分类；
2. 掌握酶类自由基清除剂的生物学功能；
3. 掌握非酶类自由基清除剂的生物学功能。

【工作情景】

近年来，国内外对自由基及自由基清除剂的研究十分活跃。在各类食品科学、生命科学及医学书籍上都有许多关于自由基及其清除剂的研究报道。自由基清除剂作为功能性食品的重要原料成分之一，通过人们日常消费的食品来调节人体内自由基的平衡，已受到食品营养学家的广泛重视。

知识储备

一、自由基清除剂的概念

自由基是人体正常的代谢产物，正常情况下人体内自由基是处于不断产生与清除的动态平衡中，人体内存在少量的氧自由基，不但对人体不构成威胁，而且可以促进细胞增殖，刺激白细胞和吞噬细胞杀灭细菌，消除炎症，分解毒物。但如果人体内自由基的数量过多，就会对生物膜和其他组织造成损伤，破坏细胞结构，干扰人体的正常代谢活动，引起疾病，加速人体衰老进程。

自由基清除剂是指能清除自由基或能阻断自由基参与的氧化反应的物质。自由基清除剂的种类繁多，可分为酶类清除剂和非酶类清除剂两大类。酶类清除剂一般为抗氧化酶，主要有超氧化物歧化酶(SOD)、过氧化氢酶(CAT)、谷胱甘肽过氧化物酶(GPX)等几种。非酶类自由基清除剂一般包括黄酮类、多糖类、维生素 C、维生素 E、β-胡萝卜素和还原型谷胱甘肽(GSH)等活性肽类。

自由基清除剂发挥作用必须满足以下三个条件。第一，自由基清除剂要有一定的浓度。第二，因为自由基活性极强，一旦产生马上就会与附近的生命大分子起作用，所以自由基清除剂必须在自由基附近，并且能以极快的速度抢先与自由基结合，否则就起不到应有的效果。第三，在大多数情况下，清除剂与自由基反应后会变成新的自由基，这个新的自由基的毒性应小于原来自由基的毒性才有防御作用。

这些自由基清除剂对维持机体的正常生命活动，保持健康起着重要的作用。但是，随着年龄的增长，机体内产生自由基清除剂的能力逐渐下降，从而减弱了对自由基损害的防御能力，使机体组织器官容易受损，加速了机体的衰老，引发一系列的疾病。为了防止此类现象的发生，可以人为地由膳食补充自由基清除剂，从而达到防御疾病、延缓衰老的目的。

二、酶类自由基清除剂

(一)超氧化物歧化酶(Superoxide Dismutase，SOD)

超氧化物歧化酶别名肝蛋白，是一种源于生命体的活性物质，能消除生物体在新陈代谢过程中产生的有害物质。从 1938 年首次由牛红细胞中分离得到超氧化物歧化酶开始算起，人们对 SOD 的研究已有 80 多年的历史。1969 年 McCord 等重新发现这种蛋白，并且发现了它们的生物活性，弄清了它催化过氧阴离子发生歧化反应的性质，所以正式将其命名为超氧化物歧化酶。

SOD 在生物界的分布极广，从动物到植物，甚至从人到单细胞生物，都存在。它被视为生命科技中最具神奇魔力的酶、人体内的垃圾清道夫。SOD 是氧自由基的自然天敌，是机体内氧自由基的头号杀手，是生命健康之本。

1. 超氧化物歧化酶的分类

SOD 存在于几乎所有靠氧呼吸的生物体内，包括细菌、真菌以及高等植物、高等动物(包括人体)中。SOD 是一类含金属的酶，按其所含金属辅基不同可分为含铜锌 SOD(Cu·Zn-SOD)、含锰 SOD(Mn-SOD)和含铁 SOD(Fe-SOD)三种。

含铜锌金属辅基的 Cu·Zn-SOD 是最为常见的一种酶，主要存在于真核细胞的细胞质中或高等植物的叶绿体基质、类囊体内以及线粒体膜间隙中。在动物血液、牛肝、猪肝、牛心、豌豆、麦叶等动植物组织中均有存在，是目前应用最广泛的一类酶。该类酶由两条肽链组成，每条肽链含有铜、锌原子各一个，活性中心的核心是铜。

Fe-SOD 主要存在于原核细胞中，一些真核藻类甚至高等植物如银杏、柠檬、番茄等组织内也有存在。此酶也由两条肽链组成，一般每个二聚体含有一个铁原子。

Mn-SOD 主要存在于原核细胞和真核细胞的线粒体中，在植物的叶绿体基质、类囊体内也会存在，在人体肝脏中含量较高。此酶的纯品呈粉红色，由两条或四条肽链组成。

2. 理化及生物学特性

SOD 属酸性蛋白酶，对 pH、热和蛋白酶水解等反应比一般酶稳定。又由于 SOD 属于金属酶，其性质不仅取决于蛋白质，还取决于结合到活性部位的金属离子。三类 SOD 的活性中心都含有金属离子。如采用物理或化学方法除去金属离子，则酶活丧失；如重新加上金属离子，则酶活又恢复。

不同来源的 Cu·Zn-SOD 具有较高的同源性，它们的物化特性也很相似，据推测它们可能由同一原始酶进化而来。不同来源的 Mn-SOD 和 Fe-SOD 也具有相似的物理性质和较高的同源性，它们可能由另一原始酶进化而成。

SOD 是生物体内防御氧化损伤的一种十分重要的金属酶，对氧自由基有强烈清除作用，特别对于超氧阴离子($O_2^- \cdot$)，SOD 可将其催化歧化而生成 H_2O_2 和 O_2，故 SOD 又称为清除超氧阴离子自由基的特异酶。

3. SOD 的主要生理功能

(1)抑制心脑血管疾病。

SOD 具有调节血脂的保健作用，可预防动脉粥样硬化，预防高血脂引起的心脑血管疾病。降低脂质过氧化物的含量。

(2)抗衰老。

年龄的增长和某些体外因素会造成机体和皮肤组织自由基产生超过机体正常清除自由基的能力，从而使皮肤组织造成伤害，导致衰老。由于SOD能够清除自由基，因而可以延缓衰老。人之所以会衰老，老化迹象一点一点地出现，如色素沉淀、体力衰退，是因为体内产生氧化作用。所谓“氧化作用”就类似于生锈，抗氧化剂的补充有助于降低氧化的速度，减慢衰老的进程。

(3)防治自身免疫性疾病。

SOD对各类自身免疫性疾病都有一定的疗效。如红斑狼疮、硬皮病、皮肌炎等。对于类风湿关节炎患者应在急性期病变未形成前使用，疗效较好。

(4)治疗肺气肿。

肺气肿患者亦可使用SOD，但应在病变初期肺弹性纤维尚未受到损害时使用，疗效较好。

(5)辐射病及辐射防护。

SOD可用来治疗因放疗引起的膀胱炎、皮肌炎、红斑狼疮及白细胞减少等疾病，对有可能受到电离辐射的人员，也可注射SOD作为预防措施。

(6)老年性白内障。

对这类疾病应在进入老年期前即开始经常服用抗氧化剂，或者说经常注射SOD。一旦形成白内障，则应该摘除，因为此时使用SOD已无效。

(7)预防慢性病。

自由基是科学家已发现导致各种慢性病与老化的罪魁祸首，故说它是“万病之源”，是人体健康的大敌。自由基对身体的伤害是日积月累的，尤其是糖尿病与心血管方面的疾病。

(8)抗疲劳。

过多的自由基在体内残存，就犹如毒素蓄积在体内一样，会让人容易疲劳、厌倦、注意力不集中、常常昏昏沉沉、打哈欠。SOD对上班族熬夜加班、学生应付考试所产生的疲劳，在提振精神及集中注意力方面成效显著，有助于工作绩效的提升及考试成绩的进步。

目前，SOD已广泛地应用于人们生活的各个方面，如深受女性消费者喜爱的化妆品中有大宝SOD、康妮SOD、SOD康舒达霜剂等。SOD添加于化妆品有明显的防晒效果和抗炎作用，可有效防止皮肤受电离辐射(如紫外线)的损伤。

SOD在医疗上的应用更是不胜枚举，它尤其对治疗关节炎和类风湿性关节炎疗效显著。此外，SOD对治疗癌症、缺血后重灌流损伤、肺气肿、白内障、糖尿病、贫血等疾病均有疗效。

SOD在食品方面的应用也极为广泛，可作为功能性食品的功能因子或食品营养强化剂，有良好的抗衰老、抗炎、抗辐射、抗疲劳等保健强身的效果。国外把SOD作为食品添加剂应用到口香糖和饮料中。国内也开发出了多种强化SOD的食品，如SOD雪糕、SOD豆奶、SOD啤酒、SOD果汁饮料、SOD的酸奶和SOD口服液等。还可用富含SOD的原料加工制成功能性食品，如大蒜饮料、刺梨SOD汁等。在人们越来越注重健康饮食的今天，SOD将成为功能食品中的活跃分子。

然而，SOD作为一类高分子抗氧化酶，分子量在32000道尔顿以上，又都带有金属辅基，且其来源大多从动物血(猪血、牛血)和动物脏器以及某些微生物中制备而来，多为生物种属差异很大的异源性蛋白。因此，在应用上，它除了具有严格的针对性和有效性外，必然也有很大的局限性。SOD应用的局限性归纳起来主要有8个方面。

(1)半衰期短。SOD的体内半衰期为6～8分钟，体外半衰期(25℃时)为9～10天。因此，体内注射表现为多次数、少浓度，体外涂抹则表现为高剂量、低效应。

(2)代谢速率快。SOD在体内代谢速率极快，注射6小时后，90%以上的大分子SOD经降解为小分子而随泌尿系统排泄。

(3)酶分子量大，均在32000以上。其中，原核细胞Mn-SOD分子量为40000；真核细胞线粒体Mn-SOD都由9个相等亚基组成，其分子量为80000。因此，透皮或透膜吸收困难，体内或细胞内作用弱。

(4)酶制剂不宜口服，口服易被胃酸变性、被胃蛋白酶和胰蛋白酶水解破坏，且SOD分子原形不易透过肠黏膜，因而难以发挥全身性药效作用。

(5)大分子异性蛋白，不宜大剂量、长时间使用，否则会不可避免地出现某些过敏性变态反应，呈现明显的不良反应性变化。

(6)对靶细胞或靶部位的亲和力低，药用趋向性不明显。因此，对疾病的疗效缺乏特异性作用。

(7)酶的稳定性不高，对理化因素较为敏感，过高温度、过大剂量辐射、过长时间超声波、过强酸碱度、过多化学物质及变性剂、还原剂等均易导致SOD分子结构改变，酶活性丧失，形成不可逆性变化。

(8)药物作用单一性大，常规剂量单独使用疗效欠佳。

针对SOD应用过程中客观存在的局限性，国内外学者进行了大量卓有成效的研究工作，并已逐步探索或寻找出解决上述局限的一些有效方法和对策。

(二)过氧化氢酶(Catalase，CAT)

过氧化氢酶是另一种酶类清除剂，又称为触酶，是以铁卟啉为辅基的结合酶。它可促使H_2O_2分解为分子氧和水，清除体内的过氧化氢，从而使细胞免于遭受H_2O_2的毒害，是生物防御体系的关键酶之一。CAT作用于过氧化氢的机理实质上是H_2O_2的歧化，必须有两个H_2O_2先后与CAT相遇且碰撞在活性中心上，才能发生反应。H_2O_2浓度越高，分解速度越快。

几乎所有的生物机体都存在过氧化氢酶。其普遍存在于能呼吸的生物体内，主要是植物的叶绿体、线粒体、内质网、动物的肝和红细胞中，其酶促活性为机体提供了抗氧化防御机理。

CAT是红血素酶，不同的来源有不同的结构。在不同的组织中其活性水平高低不同。过氧化氢在肝脏中分解速度比在脑或心脏等器官快，就是因为肝中的CAT含量水平高。

自1937年首次推出作为细胞内结晶化酶之一的牛肝过氧化氢酶之后，已利用不同方法(选择性沉淀法和层析法)从牛、马或人的红细胞、肝和肾中提纯过氧化氢酶。从不同机体分离出的大多数过氧化氢酶的分子量为240kDa，并具有4个相同的亚单位，在其活性部位各含一血红素基团。来自哺乳动物以及某些真菌和细菌的过氧化氢酶还含有4个紧密结合的NADPH分子，但其功能尚有争议。

(三)谷胱甘肽过氧化物酶(GPX)

谷胱甘肽过氧化物酶(Glutathione Peroxidase，GSH-PX)是机体内广泛存在的一种重要的过氧化物分解酶，是在哺乳动物体内发现的第一个含硒酶。它于1957年被Mills首先发现，但直到1973年才由Flohe和Rotruck两个研究小组确立了GPX与硒之间的联系。

研究表明，硒是谷胱甘肽过氧化酶(Se-GPX)的活性成分，是GPX催化反应的必要组分，它以硒代半胱氨酸(Sec)的形式发挥作用，摄入硒不足时使Se-GPX酶活力下降。在体内处于低硒水平时，活力与硒的摄入量呈正相关，但到一定水平时，酶活力不再随硒水平上升而上升。Se-GPX存在于胞浆和线粒体基质中，它以谷胱甘肽(GSH)为还原剂分解体内的氢过氧化物，能使有毒的过氧化物还原成无毒的羟基化合物，并使过氧化氢分解成醇和水，因而可防止细胞膜和其他生物组织免受过氧化损伤。它同体内的超氧化物歧化酶(SOD)和过氧化氢酶(CAT)一起构成了抗氧化防御体系，因而在机体抗氧化中发挥着重要作用。

在正常条件下，机体大部分活性氧被防御系统所清除，但当机体产生某些病变时，超量的活性氧就会对细胞膜产生破坏。机体消除活性氧 $O_2^- \cdot$ 的第一道防线是超氧化物歧化酶(SOD)，它将 $O_2^- \cdot$ 转化为过氧化氢和水，而第二道防线是过氧化氢酶(CAT)和GPX。CAT可清除 H_2O_2，而GPX分布在细胞的胞液和线粒体中，消除 H_2O_2 和氢过氧化物。因此，GPX、SOD和CAT协同作用，共同消除机体活性氧，减轻和阻止脂质过氧化作用。

GPX广泛存在于哺乳动物的组织中，不同种类的GPX其分子量和比活性也有所不同。谷胱甘肽是此酶的特异性专一底物，而氢过氧化物则是非专一性底物。

三、非酶类自由基清除剂

(一)维生素类

维生素不仅是人类维持生命和健康所必需的重要营养素，还是重要的自由基清除剂。对氧自由基具有清除作用的维生素主要有维生素E、维生素C及维生素A的前体β-胡萝卜素。

1. 维生素E

维生素E又称为生育酚，是强有效的自由基清除剂。它经过一个自由基的中间体氧化生成生育醌，从而将ROO·转化为化学性质不活泼的ROOH，中断了脂类过氧化的连锁反应，有效地抑制了脂类的过氧化作用。维生素E可清除自由基，防止油脂氧化和阻断亚硝胺的生成，故在提高免疫能力，预防癌症等方面有重要作用，同时在预防和治疗缺血再灌注损伤等疾病方面也有一定功效。

2. 维生素C

维生素C又称为抗坏血酸，在自然界中存在还原型抗坏血酸和氧化型脱氢抗坏血酸两种形式。人体内约含1450mg，每日代谢消耗约1/30，即50mg左右。抗坏血酸通过逐级供给电子而转变成半脱氢抗坏血酸和脱氢抗坏血酸，在转化的过程中达到清除 $O_2^- \cdot$、·OH、ROO·等自由基的作用。维生素C具有强抗氧活性，能增强免疫功能、阻断亚硝胺生成、增强肝脏中细胞色素酶体系的解毒功能。人体血液中的维生素C含量水平与肺炎、心肌梗死等疾病密切相关。

3. β-胡萝卜素

β-胡萝卜素广泛存在于水果和蔬菜中，经机体代谢可转化为维生素A。β-胡萝卜素具有较强的抗氧化作用，能通过提供电子抑制活性氧的生成，从而达到防止自由基产生的目的。许多试验表明，β-胡萝卜素能增强人体的免疫功能，防止吞噬细胞发生自动氧化，增强巨噬细胞、细胞毒性T细胞、天然杀伤细胞对肿瘤细胞的杀灭能力。在多种食品中，β-胡萝卜素与不饱和脂肪酸的稳定性密切相关。

有实验证明老年人摄入维生素C以及维生素E可以增进多项免疫功能，维生素C-E联合物还可清除血液中的自由基等有害物质和循环应激激素。除此之外，维生素C、维生素E及β-胡萝卜素等抗氧化性维生素可以延缓老龄化进程，还可以预防和治疗许多老年疾病，如动脉粥样硬化、高血压、心脏病和脑卒中等，这些疾病都与低密度脂蛋白胆固醇的氧化有关。

维生素C还能有效保护维生素E和β-胡萝卜素不被过早消耗。每天摄入500 mg维生素C可以帮助高血压患者降低血压。摄入维生素E不但可增强老年人的记忆力、预防老年痴呆症及治疗受自由基所累的迟缓型运动障碍，还可预防前列腺癌的发病、抑制消化道肿瘤(尤其是肠癌)，并降低其死亡率。短期、大剂量地肠内补充维生素E还可调整单核细胞、巨噬细胞对内毒素的反应，提高维生素E对于败血症、缺血再灌注损伤均能起到保护性的治疗作用。

健康人可以通过日常均衡的膳食摄取充足的维生素，但在机体受到感染、体力活动增加、服用特殊药物、体液大量丢失及妇女怀孕和哺乳等情况下，机体对维生素的需求大大增加，不额外补充，则易导致维生素缺乏、自由基损伤机体，诱发或加速其他疾病。

(二)黄酮类化合物

黄酮类化合物泛指两个苯环通过中央三碳链相互联结而成的一系列C_6—C_3—C_6化合物，主要是指以2-苯基色原酮为母核的一类化合物，在植物界广泛分布。黄酮是具有酚羟基的一类还原性化合物。在复杂反应体系中，由于其自身被氧化而具有清除自由基和抗氧化作用。其作用机理是与O_2^-·反应阻止自由基的引发，与金属离子螯合阻止·OH的生成，与脂质过氧化基ROO·反应阻断脂质过氧化。

黄酮及其某些衍生物具有广泛的药理学特性，包括抗炎、抗诱变、抗肿瘤形成与生长等活性。黄酮在生物体外和体内都具有较强的抗氧化性，具有许多药理作用，对人的毒副作用很小，是理想的自由基清除剂。目前已发现有4000多种黄酮类化合物，可分为如下几类：黄酮、儿茶素、花色素、黄烷酮、黄酮醇和异黄酮等。

很多常用中草药的活性成分是黄酮类化合物，其提取物芦丁、芒果甙、青兰甙、双氢青兰甙、芸香甙、橙皮甙和黄芩甙等均已应用于临床。

以黄酮类化合物为主要成分的银杏叶提取物(EGB)已被广泛应用于医药和功能性食品行业。研究表明：EGB在治疗心血管疾病，调节血脂水平，治疗脑供血不足和早期神经退行性病变等方面有良好的疗效。

另外，很多天然药物或食物中的某些功效成分，同样对氧自由基具有清除作用，如丹参中的丹参酮，黄芩中的黄芩甙，五味子中的五味子素，黄芪中的黄芪总黄酮、总皂甙、黄芪多糖，灵芝、云芝、香菇、平菇等菇类的多糖，甘草中的甘草酸，竹叶(紫竹、高节竹、金毛竹、花哺鸡竹、红哺鸡竹、斑竹等)中的黄酮类组分，麦麸中的膳食纤维等。而另外一些天然食物如坚果、葡萄的皮和籽、薯类、蜂胶等，虽然未能确定其起作用的功效成分，但仍可通过试验揭示其对氧自由基有明显的清除作用。

(三)儿茶素

儿茶素是从茶叶中提取出来的多酚类化合物-茶多酚(Tea Polyphenols，TP)的主体成分，占茶多酚总量的60%～80%，茶干重的12%～24%。作为茶多酚中含量最高、药理作用最明显的组分，已引起了广泛的重视。大量体外实验及动物试验证实，儿茶素具有抗氧化、抗肿瘤、抗动脉粥样硬化、防辐射、防龋护齿、抗溃疡、抗过敏及抑菌抗病毒等作用，是一种优良的天然抗氧自由基清除剂。茶多酚溶液清除羟自由基活性大于维生素C溶液。茶多酚为羟自由基清除剂，茶多酚的主要成分儿茶素在清除自由基过程中扮演了重要的角色。大量的研究表明：儿茶素氧化聚合物也是一种有效的自由基清除剂和抗氧化剂，具有抗癌、抗突变、抑菌、抗病毒，改善和治疗心脑血管疾病，治疗糖尿病等多种生理功能。其在食品、医药保健等领域的作用越来越突出。作为儿茶素氧化聚合物的茶色素治疗冠心病的作用机制在于提高SOD活力和降低MDA含量，削弱脂质过氧化作用，增加供氧和供血能力。茶色素对高血压的预防和缓解作用也是通过提高SOD活力、增强机体的抗氧化能力而实现的。

(四)原花青素

原花青素是一种多酚类化合物，这种化合物在酸性介质中加热均产生花青素，故将这类物质命名为原花青素。原花青素是由不同数量的儿茶素或表儿茶素缩合而成，分二聚体、三聚体直至十聚体。二至四聚体为低聚体，五聚体以上为高聚体，其中二聚体分布最广。原花青素是一种天然有效的自由基清除剂，主要存在于葡萄、苹果、可可豆、山楂、花生、银杏、花旗松、罗汉柏、白杨树、刺葵、番荔枝、高粱等植物中。此外，葡萄汁、红葡萄酒、苹果汁、巧克力和啤酒中也含有原花青素。原花青素多为水或乙醇提取物，少数经离子交换纯化，用冷冻或喷雾干燥成淡棕色粉末，味涩，略有芳香。分离后的原花青素二聚体、三聚体可以清除各种氧自由基，从而具有抗氧化、降血压、抗癌等多种药理活性，能增强免疫、抗疲劳、延缓衰老。

异黄酮类作为一种有效的抗氧化剂国内外已有很多报道。大量实验研究结果表明：异黄酮是一种有效的抗氧化剂和自由基清除剂。

(五)微量元素

除了上述的各种酶及维生素类、黄酮类化合物，许多微量元素也起到清除自由基的作用。

1. *硒*

硒是一种非常重要的微量元素，是硒谷胱甘肽过氧化酶的活性成分，Se-GPX存在于胞浆和线粒体基质中，能使有毒的过氧化物还原成无毒的羟基化合物，并使过氧化氢分解成醇和水，硒摄入不足时会使Se-GPX酶活力下降，在体内处于低硒水平，Se-GPX活力与硒的摄入量呈正相关。但到一定水平时，酶活力不再随硒水平上升而上升。有人曾对糖尿病大鼠补充硒和维生素E，其GPX和超氧化物歧化酶(SOD)活性均有不同程度增加，而脂质过氧化产物丙二醛含量随之下降，可能是因为抗氧化酶蛋白与葡萄糖的糖化反应受到硒和维生素E的抑制而使抗氧化酶活性得到保护。另外，高糖环境中增加的糖基化蛋白会自动氧化产生大量自由基，而引起一系列连锁氧化过程，硒和维生素E的抗氧化性可阻断这一过程中的某些环节。

2. 锌

锌在清除自由基的过程中也起到很重要的作用。锌能减少进入细胞的铁离子并抵制其在羟自由基引发的链式反应中的催化作用，锌也能终止自由基引起的脂质过氧化链式反应。锌可与铁竞争从而抑制了脂质过氧化的多个环节，它们通过竞争与膜表面结合的位点，可使铁复合物产生减少，通过 Hater-Weiss 反应减少·OH 产生，造成脂类转变为活性氧的链式反应被抑制。缺锌还可以显著降低 GPX 的活性。由于锌可以激活体内的 GPX，锌缺乏使体内有活性的 GPX 数量减少，也由于锌缺乏导致的过氧化脂质生成增多，而使 GPX 消耗增多，导致其活性下降。锌还有稳定细胞膜的作用，由于锌与红细胞膜结合，抑制了膜脂质过氧化过程中所产生的自由基，从而降低了自由基对膜的损伤。锌作为超氧化物歧化酶的辅酶，催化超氧离子发生歧化反应。锌缺乏可以显著降低 Cu/Zn-SOD 的活性，而使 Mn-SOD 活性代偿性升高。但当缺锌严重时，Mn-SOD 活性的代偿性升高仍然对自由基有抑制作用，且随浓度增加而抑制增强。锌可以诱导体内硫蛋白的产生而抵制自由基的损害，锌与抗氧化剂螯合，其抗氧化作用增强。

3. 铜

Cu/Zn-SOD 的活性中心是铜，铜蓝蛋白中含有血清铜的大部分，是细胞外液重要的抗氧化剂。铜蓝蛋白的抗氧化作用主要是防止过渡金属 Fe^{2+} 和 Cu^{2+} 催化 H_2O_2 形成·OH。铜蓝蛋白具有铁氧化酶的活力，能将 Fe^{2+} 氧化成 Fe^{3+}，防止 Fenton 反应的发生。

4. 铁

铁是过氧化氢酶(CAT)的活性中心，体内三分之二的铁存在于血红蛋白中，血红素缺乏，CAT 活性下降。但活性铁是脂质过氧化的催化剂，脂质过氧化启动反应所产生的脂烷基与氧反应，产生脂烷过氧基。这些自由基再度作用于脂质，使反应以链式不断进行，导致脂质过氧基的性质非常活跃，而造成细胞成分的损害。

5. 锰

锰是体内多种酶的组成成分，与体内许多酶的活性有关。锰与铜同样是超氧化物歧化酶(SOD)的重要组成成分，在清除超氧化物、增强机体免疫功能方面产生影响。Mn-SOD 是体内自由基清除剂。对人来说，胚胎和新生儿体内的 Mn-SOD 含量高于成年人，随着机体衰老，其含量逐步下降。老年色素斑中脂褐素在细胞内的形成和聚集与 Mn-SOD 有关。因此，锰的抗衰老作用主要与体内 Mn-SOD 有关。

6. 锗

有机锗能降低脂质过氧化，保护细胞质膜，降低血浆、肝、脑等组织中过氧化脂质水平。

四、富含自由基清除剂的食品

随着人们对自由基理论的了解，越来越多的人开始关注能够清除自由基的功能食品。食品专家们也对此进行了积极的研究和探索。目前，对此类食品的研究大致有两个方向。一是从天然动植物中提取有效成分，添加于各种饮料或固态食品中作为功能性食品的功能因子或食品营养强化剂。目前已有添加 SOD 的蛋黄酱、牛奶、可溶性咖啡、啤酒、白酒、果汁、饮料、矿泉水、奶糖、酸牛乳、冷饮类等类型的功能性食品面市。二是利用微生物发酵或细胞培养，得到自由基清除剂含量丰富的产品。

在许多天然动植物中含有抗自由基的活性成分。如姜含挥发油和姜辣素，其成分有姜酚、姜酮和姜烯酚。绿茶的主要成分茶多酚，银杏、竹叶的有效成分黄酮和酚类，各种果品蔬菜中的维生素，还有一些中药如白首乌、五味子、葛根、小叶女贞、柴胡、车前子等也含有多种活性成分。另外，党参、灵芝等真菌中的多糖也是有效的活性成分。在动物的肝脏等器官以及血液中也可提取有关的活性成分。

利用微生物发酵或细胞培养生产功能因子，也是目前研究的热点。如在固体培养基上人工培育冬虫夏草，由预处理的大豆经少孢根霉短期固态发酵生成丹贝异黄酮，用大蒜细胞培养或用深红酵母生产 SOD。这些方法不受气候、季节的限制，可实现工业化的连续生产。

21 世纪，有利于确保人类健康的功能性食品将是食品行业发展的重点。关于自由基清除剂的深入研究，对预防和治疗人类的许多疾病，以及对各类保健食品生产方面均具有指导意义。随着研究的深入，将有更多更有效的自由基清除剂被开发和利用，将会进一步推动功能性食品行业向前发展，为保障人类的身体健康作出更大贡献。

工作页 2-6-2　自由基清除剂的作用

<table>
<tr><td>模块 2：功能性食品的功效成分
项目 6：自由基清除剂在人体中的作用</td><td>任务 2：自由基清除剂的作用</td></tr>
<tr><td>主题：自由基清除剂的概念、作用</td><td>编号：工作页 2-6-2</td></tr>
<tr><td>所属课程：功能性食品开发与应用</td><td>所属专业：</td></tr>
<tr><td>姓名：</td><td>班级 & 组号：</td></tr>
<tr><td colspan="2">1. 素质目标
(1)强化学生自主学习能力，加强团队合作意识。
(2)树立严谨、科学的态度，增强责任感。
(3)提高职业素养。</td></tr>
<tr><td colspan="2">2. 知识目标
(1)明确自由基清除剂的概念及分类。
(2)掌握自由基清除剂发挥作用必须满足的三个条件。
(3)明确酶类自由基清除剂的生理功能。
(4)掌握非酶类自由基清除剂的生理功能。</td></tr>
<tr><td colspan="2">3. 能力目标
(1)能够掌握自由基清除剂发挥作用必须满足的三个条件。
(2)能够掌握酶类自由基清除剂的主要生理功能。
(3)能够明确非酶类自由基清除剂的生理功能。</td></tr>
<tr><td colspan="2">4. 知识要点
(1)自由基清除剂的概念及分类。

(2)自由基清除剂发挥作用必须满足的三个条件。</td></tr>
</table>

续表

5. 讨论分析

(1)人体为什么会产生自由基？

(2)超氧化物歧化酶(SOD)是一种新型酶制剂。它在生物界的分布极广，几乎从动物到植物，甚至从人到单细胞生物，都有它的存在。SOD 被视为生命科技中最具神奇魔力的酶、人体内的“垃圾清道夫”。SOD 是氧自由基的自然天敌，是机体内氧自由基的头号杀手，是生命健康之本。试分析：

(1)SOD 分为哪些类型？

(2)SOD 的具有哪些生理功能？

【学习资源】

自由基学习视频 1　　自由基学习视频 2　　自由基清除剂学习视频

模块3

各类功能性食品的功效作用

项目1 具有辅助减肥作用的功能性食品

任务1 肥胖的认知

【学习目标】

1. 掌握肥胖的概念及分类；
2. 明确肥胖的正确判定方法；
3. 了解肥胖症的病因；
4. 明确肥胖的危害。

【工作情景】

每年的5月11日是“世界防治肥胖日”。肥胖症是指体内脂肪累积过多而对健康造成负面影响的身体状态，可能导致患者寿命缩短及各种健康问题。当前，肥胖是一种世界范围内常见的可预防死因，也是21世纪极为重要的公共卫生问题之一。

知识储备

一、肥胖及肥胖症的定义

1. 肥胖的定义

(1)营养学角度。

从营养学角度看，肥胖是营养过剩的表现，是由于能量的供给大于能量的消耗，作为机体燃料的脂肪在体内过剩而储存起来的一种状态。

(2)医学角度。

从医学角度看，肥胖是脂肪细胞数量增加和脂肪细胞中脂肪储存过剩，身体脂肪过度增多，体重超过正常值的20%以上，并对健康造成了严重的危害的一种超体重状态。

2. 肥胖症的概念

肥胖症是一组常见的代谢症群。当人体进食热量多于消耗热量时，多余热量以脂肪形式储存于体内，其量超过正常生理需要量，且达一定值时遂演变为肥胖症。正常男性成人脂肪组织重量占体重的15%～18%，女性占20%～25%。一般在成年女子身体中的脂肪含量超过 30%，成年男子超过 25%，即可确认为肥胖。

二、肥胖的种类

1. 依据肥胖的起因

依据肥胖的起因，通常将之分为单纯性肥胖（Simple Obesity）与继发性肥胖（Secondary Obesity）两种。

继发性肥胖是由于内分泌或代谢异常引起的。临床所见的以单纯性肥胖为主。

单纯性肥胖是一种找不到原因的肥胖，内分泌系统正常，机体代谢基本正常，医学上也可把它称为原发性肥胖，可能与遗传、饮食和运动习惯有关，平时我们所见到的肥胖多属于此，单纯性肥胖所占比例高达 99%。

继发性肥胖是指由于其他健康问题所导致的肥胖，也就是说，继发性肥胖是有因可查的肥胖。继发性肥胖占肥胖的比例仅为 1%左右。

2. 依据肥胖的体形

依据肥胖的体形，分为腹部肥胖与臀部肥胖两种。腹部肥胖称为苹果型，俗称将军肚，多出现于男性；臀部肥胖又称梨型，多出现于女性。研究表明，腹部肥胖的人要比臀部肥胖的人更容易发生冠心病、中风与糖尿病。所以，对于肥胖者，腰围与臀围的比例非常重要。一般认为腰围的尺寸必须小于臀围 15%，否则是一个危险信号。因为腹部更接近肝门静脉，所以腹部脂肪比臀部脂肪在代谢上更活跃，它更能增加血液中的脂肪水平，更能被肝脏所吸收，形成低密度脂蛋白胆固醇，更容易患动脉粥样硬化、冠心病及中风。

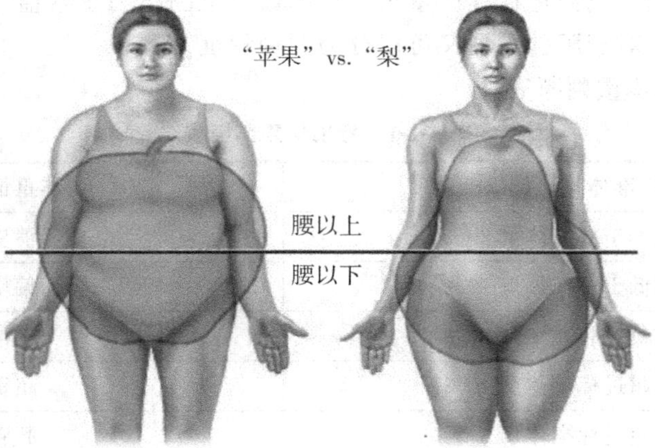

图 3-1-1　苹果形身材与梨形身材对比图

三、肥胖的判断方法

（一）标准体重法

标准体重就是以身高为基础，按一定比例系数推算出的相应体重，也称为理想体重。标准体重主要与身高有关，不受个人营养条件、种族及年龄的影响，但不适用于超力型人群，如运动员。下面就给大家介绍几种常用计算标准体重的方法。

1. 几种常用的标准体重法

(1)成年人标准体重的计算方法。

成年人的标准体重(kg)=[身高(cm)-100]×0.9。

例：一个身高 180 cm 的成年人，此人的标准体重=[180(cm)-100]×0.9=72(kg)。

(2)成年男性与女性标准体重的计算。

成年男性的标准体重(kg)=身高(cm)-105；

成年女性的标准体重(kg)=身高(cm)-110。

例：一个身高 178 cm 的男性，他的标准体重=178(cm)-105(cm)=73(kg)；

一个身高 163 cm 的女性，她的标准体重=163(cm)-110(cm)=53(kg)。

(3)南方人与北方人标准体重的计算。

南方人的标准体重(kg)=[身高(cm)-150]×0.6+48；

北方人的标准体重(kg)=[身高(cm)-150]×0.6+50。

注：①南北方的划分以长江为界；②该标准来自中国军事医学科学院的调查。

例：一个身高 175 cm 的上海人，此人的标准体重=(175-150)×0.6+48=63(kg)；一个身高 175cm 的河北人，此人的标准体重=(175-150)×0.6+50=65(kg)。

2. 超重和肥胖的判断标准

由于人的体重与许多因素有关，不同人体之间都存在差异，在同一天不同的时间也会有一定的变化，加之所处地理位置(如地心引力的原因)、季节、气候、自身情况的不同，对体重也有一定影响，因而很难完全符合标准体重，就是指难以用一个恒定值来表示，而应当是一个数值范围。我们把标准体重±10%的数值范围称为正常值，超过这一范围，就可称之为异常体重，对于肥胖来说又可以分为两种程度。

表 3-1-1 为标准体重判断表。

表 3-1-1 标准体重判断表

与标准体重比较	体重情况
实际体重低于标准体重 20%	消瘦
实际体重低于标准体重 10%	偏瘦
实际体重在标准体重±10%之间	正常
实际体重超过标准体重 10%	超重
实际体重超过标准体重 20%	肥胖
超过标准体重 30%～50%	中度肥胖
超过标准体重 50%以上	重度肥胖

(二)体质指数法

1. 什么是 BMI

BMI(Body Mass Index)是指身体质量指数即体质指数，主要用于比较与分析体重对不同高度人健康的影响。BMI 是一个中立而可靠的指标。BMI 是由 19 世纪中期比利时的统计学家、数学家和天文学家朗伯·阿道夫·雅克·凯特勒(Lambert Adolphe Jacques Quetelet，1796—1874)最先提出的，它主要是从健康的角度来衡量一个人是否超重或肥胖。BMI 是世界卫生组织(WHO)推荐的国际统一使用的肥胖分型标准，其缺点是不能反映局部体脂的分布。

2. BMI 的计算公式

BMI＝体重(kg)/[身高(m)]^2。

例：某人身高 1.65 m，体重 55 kg，BMI＝55/(1.65)^2＝20.2。

3. 超重与肥胖的判断标准

BMI 是最普遍的判断肥胖方法之一，也是最简单的判断方法之一。WHO 认为，对于 18 岁至 65 岁的人来说(孕妇、哺乳期妇女、老人及身形健硕的运动员除外)，可以按表 3-1-2 的标准判断一个人是否肥胖。

WHO 经过专家评估后认为，亚洲成人的超重指标要低于世界平均水平(BMI≥25)。根据各国情况的不同，超重的分界值在 22～25 浮动，肥胖的分界值则在 26～31 变动。因此，亚洲各国分别制定各自的超重和肥胖分界值。例如，新加坡的超重标准是 23 以上，肥胖标准是 27.5 以上。但为了统计和相互比较的方便，世界卫生组织建议各国按世界平均标准的各级划分来上报统计数据。

我国卫生部门、肥胖工作组以及营养学会修订了适合我国国情的肥胖判断标准。提出 BMI 在 18.5～23.9 时，属于正常范围内，说明身体比较健康。BMI 高于正常范围，就意味着患高血压、糖尿病或血脂异常等肥胖相关慢性疾病的概率会大大增加。

表 3-1-2 为 BMI 判断标准表。

表 3-1-2　BMI 判断标准表

BMI	WHO 标准	亚洲标准	中国参考标准	相关疾病发病的危险
体重过低	<18.5	<18.5	<18.5	低(但其他疾病危险性增加)
正常范围	18.5～24.9	18.5～22.9	18.5～23.9	平均水平
超重	≥25	≥23	≥24	增加
肥胖前期	25.0～29.9	23～24.9	24～26.9	增加
Ⅰ度肥胖	30.0～34.9	25～29.9	27～29.9	中度增加
Ⅱ度肥胖	35.0～39.9	≥30	≥30	严重增加
Ⅲ度肥胖	≥40.0	≥40.0	≥40.0	非常严重增加

注：为了统计方便，通常将超重等同为肥胖前期。

由于 BMI 没有把一个人的脂肪比例计算在内，所以一个 BMI 指数超重的人，实际上可能并非肥胖。例如，一个练健身的人，肌肉比例大、体重也大，他的 BMI 指数会超过 30。如果他身体的脂肪比例很低，那就不需要减重。此外，用 BMI 判断老年人的肥胖程度时，准确率可能会降低，主要是因为老年人肌肉流失、骨密度降低。因此，通常会出现 BMI 在正常范围内但体重仍超标的现象。

BMI 增高，冠心病和脑卒中发病率也会随之上升，超重和肥胖是冠心病和脑卒中发病的独立危险因素。BMI 每增加 2，冠心病、脑卒中、缺血性脑卒中的相对危险分别增加 15.4%、6.1%和 18.8%。一旦 BMI 达到或超过 24 时，患高血压、糖尿病、冠心病和血脂异常等严重危害健康的疾病的概率会显著增加。

(三)脂肪率测定法

身体成分可分为脂肪和非脂肪两大部分，体重就是由脂肪质量(脂体重)和非脂肪质量(去脂体重)组成的。非脂肪质量(Fat Free Mass，FFM)又称瘦体重(Lean Body Mass，LBM)，是指内脏、骨骼、肌肉等器官组织的质量。除了肌肉组织，其他组织器官的质量一般不会发生很大变化，所以瘦体重的变化可以反映肌肉质量的变化。脂肪质量又称脂体重，变动性较大，当脂体重超过一定比例时就可以判定为超重或肥胖。

脂肪率(Body Fat Ratio，BFR)是指身体成分中，脂肪组织所占的比率。从医学角度看，脂肪率是判断是否肥胖的最科学的依据。测量脂肪率比单纯的体重数据更能反映身体的脂肪水平。

脂肪率通常需要通过专门的设备测量，目前比较常用的是带有脂肪率测量功能的体重秤。从测量技术来看，主要采用生物电阻测量法(Bioelectrical Impedance Assessment，BIA)。其原理是人体肌肉、血液、骨骼等组织含有较多水分容易导电，而人体脂肪几乎没有导电性能，将一个 50 kHz 和小于 500 μA 的微弱电流通过人体进而测量人体电阻，将测试结果代入含有身高、体重、性别、年龄的方程，从而计算出人体的脂肪率。

结合 WHO 和日本肥胖学会的肥胖标准，表 3-1-3 和表 3-1-4 分别为女性与男性的脂肪率判断标准。

表 3-1-3　女性脂肪率的判断标准表

年龄	偏瘦	标准	超重	肥胖
18～39 岁	5%～20%	21%～34%	35%～39%	40%～45%
40～59 岁	5%～21%	22%～35%	36%～40%	41%～45%
60 岁及以上	5%～22%	23%～36%	37%～41%	42%～45%

注：女性脂肪率低于 17%时，可能出现月经推迟或闭经的情况。

表 3-1-4　男性脂肪率的判断标准表

年龄	偏瘦	标准	超重	肥胖
18～39 岁	5%～10%	11%～21%	22%～26%	27%～45%
40～59 岁	5%～11%	12%～22%	23%～27%	28%～45%
60 岁及以上	5%～13%	14%～24%	25%～29%	30%～45%

(四)腰围与腰臀比测定法

1. 腰围

腰围(Waist Circumference，WC)是指腰部一周的长度，是反映脂肪总量和脂肪分布的综合指标。WHO 推荐的测量方法是：被测者站立，双脚分开 25～30 cm，体重均匀分配，用一根带有刻度的皮尺，在水平位髂前上棘和第 12 肋下缘连线的中点(肚脐的水平线上)环绕腹部一周，皮尺紧贴皮肤，但不能挤压，所得数值为腰围，可精确到 0.1 cm。目前，腰围是公认的衡量脂肪在腹部蓄积程度最简单、实用的指标。

脂肪在身体内的分布，尤其是腹部脂肪堆积的程度，与很多肥胖带来的疾病息息相关。BMI 并不太高的人，其腹部脂肪过度增加(腰围大于临界值)可能是独立的危险性预测因素。所以，同时使用腰围和 BMI 可以更好地估计人体肥胖程度。

我国肥胖问题工作组根据对我国人群的大规模测量数据分析得出，如果男性腰围≥85 cm，女性腰围≥80 cm，那么可以判断已经处于超重或肥胖的水平，患高血压的危险约为腰围低于此界限者的3.5倍。

2. 腰臀比

腰臀比(Waist-hip Ratio，WHR)就是指腰围和臀围的比值。臀围反映髋部骨骼和肌肉的发育情况。测量臀围时，被测者两腿并拢直立，两臂自然下垂，皮尺水平放在前面的耻骨联合和背后臀大肌最凸处，环绕一圈即得臀围值。由于脂肪无论堆积在腰腹或内脏，都是难以直接测量的，所以，腰臀比和腰围一样就成了间接反映这类肥胖的最好指标之一。腰臀比越大，腰腹或内脏就有可能堆积更多的脂肪。因此，腰臀比可预测心血管疾病、糖尿病和乳腺癌的发生危险。

美国运动医学会(ACSM)在1997年提出，男性WHR>0.95或女性WHR>0.86，都会加大某些疾病的风险，而澳大利亚健康部提出，男性WHR>1或女性WHR>0.85则为高腰臀比。目前，我国男性WHR≥0.95、女性WHR≥0.8即为异常。WHR是描述脂肪类型的指标，高者多为向心性脂肪分布，低者多为全身性脂肪分布。

(五)皮脂厚度法

皮脂为储存于皮下的脂肪组织，人体的脂肪大约有2/3储存在皮下。皮脂厚度法就是指通过X射线摄片、超声波、皮褶卡钳等方法测量皮下脂肪的厚度，从而推算出身体所含的脂肪量。

目前，比较常用的是皮褶卡钳测量皮下脂肪，测量部位有三处。

(1)肱三头肌的部位(上臂部)：上肢在身体侧面放松下垂，在肩峰与尺骨鹰嘴连续的中点、皮褶方向与上臂的长轴平行。

(2)肩胛下角的部位(背部)：刚好在肩胛下角的下端，皮褶方向与脊柱成40°角。

(3)腹壁皮褶的部位(腹部)：腹部从脐旁5 cm处，沿身体横轴方向捏起皮褶测量。此外，有时还要测量颈部、胸部、大腿后侧和小腿腓肠肌部位。如果没有皮褶卡钳，也可以用拇指和食指捏起皮肤皱襞，再用尺子测量皱襞上下缘的厚度。

根据皮脂厚度的大小，对超重和肥胖进行判断，标准如下。

(1)我国成年男性的肱三头肌皮肤皱襞厚度大于10.4 mm，女性大于17.5 mm属于肥胖。

(2)正常成年男性的腹部皮肤皱襞厚度为5～15 mm，大于15 mm为肥胖，小于5 mm为消瘦。

(3)正常成年女性的腹部皮肤皱襞厚度为12～20 mm，大于20 mm为肥胖，小于12 mm为消瘦。

(4)正常成人肩胛下角厚度的平均值为12.4 mm，超过14 mm就可诊断为肥胖。

四、肥胖症的病因

(一)遗传因素

人类单纯性肥胖的发病有一定的遗传背景。有研究认为，双亲中一方为肥胖，其子女肥胖率约为50%；双亲均为肥胖，其子女肥胖率上升至80%。人类肥胖一般认为属多基因遗传，遗传在其发病中起着一个重要的作用。肥胖的形成还与生活行为方式、摄食行为、嗜好、气候以及社会心理因素相互作用有关。

(二)神经精神因素

已知人类和多种动物的下丘脑中存在着两对与摄食行为有关的神经核。一对为腹内侧核，又称饱中枢；另一对为腹外侧核，又称饥中枢。饱中枢兴奋时有饱感而拒食，破坏时则食欲大增；饥中枢兴奋时食欲旺盛，破坏时则厌食拒食。二者相互调节，相互制约，在生理条件下处于动态平衡状态，使食欲调节于正常范围而维持正常体重。当下丘脑发生病变时，不论是炎症的后遗症(如脑膜炎、脑炎后)，还是发生创伤、肿瘤及其他病理变化，如果腹内侧核破坏，则腹外侧核功能相对亢进而贪食无厌，引起肥胖。反之，当腹外侧核破坏，则腹内侧核功能相对亢进而厌食，引起消瘦。

(三)内分泌因素

许多激素如甲状腺素、胰岛素、糖皮质激素等可调节摄食，因此推想这些激素可能参与了单纯性肥胖的发病机制。肥胖者对胰岛素抵抗而导致高胰岛素血症，而高胰岛素血症可使胰岛素受体降调节(即在胰岛素水平增高时，胰岛素受体数目减少)而增加胰岛素抵抗，从而形成恶性循环。胰岛素分泌增多，可刺激摄食增多，同时抑制脂肪分解，因此引起体内脂肪堆积。性激素在单纯性肥胖发病机制中可能起作用。

进食过多可通过对小肠的刺激产生过多的肠抑胃肽(GIP)，GIP 刺激胰岛 β 细胞释放胰岛素。在垂体功能低下，特别是生长激素减少、促性腺及促甲状腺激素减少引起的性腺、甲状腺功能低下的情况下可发生特殊类型的肥胖症，可能与脂肪动员减少，合成相对增多有关。临床上肥胖以女性为多，特别是经产妇或经绝期女性或口服女性避孕药者易发生，雌激素与脂肪合成代谢有关。肾上腺皮质功能亢进时，皮质醇分泌增多，促进糖原异生，血糖增高，刺激胰岛素分泌增多，于是脂肪合成增多，而皮质醇促进脂肪分解。

(四)棕色脂肪组织异常

棕色脂肪组织(图 3-1-2)是近几年来才被发现的一种脂肪组织，与主要分布于皮下及内脏周围的白色脂肪组织相对应。棕色脂肪组织分布范围有限，仅分布于肩胛间、颈背部、腋窝部、纵隔及肾周围，其组织外观呈浅褐色，细胞体积变化相对较小。白色脂肪组织是一种贮能形式，机体将过剩的能量以中性脂肪形式贮藏，机体需能时，脂肪细胞内中性脂肪水解动用。白色脂肪细胞体积随释能和贮能变化较大。棕色脂肪组织在功能上是一种产热器官，即当机体摄食或受寒冷刺激时，棕色脂肪细胞内脂肪燃烧，从而决定机体的能量代谢水平。以上两种情况分别称之为摄食诱导产热和寒冷诱导产热。当然，此特殊蛋白质的功能又受多种因素的影响。由此可见，棕色脂肪组织这一产热组织直接参与体内热量的总调节，将体内多余热量向体外散发，使机体能量代谢趋于平衡。

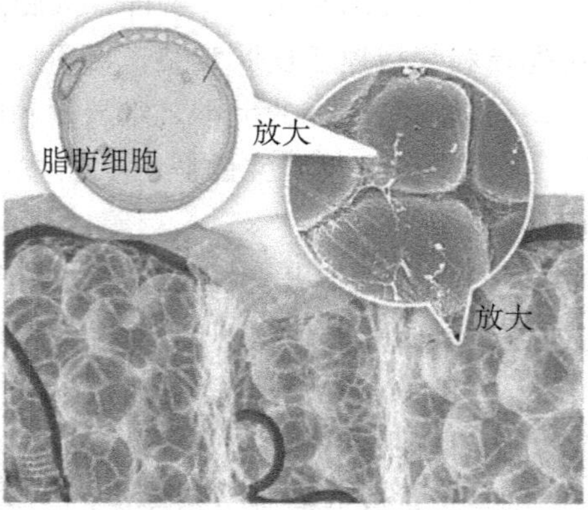

图 3-1-2　棕色脂肪组织

五、肥胖的危害

1. 血脂代谢异常

血脂过高会影响身体携带胆固醇至肝脏的速率，是增加心脏疾病的危险因子。肥胖伴有高脂血症、动脉硬化、糖耐量异常等。越来越多的研究认为肥胖者的脂肪分布，尤其是内脏型肥胖与上述合并症明显相关。脂肪肝就是肝脏当中有很多的脂肪细胞堆积，最终就会使肝脏的细胞发生炎症，产生脂肪性肝炎。如果肝脏的脂肪再继续增多就会纤维化，再下去就会成为肝硬化。脂肪肝在中国人中大概占30%，尤其是饮酒肥胖的人当中发生比例更高。

2. 高血压

胰岛素过度分泌及胰岛素作用降低是促成高血压的原因，并且高浓度的胰岛素会借着加强钠离子的回收及交感神经频度来促进高血压的形成。由于持续性交感神经兴奋性增强及钠重吸收增加而引起高血压，进而引起末梢血管阻力增加，引起高血压性心脏肥大。因而肥胖者高血压患病率高，肥胖是高血压的危险因子。

3. 心血管疾病

肥胖易导致各种血管疾患。身体肥胖的人内脏和遍布的血管内积聚大量脂肪，容易引起多种血管疾患，特别是血脂浓度过高，以及血栓塞、冠状动脉心脏病、心肌梗死、缺血性心脏病等疾病。研究中亦显示，若能维持理想体重，则可减少心血管疾病、郁血性心力衰竭及脑栓塞的发生。肥胖者伴心脏肥大、缺血性心脏病、高脂血症以及糖耐量异常等疾病同时并存，而这些疾病又与动脉硬化性疾病的发生密切相关。在肥胖者中，左心室舒张末压异常增加，有时会导致心脏肥大。心脏肥大产生的心肌缺血常加剧舒张功能障碍。肥胖者耗氧量加大，心脏做功量大，使心肌肥厚，尤其左心室负担加重，久而久之易诱发高血压。脂质沉积在动脉壁内，致使管腔狭窄、硬化，易发生冠心病、心绞痛、中风和猝死。肥胖是心血管病患病率和死亡率的一个重要的独立危险因素。

4. 呼吸功能低下

内脏被脂肪侵入，会使肥胖者气喘吁吁。这是因为内脏的脂肪多了以后，挤压肺部，影响了肺的呼吸功能。肺功能的作用是向全身供应氧及排出二氧化碳。肥胖者因体重增加需要更多的氧，但肺不能随之而增加功能，故会造成缺氧和呼吸困难，最后导致肺功能衰竭。因为肥胖者体重超重，加重了运动器官、骨、关节和肌肉的负担，同时在胸部等处的脂肪限制了呼吸运动的完成，在关节周围的大量脂肪沉积又限制了关节的活动。这样由于超重及脂肪的沉积还加重了心血管系统的负担，使心血管系统的储血能力下降。这会导致呼吸系统除了运动完成不佳，也会导致红细胞增多，同高脂血症一起加重血黏度，更使心血管系统负担加重。因此肥胖者稍一活动即感疲乏无力、关节酸痛、心跳气短、呼吸困难，就只有通过减少活动来适应机体的状态，为此又使肥胖进一步加重，形成恶性循环。脂肪的堆积又影响气管内纤毛的活动，使其无法发挥正常功能，导致肥胖伴阻塞型睡眠呼吸暂停综合征。成年肥胖男性约50%以上有可能发生睡眠呼吸暂停综合征。

5. 糖尿病

肥胖易诱发糖尿病，虽然不能说肥胖是引起糖尿病的直接原因，但它对糖尿病的诱发作用却是不可忽视的。资料证实，肥胖程度越重，糖尿病发病率越高。在经济发达国家中，肥胖引发的疾病，最多的就是糖尿病。糖尿病患者中约有三分之一的人属于肥胖体型。肥胖者空腹血糖不同程度地有所升高。肥胖者常发生“抗胰岛素”现象，使人体细胞对胰岛素抵抗力增强，不能像以前那样有效地吸收葡萄糖。肥胖会造成血中胰岛素过度分泌，越为严重的肥胖者，其空腹时胰岛素浓度越高，而进食后胰岛素的分泌无法相对地提高，所以形成血糖升高的现象。并且通过试验发现，较胖者其细胞中胰岛素受体较少，所以肥胖者会增加患糖尿病的风险。

6. 关节疾病

肥胖易引起运动系统疾患。肥胖者过度增加的体重，对骨骼和关节等运动系统，特别是对脊椎和下肢是一种额外的负担。骨骼、关节等组织长期支撑过重的体重，犹如每天扛着多余的东西，久而久之，必然积劳成疾，发生关节炎、肌肉劳损或脊神经根压迫，引起腰腿肩背酸痛，甚至造成关节变形，严重影响肢体活动。肥胖还易引起关节病变，因为肥胖者骨头关节所需承受的重量较大，所以关节易老化、损伤而得骨性关节炎。身体肥胖的人往往怕热、多汗、易疲劳、下肢浮肿、静脉曲张、皮肤皱折处患皮炎等，严重肥胖的人，行动迟缓，行走活动都有困难，稍微活动就心慌气短，以致影响正常生活，甚至导致劳动力丧失。

7. 胆囊与胰脏疾病

肥胖者体内脂肪过剩，造成胆固醇合成增加，使胆汁中胆固醇呈过饱和状态，有利于胆固醇性结石的形成。这便易引起肝胆病变。肥胖者与正常人相比，胆汁酸中的胆固醇含量增多，超过了胆汁中的溶解度，容易并发高比例的胆固醇结石，患胆石症的女性50%～80%是肥胖者。在外科手术时，约30%的高度肥胖者患有胆结石。

8. 内分泌失调

肥胖女性易内分泌失调导致更胖，肥胖也使子宫内外脂肪细胞过多而不易受孕(精子与卵子不易着床)。伴随肥胖所致的代谢、内分泌异常，常可引起多种疾病。糖代谢异常可引起糖尿病，脂肪代谢异常可引起高脂血症，核酸代谢异常可引起高尿酸血症等。肥胖女性因卵巢机能障碍还可引起月经不调。

工作页 3-1-1 肥胖的认知

<table>
<tr><td>模块 3：各类功能性食品的功效作用
项目 1：具有辅助减肥作用的功能性食品</td><td>任务 1：肥胖的认知</td></tr>
<tr><td>主题：肥胖的概念、分类、判断方法</td><td>编号：工作页 3-1-1</td></tr>
<tr><td>所属课程：功能性食品开发与应用</td><td>所属专业：</td></tr>
<tr><td>姓名：</td><td>班级 & 组号：</td></tr>
<tr><td colspan="2">1. 素质目标
(1)强化学生自主学习能力，加强团队合作意识。
(2)树立严谨、科学的态度，增强责任感。
(3)提高职业素养。</td></tr>
<tr><td colspan="2">2. 知识目标
(1)明确肥胖的概念及分类。
(2)掌握肥胖的正确判断方法。
(3)了解肥胖症的病因及危害。</td></tr>
</table>

续表

3. 能力目标 能够掌握肥胖的正确判定方法。
4. 知识要点 (1)肥胖及肥胖症的概念及分类。 (2)如何计算 BMI？如何通过体质指数判定是否处于肥胖状态？ (3)试总结肥胖症的病因。
5. 讨论分析 在英国，某小学尝试让学生们站着上课。这不是为了体罚学生，而是因为越来越多的肥胖儿童让政府感到发愁，所以才想出了这样的既减肥又提神的办法。这所名为格鲁夫豪斯的小学位于英格兰西约克郡布拉德福德市，是欧洲首家尝试让学生站着上课的小学。近日，这所学校接受了《生命时报》记者的访问。从事该项试验的布拉德福德研究机构的首席研究员巴伯说，研究发现，站着听课可以有效预防肥胖，这种方式可以“燃烧”学生额外的脂肪，对减小腰围效果尤为明显。这些学生每天站着听课的时间平均为5小时，所消耗掉的热量是坐着听课的3倍。莱文表示：“在这样的授课环境下，孩子们不但学习兴趣更高，健康也更有保障。只是要站着听课，他们可以走动，这对学生来说是一件很棒的事情。根据初步结果，这种新的授课方式可以阻止儿童肥胖的发展趋势。” (1)什么是标准体重？如何计算标准体重？ (2)什么是肥胖症？肥胖的危害有哪些？如何预防肥胖症？

任务2　具有辅助减肥作用的功能性食品

【学习目标】

1. 明确减肥功能食品配制原则；
2. 明确魔芋、左旋肉碱等食品的主要生理功能。

【工作情景】

左旋肉碱的研究始于20世纪初期。1905年，俄国人 Gulewitsch 和 Krimberg 从肉类提取物中发现了 L-肉碱，自此以后，各国科学家进行了深入的研究。早期的研究发现，L-肉碱是一种类维生素营养素，并将其命名为维生素 Bt。而事实上，肉碱的化学结构类似于胆碱，与氨基酸相近；另外，由于一些动物可由自身合成来满足肉碱的需要，因此认为肉碱不是维生素，但习惯上仍将其称为维生素 Bt。1985年在芝加哥召开的国际营养学术会议上，将左旋肉碱指定为“多功能营养品”。目前左旋肉碱已应用于医药、保健和食品等领域，并已被瑞士、法国、美国和世界卫生组织规定为法定的多用途营养剂。

知识储备

一、减肥功能食品配制原则

限制总热量、限制脂肪(每日脂肪摄入量控制在30～50 g)、限制碳水化合物(总热能的45%～60%，主食每日控制在150～250 g)、供给优质的蛋白质、供给丰富多样的无机盐及维生素、供给充足的膳食纤维、限制含嘌呤的食物。

1. 限制总热量

根据肥胖的程度，肥胖分轻(超过标准体重10%～20%)、中(超过标准体重20%～30%)、重(超过标准体重30%以上)3种类型，进而分别作不同的热量限制。若以正常生理需要热量每日为10080 kJ为例，轻型肥胖者热量限制到80%(8064 kJ)，中型60%(6048 kJ)，重型40%～60%(4032～6048 kJ)。重型者限制热量过多，容易感到疲劳、乏力、精神不振等，因此应根据情况决定。

2. 限制脂肪

肥胖者皮下脂肪过多，易引起脂肪肝、肝硬化、高脂血症、冠心病等，因此每日脂肪摄入量应控制在30～50 g，应以植物油为主，严格限制动物油。

3. 限制碳水化合物

碳水化合物在体内可转化为脂肪，所以要限制碳水化合物的摄入量，尤其是少用或忌用含单糖、双糖较多的食物。一般认为，碳水化合物所供给热量为总热能的45%～60%，主食每日控制在150～250 g。但是碳水化合物有将脂肪氧化为二氧化碳和水的作用，如果摄入量过低，脂肪氧化不彻底而生成酮体，不利于健康，所以碳水化合物摄入量减少要适度。

4. 供给优质的蛋白质

蛋白质具有特殊动力作用，肥胖者需要量应略高于正常人，因此其每日蛋白质需要量为80～100 g。应选择生理价值高的食物，如牛奶、鸡蛋、鱼肉、鸡肉、瘦牛肉等。

5. 供给丰富多样的无机盐及维生素

无机盐和维生素供给应丰富多样，满足身体的生理需要，必要时，补充维生素和钙剂，以防缺乏。食盐具有亲水性，可增加水分在体内的存留，不利于肥胖症的控制，每日食盐量以3～6 g为宜。

6. 供给充足的膳食纤维

膳食纤维可延缓胃排空时间，增加饱腹感，从而减少食物和热量摄入量，有利于减轻体重和控制肥胖，并能促进肠道蠕动，防止便秘。谷物中麦麸含膳食纤维较丰富，螺旋藻、食用菌中也很丰富。

7. 限制含嘌呤的食物

嘌呤能增进食欲，加重肝、肾、心的中间代谢负担，膳食中应加以限制。动物内脏、豆类、鸡汤、肉汤等高嘌呤食物应该避免。

二、减肥食品的研制和注意事项

减肥功能食品应从以下三个方面进行。

1. *以调理饮食为主，开发减肥专用食品*

根据减肥食品低热量、低脂肪、高蛋白质、高膳食纤维的要求，利用燕麦、荞麦、大豆、乳清、麦胚粉、魔芋、山药、甘薯、螺旋藻等具有减肥作用的原料生产肥胖患者的日常饮食，通过饮食达到减肥效果。燕麦具有可溶性膳食纤维，魔芋含有葡甘聚糖，大豆含有优质蛋白质、大豆皂甙和低聚糖，麦胚粉含有膳食纤维和丰富的维生素 E，可满足肥胖者的营养需求和减肥。而甘薯、山药等含有丰富的黏液蛋白，可减少皮下脂肪的积累。螺旋藻在德国作为减肥食品广为普及，可添加到减肥食品中。在这类食品中，可补充木糖醇或低聚糖等，强化减肥效果。

2. *用药食两用中草药开发减肥食品*

食品和药食两用植物中可作为减肥食品的原料有很多。这些药食两用品有的具有清热利湿作用，如苦丁茶、荷叶等；有的可以降低血脂；有的具有补充营养、促进脂肪分解等作用。从现代营养角度看，这些原料含有丰富的膳食纤维、黏液蛋白、植物多糖、黄酮类、皂苷类以及苦味素等，对人体代谢具有调节功能，能抑制糖类、脂肪的吸收，加速脂肪的代谢，达到减肥效果。

这些原料一般经过加工，提高功效成分的含量或提取其中主要成分，然后制成胶囊或口服液，每天定时食用。这种减肥食品与第一类食品配合应用，效果会更好。目前市面上这类减肥食品不少，基本上都是选用上述原料配制的。这是我国特有的食品，应进一步加大开发力度。

3. *含有特殊功效成分的减肥食品*

随着科学的发展，人们逐渐发现一些对肥胖症有明显效果的化学物质，其中有的可用于功能性食品中。

通常减肥食品不得加入药物。不少药物具有明显减肥效果，因此在中医减肥验方中，一般都含有中药。但作为减肥食品，不能够生搬中药处方，因为许多中药都有毒副作用，对人体易造成不利影响。食品中应该尽量选用食品和药食两用原料，去除不准使用于食品的原料，重新组方。

一些西药，如芬氟拉明类，对减肥有效果，但对人体有明显副作用。我国食品卫生部门曾发现有 4 种减肥食品中含有芬氟拉明、去烷基芬氟拉明等，并进行了严肃查处。另外，二乙胺苯酮、氯苯咪吲哚、三碘甲状腺原氨酸、苯乙双胍等减肥药都不得用于减肥食品。

三、具有减肥作用的功能性物质

(一)脂肪代谢调节肽

1. *主要成分*

脂肪代谢调节肽由乳、鱼肉、大豆、明胶等蛋白质混合物酶解而得，肽长 3～8 个氨基酸碱基，主要由“缬－缬－酪－脯”“缬－酪－脯”“缬－酪－亮”等氨基酸组成。

2. *生理功能*

脂肪代谢调节肽的主要生理功能包括以下几方面。

(1)抑制脂肪的吸收。

当脂肪代谢调节肽与油脂同时食用时，脂肪代谢调节肽可抑制脂肪的吸收和血清甘油三酯上升。其作用机理与阻碍体内脂肪分解酶的作用有关，因此对其他营养成分和脂溶性维生素的吸收没有影响。

(2)阻碍脂质合成。

当脂肪代谢调节肽与高糖食物同时摄入时，由于脂肪代谢调节肽可以阻碍脂肪的合成，抑制了脂肪组织和体重的增加。

(3)促进脂肪代谢。

当脂肪代谢调节肽与高脂肪食物同时摄入时，脂肪代谢调节肽能抑制血液、脂肪组织和肝组织中脂肪含量的增加，同时也抑制了体重的增加，有效预防了肥胖症的发生。

(二)葡甘露聚糖和魔芋精粉

1. 主要成分

葡甘露聚糖是主要由甘露糖和葡萄糖以β-1，4键结合(相应的摩尔比为1.6∶1～4∶1)而成的高分子量非离子型多糖类线型结构，每50个单糖链上，有一个以β-1，4键结合的支链结构，沿葡甘露聚糖主链上平均每隔9～19个糖单位有一个糖基上CH_2OH乙酰化，它有助于提高葡甘露聚糖的溶解度。平均相对分子质量20万～200万。魔芋精粉的酶解精制品称为葡甘露聚糖。

2. 生理功能

魔芋精粉具有减肥作用。它能明显降低体重、减小脂肪细胞的体积。有学者用魔芋精粉饲养大鼠试验(每组9只)，按体重小剂量组为1.9 mg/g，大剂量组为19 mg/g，同时给予高脂肪、高营养饲料，共饲养45天后，进行比较。与对照相比，大、小剂量组的体重均明显降低，但大、小剂量组之间差异不大。在高倍显微镜下，每个视野中所见脂肪细胞数明显多于对照组，而细胞体积则明显小于对照组，这说明魔芋精粉能使脂肪细胞中的脂肪含量减少，使细胞挤在一起。因此，同样视野中的细胞数得以增多。这说明魔芋精粉确能减少脂肪堆积的作用，但达到一定量后，加大剂量的效果不大。

据报道，通过对糖尿病患者进行试验，一组共43人，每天给予葡甘露聚糖3.9 g，另一组每天给予7.8 g，试验8周后观察他们的肥胖程度与体重变化之间的关系。结果得出，肥胖程度与体重减少之间有直接的相关性，凡肥胖程度越高，食用葡甘露聚糖后的体重减少越多。体重减少是由于摄入葡甘露聚糖后脂肪的吸收受到抑制。

(三)乌龙茶提取物

1. 主要成分

乌龙茶提取的功效成分，主要为各种茶黄素、儿茶素以及它们的各种衍生物。此外，还含有氨基酸、维生素C、维生素E、茶皂素、黄酮、黄酮醇等许多复杂物质。

2. 生理功能

乌龙茶具有减肥作用。乌龙茶中的可水解单宁类在儿茶酚氧化酶催化下形成邻醌类发酵聚合物和缩聚物，对甘油三酯和胆固醇有一定结合能力，结合后随粪便排出。而当肠内甘油三酯不足时，就会动用体内脂肪和血脂经一系列变化而与之结合，从而达到减脂的目的。

(四)L-肉碱

肉碱有L型、D型和DL型，只有L-肉碱才具有生理价值。D-肉碱和DL-肉碱完全无活性，且能抑制 L-肉碱的利用，不得含有或使用。由于 L-肉碱具有多种营养和生理功能，已被视作为人体的必需营养素。人体正常所需的 L-肉碱，通过膳食（肉类和乳品中较多）摄入，部分由人体的肝脏和肾脏以赖氨酸和蛋氨酸为原料，在维生素 C、尼克酸、维生素 B_6 和铁等的配合协助下自身合成（内源性 L-肉碱），但当有特定要求时，就不足以满足所需。

1. 性状

L-肉碱为白色晶体或透明细粉，略带有特殊腥味。易溶于水（250 g/100 mL）、乙醇和碱，几乎不溶于丙酮和乙酸盐。熔点为 210～212℃（分解），有很强吸湿性。作为商品肉碱有盐酸盐、酒石酸盐和柠檬酸镁盐等。天然品存在于肉类、肝脏、人乳等。正常成人体内约有 L-肉碱 20 g，主要存在于骨骼肌、肝脏和心肌等，蔬菜、水果几乎不含肉碱。因此，素食者更应该补充肉碱。

2. 生理功能

L-肉碱具有减肥作用。为动物体内有关能量代谢的重要物质，在细胞线粒体内使脂肪进行氧化并转变为能量，以达到减少体内中的脂肪积累，并使之转变成能量。

四、具有减肥作用的天然食品

1. 荞麦

荞麦中蛋白质的生物效价比大米、小麦要高；脂肪含量 2%～3%，以油酸和亚油酸居多；各种维生素和微量元素也比较丰富；它还含有较多的芦丁、黄酮类物质，具有维持毛细血管弹性，降低毛细血管的渗透功能。常食荞麦面条等面食有明显降脂、降糖、减肥之功效。

2. 红薯

红薯中的蛋白质、脂肪、碳水化合物的含量低于粮谷，但其营养成分含量适当，营养价值优于谷类，红薯含有丰富的胡萝卜素和 B 族维生素以及维生素 C。红薯中含有大量的黏液蛋白质，具有防止动脉粥样硬化、降低血压、减肥、抗衰老作用。

红薯中还含有丰富的胶原维生素，有阻碍体内剩余的碳水化合物转变为脂肪的特殊作用。这种胶原膳食纤维素在肠道中不被吸收，吸水后使大便软化，便于排泄，预防肠癌。胶原纤维与胆汁结合后，能降低血清胆固醇，逐步促进体内脂肪的消除。

3. 冬瓜

冬瓜不含脂肪，含有丰富纤维、钙、磷、铁、β-胡萝卜素等。冬瓜有利尿清热功效，内含丙醇二酸，可阻止体内脂肪堆积。冬瓜含钠低，又几乎不含糖分，是糖尿病患者很好的食品。

4. 芹菜

芹菜大部分为水分及纤维素，含维生素 A 及维生素 C，性味清凉，可降血压、血脂，更可清内热。

5. 香菇

香菇可以抑制胆固醇的增加，所以可减肥。特别是香菇的菌柄纤维素含量极高，同时含有三十多种酶和十八种氨基酸，其中七种是人体必需氨基酸。香菇还能促进血液循环，抑制黑色素，滋养皮肤，还有抗癌作用。其他菇类，如金针菇、蘑菇、草菇等，都是对减肥者有益的食品。

6. 豆芽

豆芽含脂肪及热量低，含水分和纤维素多，黄豆生成豆芽后，β-胡萝卜素增加3倍、维生素 B_{12} 增加4倍、维生素C增加4.5倍。常吃豆芽不仅可以减肥，还对健康非常有益。

7. 萝卜

萝卜能使肠管紧张度和肠蠕动增强，缩短食物在肠道的存留时间，利于食物代谢及废物的排出，不用节食而达到节食的功效。萝卜所含热量较少，1 kg也只含200 kcal热量，而纤维素又较多，吃后易产生饱胀感。

8. 苹果

苹果富含水分和膳食纤维，尽管它所含有的热量很少(一个苹果的热量约为95 kcal)，但它却能让人的饱腹感延长。苹果还有燃烧脂肪的额外优势：苹果皮中一种名为熊果酸的化合物有助于减少脂肪，而且熊果酸还能加快热量燃烧，降低患上肥胖症的风险。

9. 燕麦

燕麦片纤维含量高，吸水性强、吸水膨胀、体积增大，延长食物在胃里滞留时间，有饱腹感，热量低，可使人减少进食，且燕麦耐饥、通便，因此有减肥效果。长期吃燕麦片可增加膳食纤维的摄入，起到滑肠通便排除毒素养颜的功效。

10. 红枣

红枣富含蛋白质、脂肪、糖类、β-胡萝卜素、B族维生素、维生素C以及磷、钙、铁等成分，其中维生素C的含量在果品中名列前茅，有“天然维生素丸”之美称。

红枣富含的环磷酸腺苷，是人体能量代谢的必需物质。红枣性温味甘，含有蛋白质、多种氨基酸、β-胡萝卜素、维生素、铁、钙、磷等物质，不仅能促进雌激素的分泌，加强胸部发育，还有补益脾胃、调和药性、养血宁神的功效，起到减肥降脂，丰乳通便，滋润养颜的作用。另外，红枣饱腹感强，可控制食欲，健康地减掉体重。

11. 玉米

玉米含大量亚油酸、卵磷脂、β-胡萝卜素、钾、硒、镁、膳食纤维和维生素A、维生素E，长期食用能够起到降低血脂、软化动脉血管的作用。

玉米中还含有大量镁，镁可加强肠壁蠕动，促进机体废物的排泄。食后可消除肥胖者的饥饿感，而且食后含热量很低，也是减肥的代用品之一。日本科学家研究发现，玉米还含有可协助人体氧化脂肪的物质，能够对抗脂肪，非常适合减肥。

12. 海带

海带性味咸寒，归入肝、胃、肾经，《食疗本草》说海带有使人消瘦的作用。现代研究证明，海带确实可消除血脂，减少脂肪在心脏、血管和肠壁上的沉积，尤其对甲状腺功能低下引起的肥胖有效。

13. 山药

山药味甘而性平，《本草纲目》认为山药能益肾气、健脾胃、止泄泻、化痰涎润，许多滋补方剂中都含有山药。现代科学分析，山药的优点是含有大量黏蛋白，能防止脂肪沉积在血管上，保持血管弹性，减少皮下脂肪堆积，避免肥胖。山药还可以助消化，如果有消化不良，可用山药、莲子、芡实加少许糖煮在一起吃。

14. 山楂

山楂富含β-胡萝卜素、钙、齐墩果酸、乌素酸、山楂素等三萜类烯酸和黄酮类等有益成分(黄酮类多聚黄烷、三聚黄烷、鞣质等多种化学成分)，能舒张血管、加强和调节心肌，增大心室和心运动振幅及冠状动脉血流量，降低血清胆固醇和降低血压。

山楂中脂肪酶可促进脂肪分解；山楂酸等可提高蛋白分解酶的活性，有帮助消化的作用，可清除体内多余脂肪。

15. 洋葱

洋葱对减肥能起到辅助效果。洋葱是粗纤维食物，食用后可以促进排便，所以可以辅助减肥。它还具有降压、降血脂的作用，适用于高血压、高血脂的治疗。

16. 黄瓜

黄瓜富含蛋白质、脂肪、糖类、碳水化合物、钙、磷、铁、β-胡萝卜素及B族维生素、维生素C、维生素E、尼克酸和钾盐等营养素。黄瓜含有的丙醇二酸有抑制糖类在机体内转化为脂肪的作用，因此肥胖、高血脂、高血压、冠心病患者常吃黄瓜，既可降血脂、降血压，还能使体型健美。

工作页 3-1-2　具有辅助减肥作用的功能性食品

模块3：各类功能性食品的功效作用 项目1：具有辅助减肥作用的功能性食品	任务2：具有辅助减肥作用的功能性食品
主题：具有辅助减肥作用的功能性食品	编号：工作页 3-1-2
所属课程：功能性食品开发与应用	所属专业：
姓名：	班级&组号：
1. 素质目标 (1)强化学生自主学习能力，加强团队合作意识。 (2)树立严谨、科学的态度，增强责任感。 (3)提高职业素养。	
2. 知识目标 (1)明确减肥功能食品配制原则。 (2)掌握魔芋的生理功能。 (3)掌握左旋肉碱的生理功能及作用机理。	
3. 能力目标 能够掌握魔芋、左旋肉碱的生理功能。	
4. 知识要点 (1)总结减肥功能性食品配制原则。 (2)魔芋的主要生理功能。 (3)左旋肉碱的主要生理功能。 (4)查阅资料，总结具有辅助减肥作用的天然食品。	

【学习资源】

辅助减肥的功能性食品学习视频 1　　辅助减肥的功能性食品学习视频 2

辅助减肥的功能性食品学习视频 3　　辅助减肥的功能性食品学习视频 4

项目 2　具有辅助降血糖作用的功能性食品

任务 1　糖尿病的认知

【学习目标】

1. 掌握糖尿病的概念及分类；
2. 明确糖尿病诊断标准；
3. 了解糖尿病的病因；
4. 明确糖尿病的临床表现；
5. 掌握糖尿病主要并发症的危害。

【工作情景】

糖尿病的拉丁语 Diabetes Mellitus——两个单词分别意为“多尿”和“甜”，与糖尿病的症状相互对应，早在 1500 年前，古埃及就出现了对糖尿病患者“体重快速下降和频繁小便”的症状描述。我国东汉名医张机在《金匮要略》中，也以“消渴症”描述糖尿病的相关症状，该名称一直沿用到近代。

很长一段时间以来，糖尿病都是不治之症，直到 1889 年，德国两位生物学家发现：狗的胰腺里含有一种维持血糖浓度的物质。

1922 年 1 月 23 日，医生给 14 岁糖尿病男孩汤普森注射了 5 mL 由科利普纯化的抽提液，下午 5 点又注射了 20 mL，第二天先后又注射了两次 10 mL，奇迹般的结果很快出现了。整个疗程进行了一个多月后，医学史上首个糖尿病患者的胰岛素疗法临床试验正式宣告成功。1923 年，班廷和麦克劳德因发现胰岛素，共同获得了当年的诺贝尔生理学或医学奖。当时年仅 32 岁的班廷也成为历史上最年轻的诺贝尔生理学或医学奖得主。班廷决定把他的一半奖金与贝斯特平分，作为回应，麦克劳德也把他的一半与科利普平分。这种特殊的分配方式，最终拍成了一部电影，该片有一个皆大欢喜的名字：《共同的荣誉》(*Glory Enough for All*)。

知识储备

一、糖尿病的定义

糖尿病是一组以高血糖为特征的代谢性疾病。高血糖则是由于胰岛素分泌缺陷或其生物作用受损，或两者兼有引起。患糖尿病时长期存在的高血糖，会导致各种组织，特别是眼、肾、心脏、血管、神经的慢性损害、功能障碍。

二、高血糖的诊断标准

一般认为，血糖值经常出现以下情况即为高血糖。

空腹血糖＞6.1 mmol/L；

餐后两小时血糖＞7.8 mmol/L。

三、糖尿病的分类

一般来说，糖尿病分为Ⅰ型、Ⅱ型、其他特异型和妊娠糖尿病四种。

1. Ⅰ型糖尿病

这种糖尿病又称胰岛素依赖型糖尿病(IDDM)，多发生于青少年。临床症状为起病急、多尿、多饮、多食、体重减轻等，有发生酮症酸中毒的倾向，必须依赖胰岛素维持生命。

2. Ⅱ型糖尿病

这种糖尿病又称非胰岛素依赖型糖尿病(NIDDM)，可发生在任何年龄，但多见于中老年。一般来说，这种类型起病慢，临床症状相对较轻，但在一定诱因下也可发生酮症酸中毒或非酮症高渗性糖尿病昏迷。通常不依赖胰岛素，但在特殊情况下有时也需要用胰岛素控制高血糖。

3. 其他特异型糖尿病

糖尿病按病因和发病机制分为8种亚型。①β-细胞功能遗传性缺陷；②胰岛素作用遗传性缺陷；③胰腺外分泌疾病(胰腺手术、胰腺炎、囊性纤维化等)；④内分泌疾病(甲状腺功能亢进、Cushing病、肢肥大症等)；⑤药物或化学品所致糖尿病；⑥感染；⑦不常见的免疫介导糖尿病；⑧可能与糖尿病相关的遗传性糖尿病。属于③④⑤⑥亚型的实际上是继发性糖尿病。

4. 妊娠糖尿病

妊娠前已有糖尿病的患者妊娠，称糖尿病合并妊娠；妊娠前糖代谢正常或有潜在糖耐量减退，妊娠期才出现糖尿病，又称为妊娠期糖尿病(GDM)。糖尿病孕妇中80%以上为GDM，糖尿病合并妊娠者不足20%。GDM患者糖代谢多数于产后能恢复正常，但将来患Ⅱ型糖尿病的机会增加。糖尿病孕妇的临床经过复杂，对母儿均有较大危害，必须引起重视。

四、糖尿病的病因

1. 遗传因素

糖尿病具有家族遗传易感性。但这种遗传性尚需外界因素的作用，这些因素主要包括肥胖、体力活动减少、饮食结构不合理、病毒感染等。

2. 肥胖

肥胖是糖尿病发病的重要原因。尤其易引发Ⅱ型糖尿病。特别是腹型肥胖者。其机理主要在于肥胖者本身存在着明显的高胰岛素血症，而高胰岛素血症可以使胰岛素与其受体的亲和力降低，导致胰岛素作用受阻，引发胰岛素抵抗。这就需要胰岛β-细胞分泌和释放更多的胰岛素，从而又加重高胰岛素血症。如此呈糖代谢紊乱与β-细胞功能不足的恶性循环，最终导致β-细胞功能严重缺陷，引发Ⅱ型糖尿病。

3. 活动不足

体力活动可增加组织对胰岛素的敏感性，降低体重，改善代谢，减轻胰岛素抵抗，使高胰岛素血症缓解，降低心血管并发症。因此，体力活动减少已成为Ⅱ型糖尿病发病的重要因素。

4. 饮食结构

高脂肪饮食可抑制代谢率使体重增加而肥胖，肥胖会引发Ⅱ型糖尿病。常年食肉者，糖尿病发病率明显高于常年食素者，主要与肉食中含脂肪、蛋白质热量较高有关。所以，饮食要多样化，保持营养平衡，避免营养过剩。

5. 精神神经因素

在糖尿病发生、发展过程中，精神神经因素所起的重要作用是近年来中外学者所公认的。因为精神的紧张、情绪的激动、心理的压力会引起某些应激激素分泌大量增加，而这些激素都是升血糖的激素，也是与胰岛素对抗的激素。这些激素长期大量地释放，势必造成内分泌代谢调节紊乱，引起高血糖，导致糖尿病。

6. 病毒感染

某些Ⅰ型糖尿病患者，是在患者患感冒、腮腺炎、柯萨奇、脑心肌炎等病毒感染性疾病后，胰岛素分泌细胞被破坏，导致糖尿病。

五、糖尿病的临床表现

糖尿病在临床上为慢性进行性疾患，可分为无症状期和症状期两个阶段。Ⅰ型糖尿病起病较急，Ⅱ型糖尿病一般起病缓慢。

(一)无症状期

无症状期多为中年以上Ⅱ型糖尿病患者，食欲好、体胖，精神体力如常人。常在查体或诊疗其他疾病时发现尿糖阳性，空腹血糖正常或高于正常值，餐后两小时血糖高于正常值，糖耐量试验显示糖耐量降低。

(二)症状期

糖尿病典型症状是“三多一少”，多食、多饮、多尿、体重减轻。

1. 多食

由于大量尿糖丢失，如每日失糖 500 g 以上，机体处于半饥饿状态，能量缺乏需要补充引起食欲亢进，食量增加。同时又因高血糖刺激胰岛素分泌，因而患者易产生饥饿感，导致食欲亢进，老有吃不饱的感觉，甚至每天吃五六次饭。主食达 1～1.5 kg，副食也比正常人明显增多，还不能满足食欲。

2. 多饮

由于多尿，水分丢失过多，发生细胞内脱水，刺激口渴中枢，出现烦渴多饮，饮水量和饮水次数都增多，以此补充水分。排尿越多，饮水也越多，形成正比关系。

3. 多尿

尿量增多，每昼夜尿量达 3000～5000 mL，最高可达 10000 mL 以上。排尿次数也增多，1～2 小时就可能小便 1 次，有的患者甚至每昼夜可达 30 余次。糖尿病患者血糖浓度增高，体内不能被充分利用，特别是肾小球滤出而不能完全被肾小管重吸收，以致形成渗透性利尿，出现多尿。血糖越高，排出的尿糖越多，尿量也越多。

4. 消瘦

由于胰岛素不足，机体不能充分利用葡萄糖，使脂肪和蛋白质分解加速来补充能量和热量。其结果使体内碳水化合物、脂肪及蛋白质被大量消耗，再加上水分的丢失，患者体重减轻、体形消瘦，以致疲乏无力，精神不振。同样，病程时间越长，血糖越高，病情越重，消瘦也就越明显。

5. 其他

皮肤瘙痒，尤其多见女性外阴，由于尿糖刺激局部而引起，或可并发真菌感染，此时瘙痒更严重。另外，四肢麻木、腰痛腹泻、月经失调、性功能障碍也常见。

表 3-2-1 为Ⅰ型糖尿病和Ⅱ型糖尿病临床表现的区别。

表 3-2-1　Ⅰ型糖尿病和Ⅱ型糖尿病临床表现的区别

分型	胰岛素依赖型（Ⅰ型）	非胰岛素依赖型（Ⅱ型）
发病人群	青少年	中年以上（＞40 岁），体胖
起病	急	缓
症状	病情重，“三多一少”明显	早期无明显症状
胰岛素水平	绝对不足	正常或偏多
并发症	酮症酸中毒	心血管合并症及神经病变
治疗	胰岛素	控制饮食或口服降糖药

六、糖尿病的并发症

（一）糖尿病并发症的分类

根据糖尿病并发症发病的急、缓以及病理上的差异，可将其分为急性和慢性两大类。

1. 糖尿病急性并发症病因

糖尿病急性并发症包括糖尿病酮症酸中毒、高血糖高渗状态、乳酸性酸中毒等。其发病原因主要是胰岛素活性重度缺乏及升糖激素不适当升高，导致血糖过高，而引起糖、脂肪和蛋白质代谢紊乱，以致机体水、电解质和酸碱平衡失调。

2. 糖尿病慢性并发症病因

糖尿病慢性并发症是糖尿病致残、致死的主要原因，主要包括：①大血管并发症，如脑血管、心血管和下肢血管的病变等。②微血管并发症，如肾脏病变和眼底病变。③神经病变，包括负责感官的感觉神经，支配身体活动的运动神经，以及司理内脏、血管和内分泌功能的自主神经病变等。

(二)糖尿病的主要并发症

1. 糖尿病心脑血管病变

与无糖尿病的心脑血管疾病患者相比，糖尿病患者由于有高血糖，更容易出现心脑血管的突发事件，如心肌梗死、脑出血、脑梗死等。因此，定期做心脏彩超、颅脑CT、颈动脉彩超来发现其中隐匿的血管病变风险，对于糖尿病患者来说是不容忽视的。

2. 糖尿病神经病变

神经病变，特别是末梢神经炎是糖尿病最常见的合并症，神经病变会让患者痛苦不堪，瘙痒、刺痛、钝痛、剧痛等。往往越是夜深人静的时候，痛感尤为强烈；而有的会让患者感觉消失，针刺、火烧都没感觉。一些糖尿病足病的患者就是因为感觉消失而造成外伤感染、溃烂，甚至截肢。如果患者性神经受损，还会出现性功能障碍。

3. 糖尿病足病

糖尿病足病的发生和神经病变有关系，和血管病变也有关系。当血管发生堵塞时，肢端供血不足或者缺血，很快脚趾变黑变干，出现坏疽。坏疽一出现就要截肢，越截位置越高。南斯拉夫前总统铁托就是被反复截肢导致最终丧命的。预防糖尿病足病发生最好的办法就是定期进行足底神经检查、下肢血管检查、下肢神经检测，让截肢风险消除在萌芽状态。

4. 糖尿病肾病

糖尿病肾病是糖尿病患者致死的主要原因之一，在早期会出现尿微量白蛋白，患者自觉腿发软，浮肿(一压一个坑)，小便中有泡沫，腰酸、腰困等。糖尿病肾病一旦进入3期以后，就目前医疗技术水平而言，基本没有逆转可能，进而就是肾衰竭、尿毒症等直接威胁生命。因此，定期检查尿微量白蛋白是发现早期肾病的重要手段。

5. 糖尿病眼病

长期的高血糖环境会损伤视网膜血管的内皮，引起一系列的眼底病变，如微血管瘤、硬性渗出、棉絮斑、新生血管、玻璃体增殖甚至视网膜脱离。一般糖尿病出现十年以上的患者开始出现眼底病变，但如果血糖控制差，或者是胰岛素依赖型糖尿病患者则可能更早出现眼底病变，故糖尿病患者需要定期到眼科检查眼底。

6. 糖尿病口腔溃疡

糖尿病患者伴有口腔疾病为正常人的2～3倍。男性糖尿病患者口腔疾病发病率显著高于女性糖尿病患者。调查结果还提示：糖尿病易引起牙周病，而牙周感染造成的全身中毒，又加重了糖尿病的病情。

7. 糖尿病昏迷

(1)低血糖昏迷。当血糖低于3 mmol/L时称为低血糖，严重低血糖会发生昏迷。常见的原因有：胰岛素用量过大或口服、降糖药用量过大而进食少；运动量增加了，但没有相应增加食量。

(2)酮症酸中毒昏迷。原因包括以下几点：糖尿病患者胰岛素停用或减量过快，或病情加重；各种急慢性感染；应激状态，如外伤、手术、分娩、妊娠、急性心肌梗死、甲状腺功能亢进等；饮食失调，进食过多或过少，饮酒过度等。

(3)非酮症性高渗性昏迷。这种昏迷多见于60岁以上的老年糖尿病患者。以严重脱水、高血糖、高血浆渗透压和神经精神症状为主要临床表现。

工作页 3-2-1　糖尿病的认知

模块 3：各类功能性食品的功效作用 项目 2：具有辅助降血糖作用的功能性食品	任务 1：糖尿病的认知
主题：糖尿病的认知	编号：工作页 3-2-1
所属课程：功能性食品开发与应用	所属专业：
姓名：	班级 & 组号：

1. 素质目标

(1)强化学生自主学习能力，加强团队合作意识。

(2)树立严谨、科学的态度，增强责任感。

(3)提高职业素养。

2. 知识目标

(1)明确糖尿病的定义及分类、起因。

(2)掌握糖尿病的诊断标准。

(3)掌握糖尿病的临床表现(包括并发症的症状表现)。

3. 能力目标

(1)能够掌握糖尿病的诊断标准。

(2)能够明确糖尿病的临床症状及其并发症对人体的危害。

4. 知识要点

(1)糖尿病的诊断标准。

(2)糖尿病的分类。

(3)试总结Ⅰ型糖尿病患者和Ⅱ型糖尿病患者临床症状的主要区别。

分型	胰岛素依赖型(Ⅰ型)	非胰岛素依赖型(Ⅱ型)
发病人群		
起病(急或缓)		
主要症状		
胰岛素水平		
主要并发症		
治疗		

续表

(4)查阅资料，总结糖尿病并发症的主要症状，并说明如何进行预防。

糖尿病的主要并发症	临床症状	预防措施
糖尿病心脑血管病变		
糖尿病神经病变		
糖尿病足病		
糖尿病肾病		
糖尿病眼病		
糖尿病口腔溃疡		
糖尿病昏迷		

任务2　具有辅助调节血糖功能的食品

【学习目标】

1. 明确糖尿病患者的营养结构特点及搭配原则；
2. 明确糖醇类等辅助调节血糖功能性食品的生理功能。

【工作情景】

蜂胶的使用最早可以追溯到石器时代，在非洲津巴布韦的一座岩洞中，残存下来大约中石器时代的一幅壁画，逼真地描绘了人类祖先收集生活用品的情景，其中就包含蜂胶。而在4000多年前的古埃及、波斯和罗马人都有蜂胶应用的记录。我国李时珍所著《本草纲目》中指出，蜂胶对于牙疼痛、杀菌等具有功效。蜂胶在2005年被正式列入《中华人民共和国药典》，确定了蜂胶的功能与主治为："抗菌消炎、调节免疫、抗氧化、加速组织愈合，可用于高脂血症和糖尿病的辅助治疗。"

知识储备

一、糖尿病患者专用功能性食品的开发原则

糖尿病患者体内碳水化合物、脂肪和蛋白质均出现程度不一的紊乱，由此引起一系列并发症。开发功能性食品的目的在于要保护胰岛功能，改善血糖、尿糖和血脂值，使之达到或接近正常值，同时要控制糖尿病的病情，延缓和防止并发症的发生与发展。

二、糖尿病患者的营养结构特点及搭配原则

(一)营养结构特点

(1)总能量控制在仅能维持标准的体重水平。

(2)有一定数量的优质蛋白质与碳水化合物。

(3)低脂肪。

(4)高纤维。

(5)杜绝能引起血糖波动的低分子糖类(包括蔗糖与葡萄糖等)。

(6)足够的维生素、微量元素与活性物质。

(二)搭配原则

(1)能量：以维持正常体重为宜。

(2)碳水化合物：占总能量的55％～60％。

(3)蛋白质：与正常人一样按0.8 g/kg体重供给，老年人适当增加。

(4)脂肪：占总能量的30％或低于30％。减少饱和脂肪酸，增加多不饱和脂肪酸，以减少心血管并发症的发生。

(5)胆固醇：控制在300 mg/d以内，以减少心血管病并发症的发生。

(6)钠：不超过3 g/d，以防止高血压。

三、具有辅助调节血糖功能的食品

(一)糖醇类

糖醇类是糖类的醛基或酮基被还原后的物质，一般是由相应的糖经镍催化氢化而成的一种特殊甜味剂，包括木糖醇、山梨糖醇、甘露糖醇、麦芽糖醇、乳糖醇、异麦芽糖醇等。赤藓糖醇只能由发酵法制得。

1. 性状

(1)糖醇有一定甜度，但都低于蔗糖的甜度，因此可适当用于无蔗糖食品中低甜度食品的生产。它们的相对甜度(以蔗糖为1.0)和热值如表3-2-2所示。

表3-2-2　糖醇的相对甜度

糖醇名称	相对甜度	热值/(kJ/g)
蔗糖	1	16.7
木糖醇	0.9	16.7
山梨糖醇	0.6	16.7
甘露糖醇	0.5	8.4
麦芽糖醇	0.8～0.9	8.4
乳糖醇	0.35	8.4
异麦芽糖醇	0.3～0.4	8.4
氢化淀粉水解物	0.45～0.6	16.7
赤藓糖醇	0.7～0.8	1.7

(2)糖醇热值大多低于(或等于)蔗糖。糖醇不能完全被小肠吸收，其中有一部分在大肠内由细菌发酵，代谢成短链脂肪酸，因此热值较低。糖醇适用于低热量食品，或作为高热量甜味剂的填充剂。

2. 生理功能

(1)糖醇在人体的代谢过程中与胰岛素无关，不会引起血糖值和血中胰岛素水平的波动，可用作糖尿病和肥胖患者的特定食品。

(2)无龋齿性。可抑制引起龋齿的突变链球菌的生长繁殖，从而预防龋齿。并可阻止新龋齿的形成及原有龋齿的继续发展。

(3)有类似于膳食纤维的功能，可预防便秘、改善肠道菌群、预防结肠癌等作用。

糖醇类在大剂量服用时，一般都有缓泻作用(赤藓糖醇除外)。因此，美国等规定当每天超过一定食用量时(视糖种类而异)，应在所加食品的标签上标明“过量可致缓泻”字样，如甘露糖醇为 20 g，山梨糖醇为 50 g。

(二)麦芽糖醇(氢化麦芽糖醇)

其分子式为 $C_{12}H_{24}O_{11}$，相对分子量为 344.31。

1. 性状

麦芽糖醇是由一分子葡萄糖和一分子山梨糖醇结合而成的二糖醇。纯品为白色结晶性粉末，熔点为 146.5～147℃。因吸湿性很强，故一般商品为含有 70%麦芽糖醇的水溶液。水溶液为无色透明的中性黏稠液体，甜度为蔗糖的 85%～95%，甜感近似蔗糖。难于发酵，有保香、保湿作用。在 pH 为 3～9 时耐热，基本上不发生美拉德反应。麦芽糖醇在人体内不能被消化吸收，除肠内细菌可利用一部分外，其余无法消化而排出体外。麦芽糖醇易溶于水和醋酸；低热，发热量 1.67 kJ/g(0.4 kcal/g)，相当于蔗糖的十分之一。

2. 生理功能

(1)调节血糖。

进食麦芽糖醇后不升高血糖，不刺激胰岛素分泌，因此，对糖尿病患者不会引起副作用，也不受胰液的分解。

(2)减脂作用。

与脂肪同食时，麦芽糖醇可抑制人体脂肪的过度储存。当有胰岛素存在时，脂蛋白脂肪酶(LPL)活度相应提高，而刺激胰岛素的分泌，这是造成动物体内脂肪过度积聚的主要因素。

(3)防龋齿作用。

经体外培养，麦芽糖醇不能被龋齿的变异链球菌所利用，故不会产酸。

3. 用途

作为低热量的糖类甜味剂，适用于糖尿病、心血管病、动脉硬化、高血压和肥胖症患者。因属非发酵性糖，也作为防龋齿甜味剂，同时可作为蜜饯等的保香剂、黏稠剂、保湿剂等。

(三)木糖醇

其分子式为 $C_5H_{12}O_5$，相对分子量为 152.15。

1. 性状

木糖醇为白色结晶或结晶性粉末，几乎无臭，具有清凉甜味，甜度 0.65～1.00(视浓度而异；蔗糖为 1.00)，热量 17 kJ(4.06 kcal)/g，熔点 92～96℃，沸点 216℃。与金属离子有螯合作用，可作为抗氧化剂的增效剂，有助于维生素和色素的稳定。极易溶于水(约 1.6 mL)，微溶于乙醇和甲醇，热稳定性好。10%水溶液的 pH 为 5～7(在 pH 为 3～8 时稳定)。天然品存在于香蕉、胡萝卜、杨梅、洋葱、莴苣、花椰菜、桦树的叶和浆果及蘑菇等中。

2. 生理功能

(1)调节血糖。

对 34～63 岁有糖尿病史的全休与半休患者，给予每天 50～70 g 木糖醇，经 3～12 个月，均能恢复正常工作，精力很好，血糖值下降的占 72%，高于单纯服用降糖药者。口渴和饥饿感基本消失，尿量减少，有的达到正常，体重有不同程度的增加。由于糖尿病患者对饮食(尤其是含淀粉和糖类的食品)需进行控制，因此能量供应常感不足，引起体质虚弱，易引起各种并发症。食用木糖醇能克服这些缺点。木糖醇有蔗糖一样的热值和甜度，但在人体内的代谢途径不同于一般糖类，不需要胰岛素的促进，而能透过细胞膜，成为组织的营养成分，并能使肝脏中的糖原增加。因此，对糖尿病患者来说，食用木糖醇不会增加血糖值，并能消除饥饿感、恢复能量和体力上升。

(2)防龋齿作用。

木糖醇本身不能被可致龋齿的变形菌所利用，也不能被酵母、唾液所利用，能使口腔保持中性，防止牙齿被酸所蛀蚀。有试验表明，52 人用木糖醇完全代替饮食中的食糖，经 2 年后，木糖醇组的龋齿发生率比普通食用食糖者少 90%，新发生龋齿人数平均为 0.72。另有试验，每天用 4～5 块木糖醇口香糖代替一般的食糖口香糖，一年后，木糖醇组无新的龋齿发生，而对照组有 2.9/50 发生。而且改用木糖醇口香糖后，有些原有的龋齿也有所减轻。因此，木糖醇能防止龋齿的发生。

(3)调节肠胃功能。

北京联合大学保健食品检测中心的动物试验表明，木糖醇具有与低聚糖类似的改善小鼠胃肠功能的效果。木糖醇在动物肠道内滞留时具有缓慢吸收作用，可促进肠道内有益菌的增殖，每天食用 15 g 左右，可达到调节肠胃功能和促进双歧杆菌增殖的作用。

3. 安全性

(1)可安全用于食品。

(2)ADI 不作特殊规定。

(3)LD_{50} 2.0 g/kg。

(四)山梨糖醇

山梨糖醇分子式为 $C_6H_{14}O_6$，相对分子量为 182.17。

1. 性状

白色针状结晶或结晶性粉末，也可为片状或颗粒状，无臭，有清凉爽口甜味，甜度约为蔗糖的 60%，在人体内可产生热量 16.7 kJ/g。极易溶于水(1 g/0.45 mL)，微溶于乙醇、甲醇和醋酸。低于 60%时易生霉，有吸湿性，吸湿能力小于甘油。水溶液的 pH 为 6～7。渗透压为蔗糖的 1.88 倍。天然品存在于植物界，尤其在海藻(红藻含 13.6%)以及苹果、梨、葡萄等水果中，也存在于哺乳动物的神经、眼的水晶体等中。

2. 生理功能

(1)调节血糖。

经试验，在早餐中加入山梨糖醇 35 g，餐后血糖值：正常人 9.3 mg/dL，Ⅱ型糖尿病患者为 32.2 mg/dL，而食用蔗糖的对照值，正常人 44.0 mg/dL，Ⅱ型糖尿病患者为 78.0 mg/dL。因此，缓和了餐后血糖值的波动。

(2)防龋齿。

食用山梨糖醇后，既不会导致龋齿变形菌的增殖，也不会降低口腔 pH(pH 低于 5.5 时可形成菌斑)。

3. 限量

(1)FAO/WHO：葡萄干，5 g/kg；食用冰和加冰饮料，50 g/kg。

(2)FDA：硬糖 99%；胶姆糖 75%；软糖 98%；果糖、果冻 30%；冷冻乳品甜食 17%；焙烤制品 30%；其他食品 2%。

四、具有辅助降血糖作用的天然食品

(一)蜂胶

蜂胶是蜜蜂从植物叶芽、树皮内采集所得的树胶混入工蜂分泌物和蜂蜡而成的混合物。具有广谱抑菌、抗病毒作用。中国每年饲养蜂群约 700 万群，年产蜂蜡初品约 300 t。一个 5 万～6 万只蜜蜂的蜂群一年约能生产蜂胶 100～500 g。由于原胶(即从蜂箱中直接取出的蜂胶)中含有杂质而且重金属含量较高，不能直接食用，必须经过提纯、去杂、去除重金属(如铅)等之后才可用于加工生产各种蜂胶制品。此外，蜂胶的来源和加工方法对于蜂胶的质量影响很大。

1. 主要成分

蜂胶的主要成分为树脂 50%～55%，蜂蜡 30%～40%，花粉 5%～10%。主要功效成分有黄酮类化合物，包括白杨黄素、山奈黄素、高良姜精等。

2. 性状

蜂蛟为红褐至绿褐色粉末，或褐色树脂状固体，有香味。加热时有蜡质分出。可分散于水中，但难溶于水，溶于乙醇。

3. 生理功能

蜂胶具有调节血糖的功能。能显著降低血糖，减少胰岛素的用量，能较快恢复血糖正常值。消除口渴、饥饿等症状。并能防治由糖尿病引起的并发症。据测试，总有效率约 40%。蜂胶本身是一种广谱抗生素，具有杀菌消炎的功效。糖尿病患者血糖含量高，免疫力低下，容易并发炎症，蜂胶可有效控制感染，使患者病情逐步得到改善。蜂胶降血糖、防治并发症的机理可能有以下几点。

(1)蜂胶中的黄酮类、萜烯类物质有促进肝糖原的作用，从而降低血糖。而且这种调节是双向的，不会降低正常人的血糖含量。

(2)蜂胶不仅可以抗菌消炎，还能活化细胞，促进组织再生。因此可以使发生病变、丧失分泌功能的胰岛素细胞恢复功能，从而降低血糖含量。

(3)黄酮类化合物可以降低血脂，改善血液循环，因而可防治血管并发症。

(4)蜂胶中黄酮类、苷类能增强三磷酸腺苷(ATP)酶。ATP 是机体能量的源泉，能使酶活性增加，ATP 含量增加，促进体力恢复。

(5)所含钙、镁、钾、磷、锌、铬等元素，对激活胰岛素、改善糖耐量，调节胰腺细胞功能等都有一定意义。

4. 安全性

(1)蜂胶本身无毒，但在蜂胶原料的制备过程中，可有很多污染机会，重金属含量较高，铅含量可达 200～400 mg/kg，因而规定食用量不得超过 1 mg/kg。粗蜂胶不能食用，需精制后方能食用。

(2)婴儿及孕妇不宜食用。

(二)南瓜

20世纪70年代，日本即用南瓜粉治疗糖尿病，但至今对南瓜降糖的作用机理并不明确，有的认为主要是南瓜戊糖；有的认为主要是果胶和铬，因果胶可延缓肠道对糖和脂类的吸收，缺铬则使糖耐量因子无法合成而导致血糖难以控制。

(三)苦瓜

1. 主要成分

植物胰岛素、苦瓜皂苷、大豆苷等。

2. 生理功能

苦瓜的降糖作用是通过刺激胰岛细胞分泌胰岛素而达到的。

(四)苦荞麦

1. 主要成分

苦荞麦中芦丁、儿茶素等黄酮类物质非常丰富，芦丁含量应为普通荞麦的200倍。苦荞多酚、槲皮素、莰非醇、桑色素、三价铬、植物甾醇等。含蛋白质约10%、淀粉74%、膳食纤维等。

2. 生理功能

(1)调节血糖。

芦丁类物质有激活胰腺功能，减轻胰岛β-细胞的负担，增加胰岛素与其受体结合，从而促进胰岛素的分泌以降低血糖。

(2)调节血脂。

能抑制血液中的脂质上升，改善脂质代谢，从而预防高脂血症和脂肪肝。

(五)番石榴叶提取物

在日本、我国台湾和东南亚亚热带地区，民间将番石榴的叶子用作治疗糖尿病和腹泻药已有很长时间。番石榴叶提取物的主要成分是多酚类物质，其中以窄单宁、异单宁和柄单宁为主要有效成分。还含有皂苷、黄酮类化合物、植物甾醇和若干精油成分。将番石榴叶的50%乙醇提取物按200 mg/kg的量经口授于患有Ⅱ型糖尿病的大鼠，血糖值有类似于给予胰岛素后的下降，显示有类似胰岛素的作用。

(六)富铬食品

1. 生理功能

铬是葡萄糖耐量因子的组成部分，缺乏后可导致葡萄糖耐量降低。所谓“葡萄糖耐量”是指摄入葡萄糖(或能分解成葡萄糖的物质)使血糖上升，铬经吸收后使血糖迅速恢复正常。其主要作用是协助胰岛素发挥作用，缺乏后可使葡萄糖不能充分利用，从而导致血糖升高，有可能导致Ⅱ型糖尿病的发生。

2. 食物来源

富铬食品的食物来源为牛肉、动物肝脏、蘑菇、啤酒、粗粮、马铃薯、麦芽、蛋黄、苹果等。

(七)含锌食物

锌影响胰岛素的合成、储存、分泌及结构的完整性，缺锌可导致胰岛素稳定性下降。

富含锌的食物主要有：动物肝脏、胰脏、肉类、鱼类、海产品、豆类和粗粮、坚果、蛋等。

工作页 3-2-2 具有辅助调节血糖功能的食品

模块 3：各类功能性食品的功效作用 项目 2：具有辅助降血糖作用的功能性食品	任务 2：具有辅助调节血糖功能的食品
主题：糖醇类、辅助降血糖的天然食物的生理功能	编号：工作页 3-2-2
所属课程：功能性食品开发与应用	所属专业：
姓名：	班级 & 组号：

1. 素质目标

(1)强化学生自主学习能力，加强团队合作意识。

(2)树立严谨、科学的态度，增强责任感。

(3)提高职业素养。

2. 知识目标

(1)明确糖尿病患者的营养结构特点及搭配原则。

(2)掌握糖醇类的生理功能。

(3)明确蜂胶的生理功能。

3. 能力目标

(1)能够掌握糖醇类、蜂胶的生理功能。

(2)能够初步掌握辅助降血糖作用功能性食品的配制原则。

4. 知识要点

(1)糖尿病患者的营养结构特点及搭配原则。

(2)总结蜂胶的主要生理功能。

5. 案例分析

儿童的健康成长离不开家庭。因为儿童的行为和饮食习惯存在不可预知性，所以儿童糖尿病的治疗极大程度需要依靠家庭护理。在家庭护理中，营养平衡、心理疏导和正确使用胰岛素是三个最重要的部分。科学的家庭护理不仅能够帮助患儿控制病程，而且还能够让患儿拥有和普通儿童一样的快乐童年。上海儿童医学中心营养师冯一提醒说，孩子患糖尿病很容易被家长忽视，就诊时血糖已经非常高，病情都比较严重。儿童Ⅰ型糖尿病的主要症状是“三多一少”，也就是多饮、多尿、多食和体重减轻，所以家长平时一定要留心，如果出现以上情况，及时到医院检查。冯一营养师指出，Ⅰ型糖尿病儿童家庭护理中家庭饮食及营养搭配要平衡，也就是在控制患儿摄入饮食合理热量的同时，又要保证孩子正常生长发育所需的营养。这是糖尿病成功治疗的基石。冯一营养师还介绍道，患儿的生长速度可作为糖尿病代谢障碍得到控制的一个指标，家长应该根据患儿的年龄定期测体重与身高。

(1)什么是Ⅰ型糖尿病?

(2)具有调节血糖功能的物质哪些?

(3)木糖醇的生理功效有哪些?

【学习资源】

辅助降低血糖的功能性食品学习视频1

辅助降低血糖的功能性食品学习视频2

辅助降低血糖的功能性食品学习视频3

项目3 具有辅助降血压作用的功能性食品

任务1 高血压的认知

【学习目标】

1. 明确高血压的定义；
2. 掌握高血压的判定标准；
3. 了解高血压的种类；
4. 明确高血压的病因；
5. 掌握高血压对人类健康的危害。

【工作情景】

1957年，Framingham研究首次定义高血压为血压≥160/95 mmHg，把高血压带进了数值时代，高血压正式成为一种疾病。1977年，美国JNC(Joint National Committee)发布了世界上首部完整描述高血压预防、发现、评估与治疗的指南。截至2015年，JNC共制定了8部指南。高血压的诊断标准从早期的160/90 mmHg，变成了后来的140/90 mmHg，并一直沿用至今；中国在1999年发布了由中国高血压联盟领导制定的第一部高血压防治指南，并分别在2005年与2011年进行了两次更新。制定并定期更新指南有效推动了高血压管理水平不断提高。

知识储备

一、高血压的定义

高血压是指以体循环动脉血压(收缩压和/舒张压)增高为主要特征，可伴有心、脑、肾等器官的功能或器质性损害的临床综合征。正常成年人的收缩压12.0～18.7 kPa(90～140 mmHg)，舒张压8.0～12.0 kPa(60～90 mmHg)。根据WHO的规定，正常成年人的收缩压与舒张压分别在18.7 kPa与12.0 kPa以下。凡成年收缩压达21.3 kPa或舒张压达12.7 kPa以上的即可确认为高血压。

二、高血压的判断标准

尽量减轻或排除各种干扰因素，非同一天三次静息血压(静坐 5～15 min)，测量值≥140/90 mmHg，则可诊断为高血压。

目前，国内高血压的诊断采用 2016 年中国高血压治疗指南建议的标准，如表 3-3-1 所示。

表 3-3-1 高血压的判断标准

类别	收缩压/mmHg	舒张压/mmHg
正常血压	<120	<80
正常高值	120～139	80～89
高血压	≥140	≥90
1 级高血压(轻度)	140～159	90～99
2 级高血压(中度)	160～179	100～109
3 级高血压(重度)	≥180	≥110
单纯收缩期高血压	≥140	<90

三、高血压的种类

临床上高血压可分为两类。

1. *原发性高血压*

原发性高血压是一种以血压升高为主要临床表现而病因尚未明确的独立疾病，占所有高血压患者的 90%以上。

2. *继发性高血压*

继发性高血压又称为症状性高血压，在这类疾病中病因明确，高血压仅是该种疾病的临床表现之一，血压可暂时性或持久性升高。

四、高血压的病因

1. *遗传因素*

大约 60%的高血压患者有家族病史。目前认为高血压是多基因遗传所致，30%～50%的高血压患者有遗传背景。

2. *精神和环境因素*

长期的精神紧张、激动、焦虑，受噪声或不良视觉刺激等因素也会引起高血压的发生。

3. *年龄因素*

高血压的发病率有随着年龄增长而增高的趋势，40 岁以上者发病率高。

4. *生活习惯因素*

膳食结构不合理，如过多的钠盐、低钾饮食、大量饮酒、摄入过多的饱和脂肪酸均可使血压升高。吸烟可加速动脉粥样硬化的过程，为高血压的危险因素。

5. 药物的影响

避孕药、激素、消炎止痛药等均可影响血压。

6. 其他疾病的影响

肥胖、糖尿病、睡眠呼吸暂停低通气综合征、甲状腺疾病、肾动脉狭窄、肾脏实质损害、肾上腺占位性病变、嗜铬细胞瘤、其他神经内分泌肿瘤等都会影响血压升高。

五、高血压对人体健康的危害

高血压若不治疗，时间一长会严重影响机体的心脏、大脑、肾脏等重要器官。高血压会使心脏泵血负担加重，心脏变大，但泵的效率降低，出现心力衰竭的征兆。高血压还是动脉粥样硬化的诱因之一。

由于促进通往大脑的血管阻塞或大脑血管破裂出血等意外事情的发生，高血压会增加中风的危险性，这两者都会破坏大脑组织。高血压还会使眼球后部的微血管出现粥样硬化病变或出血，导致视力模糊甚至失明。眼睛是除大脑外受高血压影响最大的一个神经组织。

通常，高血压危害最严重的部位是肾血管，导致肾血管变窄或破裂，最终引起肾功能衰竭。单纯高血压的死亡率并不高，高血压后期总是演变为脑血管疾病——脑中风而死亡。

1. 脑中风

脑中风是高血压最常见的一种并发症。中风最为严重的就是脑出血，而高血压是引起脑出血的最主要原因，人们称之为高血压性脑出血。高血压会增加血管的张力，也就是将血管“绷紧”，时间长了，血管壁的弹力纤维就会断裂，引起血管壁的损伤。同时血液中的脂溶性物质就会渗透到血管壁的内膜中，这些都会使脑动脉失去弹性，造成脑动脉硬化。而脑动脉外膜和中层本身就比其他部位的动脉外膜和中层要薄。在脑动脉发生病变的基础上，当患者的血压突然升高，就会发生脑出血的可能。如果患者的血压突然降低，则会发生脑血栓。

2. 冠心病

冠心病是冠状动脉粥样硬化性心脏病的简称，是指冠状动脉粥样硬化导致心肌缺血、缺氧而引起的心脏病。血压升高是冠心病发病的独立危险因素。研究表明，冠状动脉粥样硬化患者60%～70%患有高血压，高血压患者患冠状动脉粥样硬化较血压正常者高四倍。

3. 肾脏的损害

高血压危害最严重的部位是肾血管，会导致肾血管变窄或破裂，最终引起肾功能的衰竭。

4. 高血压性心脏病

高血压性心脏病是高血压长期得不到控制的一个必然结果。高血压会使心脏泵血的负担加重，心脏变大，泵的效率降低，出现心律失常、心力衰竭，从而危及生命。

工作页 3-3-1 高血压的认知

模块3：各类功能性食品的功效作用 项目3：具有辅助降血压作用的功能性食品	任务1：高血压的认知
主题：高血压的概念、判定标准、种类及对人体的危害	编号：工作页3-3-1

续表

所属课程：功能性食品开发与应用	所属专业：
姓名：	班级 & 组号：
1. 素质目标 (1)强化学生自主学习能力，加强团队合作意识。 (2)树立严谨、科学的态度，增强责任感。 (3)提高职业素养。	
2. 知识目标 (1)明确高血压的定义及种类。 (2)掌握高血压的判定标准及高血压对人体的危害。 (3)了解高血压的病因。	
3. 能力目标 (1)能够掌握高血压的判定标准，并进行准确判断。 (2)能够明确高血压对人体的主要危害。	
4. 知识要点 (1)高血压的定义。 (2)高血压的正确判定标准。 (3)查阅文献，总结高血压对人体的主要危害。	

任务 2 辅助调节血压的功能性食品

【学习目标】

1. 明确膳食营养素与高血压的相互关系；
2. 掌握辅助降血压功能性食品的主要生理功能；
3. 了解辅助降血压的天然食品的主要生理功能。

【工作情景】

约公元前 2600 年的《黄帝内经》中就有“咸者，脉弦也”的论断。高血压流行病学调查证实，人群的血压水平和高血压的患病率均与食盐的摄入量密切相关。

1974 年，美国一些学者在印第安纳大学的试验证明，给自愿受试者每天摄入钠盐 1200 mmol/L，他们的血压都不同程度增加。我国也曾用 5%的氯化钠饲料和 2%氯化钠水喂饲一群大白鼠，3 周后大白鼠的血压即从试验前的平均 106.20 mmHg 至 120.70 mmHg，至第 8 周平均升至 139.0 mmHg。

知识储备

一、膳食营养素与高血压的关系

(一)钠盐与高血压

1. 钠的生理作用及与高血压的相互关系

关于钠与高血压的关系，现在已经十分明确。大量研究表明，钠摄入量过多是造成高血压的主要原因。钠的过量摄入，导致体内钠潴留，而钠主要存在于细胞外，会使细胞外的渗透压增高，水分向外移动，细胞外液包括血液总量增多。血容量的增多会造成心输血量增大，血压增高。钠的摄入量与高血压、脑中风的发生率呈正相关。此外，过量的钠会使血小板功能亢进，产生凝聚现象，进而出现血栓堵塞血管。

从细胞水平研究，发现中度限盐降压有效。限盐是目前十分强调的一级预防措施。WHO 建议的适宜摄盐量为每天 3～4 g，而我国居民的平均摄盐量为每天 12～16 g。

钠是细胞外液中带正电的主要离子，有助于维持水、酸与碱的平衡，调节细胞的渗透压平衡。钠同时是胰汁、胆汁、汗与眼泪的组成成分。在人体内，钠在水分代谢方面起重要作用，对碳水化合物的吸收代谢有特殊作用，与肌肉收缩及神经功能也相互联系。但是，钠的真正生物学意义，通常每天 1 g 即已足够。适量的钠推荐量标准，婴幼儿与儿童约为每天 58 mg，青少年每天 0.6～2.7 g，成年人每天 1～3.3 g。

试验表明，让自愿受试者每天摄取 47 g 食盐，结果血压增高、体重增加、尿中 K^+、Na^+ 排出量增加。再增加食盐摄取量，血压增高与体重增加就更明显，正常血压的受试者在连续摄入 23 d 的高盐后发生了高血压。在 500 名高血压患者中，若限制食盐到 1 g 以下，有 2/3 的患者出现血压降低现象。有人试验对肥胖的患者用限制能量与限制食盐的办法来降低高血压，结果发现限制能量虽然能减肥，但降低血压的作用却不明显。限制食盐不但能降低血压同时也能减肥。也有专家认为限制食盐降低血压的作用需要较长的时间，如需 2 年才能见效。

2. 高钠对健康的危害

虽然单纯的高血压所引起的死亡率并不高，但高血压后期总是演变为中风而死亡。因此，流行病学家将 45 岁以上人的中风死亡率作为指标来讨论高盐对健康的危害。此外，食盐与胃癌的发病率也有密切的关系。食盐具有腐蚀性，能改变舌的味蕾，能腐蚀盐矿工人与大量用盐腌制捕获物的渔民皮肤，同样摄入食盐后会对胃黏膜产生严重的腐蚀。膳食中食盐含量很高的人，很容易发生萎缩性胃炎，而萎缩性胃炎是胃癌的前期病变，食盐的摄取量与胃癌的死亡率呈正相关。因此，最近流行病学专家们努力用中风与胃癌的死亡率来反映食盐摄取量与高血压的关系。结果发现：

①在各个国家之间这两种死亡率有显著的相关；

②在一个国家内，这两种死亡率有显著的相关；

③可以用回归曲线从一种死亡率估算另一种死亡率，可以从一种死亡率估算食盐的平

均摄取量，其误差不超过 1 g；

④中风与胃癌死亡率的降低与冰箱使用的广泛程度有关；

⑤食盐摄取量在发达国家收入低的阶层中较高，这两种死亡率也在这一阶层中较高；

⑥有时这两种相关也有不一致的时候，如胃癌死亡率降低而中风死亡率升高。这是由于在当时的膳食中虽然食盐含量减少，但饱和脂肪酸含量升高，多不饱和脂肪酸与饱和脂肪酸比值下降。

降低食盐摄取量不但能预防高血压，减少因高血压所致中风的死亡率，而且能降低因钠盐所致的萎缩性胃炎而导致胃癌的死亡率。因此，高盐摄取量对人类健康有很大威胁。当然也有学者怀疑，食盐摄取量降低太多也会危害人们健康、影响劳动生产率，因为低钠同样会给身体造成损害。钠的缺乏在早期的症状不明显，当人体失去的钠达到 0.75～1.2 g/kg 体重时，可出现恶心、呕吐、视力模糊、心率加快、脉搏微弱、血压下降、肌肉痉挛、疼痛反应消失，以至于出现淡漠、木僵、昏迷、休克、急性肾功能衰竭而死亡。

(二)钾、钙、镁与高血压

1. 钾与高血压

钾浓度稍高会使血管紧张素的受体减少，使血管不易收缩，从而使血压降低。同时，钾与钠有密切的关系。尽管钠的摄入量是决定血压的最重要因素，但膳食中的钠/钾比例变化在一定情况下也可影响血压。一般认为，钠/钾比为 1∶1 时，可防止由于过多钠而引起的血压升高现象。

在限制食盐时，如果发生血钾过低时要补充钾盐。限制钠盐补充钾盐要比单独限制钠盐降低高血压的效果更好。很多低钠盐中都含有钾盐的成分。

2. 钙与高血压

钙是最为人熟知的一种能帮助促进牙齿和骨骼健壮的矿物质。现代医学发现钙水平的高低与高血压有一定的关系，临床治疗发现原发性高血压并伴有骨质疏松患者，在服用钙剂和维生素 D 后血压稳定。不少人减少了降压药的剂量，早期轻度高血压患者甚至可以停用降压药。

钙有广泛的生理功能，从流行病学和某些试验研究发现高血压可因缺钙引起，但钙究竟是升压还是降压因子仍有争论。调查表明，在血压水平和高血压患病率明显较高的民族(如吃羊肉与饮奶茶多的新疆哈萨克族)尿钙较高，而患病率较低的贵州山区汉族和彝族的尿钙仅为前者的一半。研究结果倾向于高钙升压的观点。对自发性高血压大鼠的研究表明，高钙降压而低钙升压，但喂饲高钙饲料的大鼠血压虽较低，但体重也明显较同龄的大鼠轻，降压是否为非生理性结果尚值得怀疑。

3. 镁与高血压

镁具有调节血压的作用，对我国不同居住区的饮水进行镁含量的测定发现，水中镁的含量与高血压、动脉硬化性心脏病呈负相关。有报道称，加镁能降压，而缺镁时降压药的效果降低。脑血管对低镁的痉挛反应最敏感，中风可能与血清、脑、脑脊液低镁有关。镁保证钾进入细胞内并阻止钙、钠的进入。由此可见，钠、钾、钙和镁对心血管系统的作用是相互联系的。

(三)蛋白质、脂肪、维生素、膳食纤维与高血压

1. 蛋白质与高血压

适量摄入蛋白质。以往强调低蛋白饮食，但目前认为，除患有慢性肾功能不全者外，一般不必严格限制蛋白质的摄入量。高血压患者每日蛋白质摄入的量以每千克体重 1 g 为宜，例如：60 kg 体重的人，每日应吃 60 g 蛋白质。其中植物蛋白应占 50%，最好是大豆蛋白，大豆蛋白虽无降压作用，但能防止脑中风的发生，可能与大豆蛋白中氨基酸的组成有关。每周还应吃 2～3 次鱼类蛋白质，可改善血管弹性和通透性，增加尿、钠排出，从而降低血压。此外，平时还应该常食用含酪氨酸丰富的物质，如脱脂奶、酸奶、奶豆腐、海鱼等。

2. 脂肪与高血压

膳食中脂肪，特别是动物性高饱和脂肪摄入过多，会导致机体能量过剩，使身体发胖、血脂增高、血液的黏滞系数增大、外周血管的阻力增大，从而造成血压的升高。不饱和脂肪酸能使胆固醇氧化，从而降低血浆胆固醇，还可延长血小板的凝聚，抑制血栓形成，预防中风。

动物试验表明，正常血压组的血胆固醇与血压正相关，因此防治高血脂也应纳入一级预防高血压的措施中。高血压患者血清亚油酸水平在摄入植物性食物多的人群中明显高于摄入大量动物性食物的人群，这说明动物性食物的升压机制很可能有亚油酸相对缺乏的因素参与。高饱和脂肪酸膳食可升压，也可能是动物性食物升压的机制之一。

3. 维生素与高血压

维生素 C 可以改善血管的弹性，抵抗外周阻力，有一定的降压作用。并可延缓因高血压造成的血管硬化的发生，预防血管破裂出血的发生。维生素 E 的抗氧化作用可以稳定细胞膜的结构，抑制血小板的聚集，有利于预防高血压的并发症动脉粥样硬化的发生。B 族维生素对于改善脂质代谢、保护血管结构和功能有益。

4. 膳食纤维与高血压

膳食纤维是来自植物的一类复杂化合物，具有多种生理功能，其中主要是影响胆固醇的代谢，因为肠内的膳食纤维可以抑制胆固醇的吸收。研究发现，血清胆固醇每下降 1%，可减少心血管疾病发生的危险率达 2%。动物试验表明，谷物的秸秆如麦秆能降低家兔的动脉粥样硬化，果胶能防止鸡的动脉粥样硬化。而动脉粥样硬化程度与冠心病密切相关。

此外，一些微量元素与血压的高低也有着密切的联系。某些酶的组成和神经传递过程都离不开微量元素的参与，对血压的调节也不例外。例如，硒能降低血压；镉能使血压升高，增加主动脉壁的脂质沉淀；铜缺乏可引起血管内壁的损伤，造成血中总胆固醇的升高。

二、具有辅助降血压的功能性物质

(一) 大豆低聚肽

1. 主要成分

大豆低聚肽主要由 2～10 个氨基酸组成的短链多肽和少量游离氨基酸组成。

2. 性状

大豆低聚肽为白色至微黄色粉末，无豆腥味，无蛋白变性，遇酸不沉淀，遇热不凝固，易溶于水。

3. 生理功能

大豆低聚肽能降低血压。抑制血管紧张素转换酶(ACE)的活性，可防止血管末梢收缩，从而达到降低血压的作用。

4. 制法

大豆低聚肽是由大豆粕或大豆分离蛋白经蛋白酶酶解后经膜分离，以除去大分子肽和未水解的蛋白质后精制干燥而成。一般得率为30%(豆粕原料)～40%(分离蛋白为原料)。

(二)杜仲叶提取物

1. 主要成分

杜仲叶提取物的主要成分为丁香树脂双苷和杜仲酸苷等。

2. 生理功能

杜仲叶提取物可以降低血压。

3. 制法

杜仲叶提取物由杜仲的叶子，采摘后于100℃开水中加热10 min，取出，经干燥备用，或直接切碎后用含水乙醇提取，提取液经过滤、真空浓缩、冷冻干燥至含水量10%～15%。

4. 安全性

LD_{50}(半数致死量)>5.64 g/kg(大鼠，经口)。

(三)芸香苷(提取物)[芦丁(提取物)]

1. 主要成分

芸香苷主要成分为一种配糖体。糖苷配基为栎精，糖为鼠李糖和葡萄糖。

2. 性状

芸香苷为黄色小针状晶体，或淡黄至黄绿色结晶性粉末，有特殊香气。遇光颜色转深，有苦味。熔点177～178℃，易溶于热乙醇和热丙二醇，微溶于乙醇，难溶于水，可溶于碱性水溶液。

3. 生理功能

芸香苷有辅助降低血压的作用。

4. 制法

芸香苷可由各种原料用水或热乙醇浸提而得浸提物，浓缩后用溶剂将其他可溶性等不纯物除去，再经乙醇、乙醚、热甲醇和热水多次结晶和活性炭精制而得高纯度物。

5. 安全性

LD_{50}(半数致死量)>950 mg/kg(小鼠，经口)。

三、具有降血压功能的食品

(一)具有降血压功能的蔬菜

1. 芹菜

芹菜富含的生物类黄酮(维生素P)，可以降低毛细血管通透性，所以具有降低血压的功效。用鲜芹菜捣汁加白糖饮用，对高血压有明显的防治作用。

2. 海带

海带有利尿作用，可以用于预防与辅助治疗高血压。坚持每日食用2 g以上的海带，对预防高血压有作用，还能够预防动脉硬化与高脂血症；坚持每日食用10 g以上的海带，对高血压的治疗有一定作用，能够降低血压，并且使血压稳定。

3. 茄子

茄子紫色皮中含有丰富的维生素E、维生素P。维生素P具有增加毛细血管弹性、改善微循环的作用，对高血压、动脉硬化及坏血病均有一定的预防作用。而茄子纤维中所含的特殊物质，具有降低胆固醇的功效。所以，茄子对于高血压、动脉硬化患者来说是食疗佳品。

4. 荠菜

荠菜对高血压、眼底出血、牙龈出血和肾炎水肿等均有较好疗效。现代药理学研究表明，荠菜包含比较可观的乙酰胆碱、荠菜酸、钾等成分，具有降低血压的作用，包含黄酮素等有扩张冠状动脉的功效。所以，荠菜是高血压、冠心病患者的保健食物。高血压、眼底出血、眩晕头疼者，可以用鲜荠菜6～9 g，煎汁代为茶饮。

5. 发菜

发菜包含多种人体必需氨基酸、不饱和脂肪酸、维生素与微元素，对改善人体血液循环与器官功能有重要作用。其具有补虚除热、降低血压、软化血管之作用，因此是高血压、动脉硬化症患者的保健佳品。

6. 红萝卜

红萝卜里包含槲皮素、山萘酚等其他物质，此类物质与生物类黄酮(维生素P)的功效有关，具有增进维生素C吸收与改善微血管的作用；同时还能够增多冠状动脉血流量，降低血脂，增进肾上腺素合成，所以有降低血压、强心等效果。

7. 黑木耳

黑木耳被称为“素中之荤”，其降压作用不是直接的，而是通过改善血管间接降压。适用于各种高血压病，尤适用于高血压病伴有动脉粥样硬化、眼底出血的患者。

8. 洋葱

洋葱是目前所知唯一含前列腺素A的。前列腺素A是一种较强的血管扩张剂，能激活溶血纤维蛋白活性成分，可以降低人体外周血管和心脏冠状动脉的阻力，能促进引起血压升高的钠盐等物质的排泄，从而具有降低血压和预防血栓形成的作用。常食洋葱可以长期稳定血压，减低血管脆性，并对人体动脉血管有很好的保护作用。

9. 番茄

番茄中含有丰富的维生素A及维生素C，其酸性是由于柠檬酸及苹果酸所致。口服番茄果胶，可降低饲胆甾醇大鼠血清及肝中的胆甾醇量。番茄汁可使高血压下降，平滑肌兴奋。

(二)具有降血压功能的水果

1. 苹果

苹果具有很好的营养价值和保健功能。过量的钠是引起高血压和中风的一个重要因素。苹果含有充足的钾，可与体内过剩的钠结合并排出体外，从而降低血压。同时，钾离子能有效保护血管，并降低高血压、中风的发生率。另外，苹果皮具有很好的收敛作用，将苹果皮晒干研末，空腹调服(每日 2～3 次)对慢性腹泻和神经性结肠炎、高血压等病症有一定的疗效。

2. 香蕉

香蕉不仅可以治疗便秘，促进胃部消化，还可以调节心情。最近医学研究认为，香蕉可治疗高血压，因为它含有丰富的钾元素，多吃香蕉可预防高血压与心脑血管疾病的发生，每天吃两根香蕉可以有效降低 10%的血压。

3. 山楂

山楂可促进食物消化，山楂能有效防治心血管疾病，具有扩张血管、强心、增加冠脉血流量、改善心脏活力、兴奋中枢神经系统、降低血压和胆固醇、软化血管及利尿和镇静作用。

4. 橘子

橘子含有大量的维生素 C、柠檬酸及葡萄糖等 10 余种营养素。对慢性肝炎引起的高血压，多吃蜜橘可以提高肝脏解毒作用，加速胆固醇转化，防止动脉硬化。饭后吃一个橘子，可以增进食欲，消除高血压引起的消化功能紊乱。

5. 金橘

金橘含大量维生素 C，还包含挥发性芳香油，油中成分为柠檬酸、橙皮苷等，能够降低毛细血管的脆性，治疗中老年常见疾病，如高血压、冠心病、脂肪肝等。

6. 大枣

大枣富含的维生素 C，近年来还发现包含治疗高血压的有效成分维生素 P，并且有保护肝脏、补血安神的作用。患高血压与慢性肝炎的中老年人经常食用些大枣，是种不错的食疗方法。

7. 柿子

高血压与冠心病患者可以取柿子榨汁，用牛奶或者米汤调饮，酌加适量的冰糖，每次饮半茶杯，可作防治中风急用。此外，用柿叶泡热水当茶饮，可以增进机体新陈代谢，稳定与降低血压，增多冠状动脉血流量，对高血压与冠心病患者同样有好处。

8. 猕猴桃

2011 年，挪威奥斯陆大学附属医院一项新研究宣称，每天吃 3 个猕猴桃可以降低高血压，其效果比吃苹果更显著。新研究中，科学家研究了平均年龄 55 岁的 50 名男性被试和 68 名女性被试。结果发现，每天吃 3 个猕猴桃比每天吃 1 个苹果降压效果更好。纽约预防心脏病学家苏珊娜・斯坦巴姆博士等专家一致认为，在有益心脏健康的“每天五份水果蔬菜”饮食中，应该包括猕猴桃。新研究负责人米特・斯文德森博士认为，猕猴桃的降压功效主要来自其富含的抗氧化剂叶黄素。不过两位中国专家提醒，这项研究并非说明猕猴桃是一种神奇水果，患者不能因为这项新研究而盲目补充叶黄素。

(三)具有降血压功能的其他食品

1. 荞麦

荞麦面里包含尼克酸与维生素 P，这两类成分是其他粮食里非常少具有的。尼克酸与维生素 P 具有降低血脂与血压的作用，还可以保护血管，是治疗心血管病患的良药。荞麦叶捣烂外敷，可以用于外伤出血的止血。荞麦秧、叶包含比较多量的维生素 P，以其做食物或者煮水常饮，可预防高血压导致的脑出血。

2. 白茶

白茶含有丰富的茶多酚、维生素 C 和维生素 P。茶多酚能促进维生素 C 的吸收。维生素 C 可使胆固醇从动脉壁移至肝脏，降低血液中的胆固醇浓度，同时可以增强血管的弹性和渗透能力。维生素 P 还能扩张小血管，引起血压下降，起直接降压作用。白茶还可通过利尿、排钠的作用，间接引起降压。茶中含有氨茶碱能扩张血管，使血液容易流通，也有利于降低血压。

3. 菊花茶

菊花具有降血压、消除癌细胞、扩张冠状动脉和抑菌的作用，长期饮用能增加人体钙质、调节心肌功能、降低胆固醇，适合中老年人和预防流行性结膜炎时饮用。菊花茶对肝火旺、用眼过度导致的双眼干涩也有较好的疗效。同时，菊花茶香气浓郁，提神醒脑，也具有一定的松弛神经、舒缓头痛的功效。中医多用以主治目赤、咽喉肿疼、耳鸣、风热感冒、头疼、高血压、疮疗毒等病症。若长期食用，还有利血气、轻身、延年的功效。

4. 无醇红葡萄酒

美国“福克斯新闻网”2012 年刊登西班牙巴塞罗那大学一项新研究，首次发现，心脏病高危男性每天饮用 2 杯无醇红葡萄酒，4 周之后，收缩压和舒张压分别降低 6 mmHg 和 2 mmHg，相当于心脏病和中风危险分别下降 14%和 20%。科学家分析指出，普通红葡萄酒中的酒精会妨碍降压功效，因此，只有饮用酒精含量不超过 0.5%的无醇葡萄酒，才能起到一定的降压效果。事实上，以往的许多研究都表明，每天喝一两杯红葡萄酒对于心脏和血压是有益的，但 2011 年荷兰鹿特丹大学医学院的一项研究表明，红葡萄酒并不能够降低血压。芮莉莉认为，这项西班牙的研究很可能是对荷兰那项研究的结果做了解释，即一定浓度的酒精影响了红葡萄酒的降压作用。

工作页 3-3-2　辅助调节血压的功能性食品

模块 3：各类功能性食品的功效作用 项目 3：具有辅助降血压作用的功能性食品	任务 2：辅助调节血压的功能性食品
主题：膳食营养素与高血压的关系、辅助降血压的功能性食品	编号：工作页 3-3-2
所属课程：功能性食品开发与应用	所属专业：
姓名：	班级 & 组号：
1. 素质目标 (1)强化学生自主学习能力，加强团队合作意识。 (2)树立严谨、科学的态度，增强责任感。 (3)提高职业素养。	
2. 知识目标 (1)明确膳食营养素与高血压的关系。 (2)掌握辅助降血压功能性食品的生理功能。 (3)了解具有辅助降血压作用的天然食品。	
3. 能力目标 (1)能够掌握钠、钾、钙、镁与高血压的关系。 (2)能够明确大豆低聚肽的主要生理功能。	

续表

4. 知识要点

(1)总结钠、钾、钙、镁与高血压的关系。

矿物元素	血压(升高/降低)	血压(升高/降低)的原因
钠		
钾		
钙		
镁		

(2)总结蛋白质、脂肪、维生素、膳食纤维与高血压的关系。

蛋白质:

脂肪:

维生素:

膳食纤维:

(3)大豆低聚糖的主要生理功能。

(4)查阅文献,总结具有辅助降血压作用的天然食品。

【学习资源】

辅助降血压的功能性食品学习视频 1

辅助降血压的功能性食品学习视频 2

项目 4 具有辅助降血脂作用的功能性食品

任务 1 血脂及高脂血症的认知

【学习目标】

1. 明确血脂的组成及分类;
2. 掌握高脂血症的定义、分类;
3. 明确高脂血症的判断标准;

4. 掌握高脂血症的危害；

5. 了解高脂血症的营养防治原则。

【工作情景】

早在1913年，俄国及苏联著名病理学家 Nikolai Anichkov 就提出“Without cholesterol, there is no atherosclerosis(没有胆固醇，就没有动脉粥样硬化)。”

1955年开始，美国医生 John Gofman 使用新发明的超速离心机从血浆中分离出LDL，并发现心脏病患者血浆 LDL-C 水平显著增加。而且，多项研究均显示 LDL-C 升高增加了心血管疾病风险。因此，LDL-C 成为血脂指南推荐主要干预的靶点。

知识储备

一、血脂的组成

血脂是血浆中的中性脂肪(甘油三酯、胆固醇)和类脂(磷脂、糖脂、固醇、类固醇)的总称，广泛存在于人体中。它们是生命细胞的基础代谢必需物质。一般来说，血脂中的主要成分是甘油三酯和胆固醇，其中甘油三酯参与人体内能量代谢，而胆固醇则主要用于合成细胞浆膜、类固醇激素和胆汁酸。

二、血脂的分类

所有的血脂都和蛋白质结合成脂蛋白。而脂蛋白的基本结构是以不同含量的甘油三酯为核心，周围包围一层磷脂、胆固醇和蛋白质分子。

根据脂蛋白分子密度的不同，可将血浆脂蛋白分为四类。

(1)乳糜微粒(Chylomicron, CM)；

(2)极低密度脂蛋白(Very Low Density Lipoprotein, VLDL)；

(3)低密度脂蛋白(Low Density Lipoprotein, LDL)；

(4)高密度脂蛋白(High Density Lipoprotein, HDL)。

其中甘油三酯的主要携带者是乳糜微粒和极低密度脂蛋白，胆固醇的主要携带者是低密度脂蛋白和高密度脂蛋白。

三、高脂血症的定义和分类

(一)高脂血症的定义

高脂血症是指血中胆固醇和(或)甘油三酯水平升高。实际上是血浆中某一类或某几类脂蛋白水平升高的表现。

血浆中高密度脂蛋白-胆固醇降低，也是一种血脂代谢紊乱。

(二)高脂血症的分类

1. 世界卫生组织对高脂血症的分类

1976年 WHO 建议将高脂血症分为六种类型。

(1)Ⅰ型高脂蛋白血症。

主要是血浆中乳糜微粒浓度增加所致。将血浆置于4℃冰箱中过夜，见血浆外观顶层呈“奶油样”，下层澄清。测定血脂主要为甘油三酯升高，胆固醇水平正常或轻度增加，此型在临床上较为罕见。

(2)Ⅱ型高脂蛋白血症，又分为Ⅱa型和Ⅱb型。

①Ⅱa型高脂蛋白血症。血浆中LDL水平单纯性增加。血浆外观澄清或轻微混浊。测定血脂只有单纯性胆固醇水平升高，而甘油三酯水平则正常，此型临床常见。

②Ⅱb型高脂蛋白血症。血浆中VLDL和LDL水平增加。血浆外观澄清或轻微混浊。测定血脂见胆固醇和甘油三酯均增加。此型临床相当常见。

(3)Ⅲ型高脂蛋白血症。Ⅲ型高脂蛋白血症又称为异常β-脂蛋白血症，主要是血浆中乳糜微粒残粒和VLDL残粒水平增加，其血浆外观混浊，常可见一模糊的“奶油样”顶层。血浆中胆固醇和甘油三酯浓度均明显增加，且两者升高的程度(以mg/dL为单位)大致相当。此型在临床上很少见。

(4)Ⅳ型高脂蛋白血症。血浆VLDL增加，血浆外观可以澄清也可以混浊，主要视血浆甘油三酯升高的程度而定，一般无“奶油样”顶层。血浆甘油三酯明显升高，胆固醇水平可正常或偏高。

(5)Ⅴ型高脂蛋白血症。血浆中乳糜微粒和VLDL水平均升高，血浆外观有“奶油样”顶层，下层混浊。血浆甘油三酯和胆固醇均升高，以甘油三酯升高为主。

2. 根据血清总胆固醇、甘油三酯和高密度脂蛋白-胆固醇的测定结果进行分类

按照血清总胆固醇、甘油三酯和高密度脂蛋白-胆固醇的测定结果，高脂血症分为以下四种类型。

(1)高胆固醇血症。

血清总胆固醇含量增高，超过5.72 mmol/L，而甘油三酯含量正常，即甘油三酯<1.70 mmol/L。

(2)高甘油三酯血症。

约占20%血清甘油三酯含量增高，超过1.70 mmol/L，而总胆固醇含量正常，即总胆固醇<5.72 mmol/L。

(3)混合型高脂血症。

血清总胆固醇和甘油三酯含量均增高，即总胆固醇超过5.72 mmol/L，甘油三酯超过1.70 mmol/L。

(4)低高密度脂蛋白血症。

血清高密度脂蛋白-胆固醇(HDL-胆固醇)含量降低，<0.9 mmol/L。

3. 根据病因进行分类

(1)原发性高脂血症。

原发性高脂血症与先天性和遗传有关，是由于单基因缺陷或多基因缺陷，使参与脂蛋白转运和代谢的受体、酶或载脂蛋白异常所致，或由于环境因素(饮食、营养、药物)和通过未知的机制而致。如家族性高甘油三酯血症，家族性Ⅲ型高脂蛋白血症，家族性高胆固醇血症；家族性脂蛋白酶缺乏症；多脂蛋白型高脂血症；原因未明的原发性高脂蛋白血症：多基因高胆固醇血症；散发性高甘油三酯血症；家族性高α脂蛋白血症。

(2)继发性高脂血症。

继发性多发生于代谢性紊乱疾病(糖尿病、高血压、黏液性水肿、甲状腺功能低下、

肥胖、肝肾疾病、肾上腺皮质功能亢进)，或与其他因素如年龄、性别、季节、饮酒、吸烟、饮食、体力活动、精神紧张、情绪活动等有关。继发性高酯血症包括糖尿病高脂血症，甲状腺功能减低，急、慢性肾功衰竭，肾病综合征，药物性高脂血症。

四、高脂血症的诊断标准

判断血脂水平及类型，主要依据血脂四项：总胆固醇(TC)；低密度脂蛋白(LDL)；高密度脂蛋白(HDL)；甘油三酯(TG)。表 3-4-1 给出了高脂血症的诊断标准。

表 3-4-1　高脂血症诊断标准

类型	TC	LDL	HDL	TG
合适范围/(mmol/L)	<5.20	<3.12	<1.04	<1.70
边缘升高/(mmol/L)	5.23～5.69	3.15～3.61		
升高/(mmol/L)	>5.72	>3.64		>1.70
降低/(mmol/L)			<0.91	

五、高血脂的危害

1. 冠心病与高血脂

冠心病主要危险因素有血脂异常、高血压、糖尿病、吸烟等，其中血脂异常是冠心病最主要的致病性危险因素。当人体由于长期高脂血症形成动脉粥样硬化后，使冠状动脉内血流量变小、血管腔内变窄，心肌注血量减少，造成心肌缺血，导致心绞痛，形成冠心病。

2. 动脉硬化与高血脂

高血脂会危害冠状动脉，形成粥样硬化，大量脂类物质蛋白，在血浆中沉积移动，降低血液流速，并通过氧化作用酸败后沉积在动脉血管内皮上，并长期粘附在血管壁上，损害动脉血管内皮，形成血管硬化。

3. 血脂高会引起血压高

高血脂会导致高血压，在人体内形成动脉粥样硬化以后，会导致心肌功能紊乱，血管紧张素转换酶会大量激活，促使血管动脉痉挛，诱致肾上腺分泌升压素，导致血压升高。人体一旦形成高血压，会使血管经常处于痉挛状态，而脑血管在硬化后内皮受损，导致破裂，形成出血性脑中风，而脑血管在栓子式血栓形成状态下淤滞，导致脑血栓和脑栓塞。

血脂正常的高血压患者，积极降脂治疗可明显降低大动脉硬化的程度，改善血管的弹性，并使高血压更易于控制。有助于防治动脉粥样硬化引起的冠心病和脑中风等严重疾病。

4. 糖尿病与高血脂

血脂升高可产生脂毒性，损伤胰岛功能或使胰岛素的作用减弱。胰岛素分泌减少或其作用减弱，就会发生糖尿病。当然，糖尿病也可引起血脂升高。当高血脂与糖尿病同时存在时，常难以分清谁是因谁是果。所以，近来有人称糖尿病为糖脂病。

5. 血脂高会引起血液黏稠度增高

血黏度的高低受许多因素的影响，其中血脂的高低就是主要的影响因素。当血液甘油三酯浓度升高时，血中大颗粒的脂蛋白增多，就会造成血液流动时的摩擦力和阻力增加，也就是表现为血黏度增高。胆固醇浓度升高，血中的低密度脂蛋白颗粒会增多，也可引起血黏度增高。应用降脂药物即能降低血脂，也可降低血黏度。

6. 高血脂引起肝脏损伤

高血脂会导致肝部功能损伤，长期高血脂会导致脂肪肝，而肝动脉粥样硬化后受到损害。肝小叶损伤后，结构发生变化，而后导致肝硬化，损害肝功能。

7. 高血脂会导致脑血栓和脑栓塞

高血脂会导致脑中风。人体一旦形成高血压，会使血管经常处于痉挛状态，而脑血管在硬化后内皮受损，导致破裂，形成出血性脑中风，而脑血管在栓子式血栓形成状态下淤滞，导致脑血栓和脑栓塞。

8. 高血脂会产生大量自由基，损害人体细胞

人体血液中如有大量脂质物质游离和沉积，会增加机体耗氧量，并通过氧化作用，形成脂质氧化自由基，游离在血浆中，侵害机体细胞，使细胞死亡、衰老，导致人体衰老，细胞功能损伤。

9. 高血脂会导致缺钙和骨质疏松

高血脂会导致人体 pH 呈弱酸性，机体酸化。大量脂质蛋白游离在血浆中，极易氧化酸败，使人体体液酸化，易受病毒细菌侵扰，并影响骨质钙的分解游离，导致缺钙和骨质疏松。

另外，就是高血脂会降低人的抵抗力，导致机体易受病毒和细菌侵害。高血脂会导致人体产生肥胖，血脂超过正常标准，使机体内部的分泌调节系统出现紊乱，而过多的脂肪在血液中堆积便在皮下和血管壁周围大量沉积下来，造成身体脂肪供大于求，产生肥胖。

六、营养防治原则

调节高脂血症的三个原则：调节饮食结构、改善生活方式、药物治疗。

在平衡膳食的基础上，控制总能量和总脂肪，限制饱和脂肪酸和胆固醇，保证摄入充足的膳食纤维和多种维生素，补充适量的矿物质和抗氧化营养素。

1. 控制总能量摄入，保持理想体重

能量摄入过多是肥胖的重要原因，而肥胖又是高血脂的重要危险因素，故应该控制总能量的摄入，并适当增加运动，保持理想体重。

2. 限制脂肪和胆固醇摄入

限制饱和脂肪酸和胆固醇摄入，膳食中脂肪摄入量以总热能 20%～25%为宜，饱和脂肪酸摄入量应少于总热能的 10%，适当增加单不饱和脂肪酸和多不饱和脂肪酸的摄入。

3. 提高植物性蛋白的摄入，少吃甜食

蛋白质摄入应占总能量的 15%，植物蛋白中的大豆有很好的降低血脂的作用，所以应提高大豆及大豆制品的摄入。碳水化合物应占总能量的 60%左右，要限制单醣和双糖的摄入，少吃甜食和含糖饮料。

4. 保证充足的膳食纤维摄入

膳食纤维能明显降低血液胆固醇，因此应多摄入含膳食纤维高的食物，如燕麦、玉米、蔬菜等。

5. 供给充足的维生素和矿物质

维生素 E 和很多水溶性维生素以及微量元素具有改善心血管功能的作用，特别是维生素 E 和维生素 C 具有抗氧化作用，应多食用新鲜蔬菜和水果等富含微生素 E、微生素 C 的食物。

6. 适当多吃保护性食品

植物化学物具有心血管健康促进作用，鼓励多吃富含植物化学物的植物性物质，如洋葱、香菇等。

工作页 3-4-1　血脂及高脂血症的认知

<table>
<tr><td>模块 3：各类功能性食品的功效作用
项目 4：具有辅助降血脂作用的功能性食品</td><td>任务 1：血脂及高脂血症的认知</td></tr>
<tr><td>主题：高脂血症的定义、分类、诊断标准及对人体的危害</td><td>编号：工作页 3-4-1</td></tr>
<tr><td>所属课程：功能性食品开发与应用</td><td>所属专业：</td></tr>
<tr><td>姓名：</td><td>班级 & 组号：</td></tr>
<tr><td colspan="2">1. 素质目标
(1)强化学生自主学习能力，加强团队合作意识。
(2)树立严谨、科学的态度，增强责任感。
(3)提高职业素养。</td></tr>
<tr><td colspan="2">2. 知识目标
(1)明确高脂血症的定义和分类。
(2)掌握高脂血症的诊断标准。
(3)明确高脂血症对人体的危害。</td></tr>
<tr><td colspan="2">3. 能力目标
(1)能够掌握高脂血症的定义及其分类。
(2)能够明确高脂血症的具体诊断标准。
(3)能够明确高脂血症对人体的主要危害。</td></tr>
<tr><td colspan="2">4. 知识要点
(1)高脂血症的定义。

(2)WHO 建议将高脂血症分为哪六种类型？

(3)总结高脂血症的判断标准。
<table><tr><td>类型</td><td>TC</td><td>LDL</td><td>HDL</td><td>TG</td></tr><tr><td>合适范围/(mmol/L)</td><td></td><td></td><td></td><td></td></tr><tr><td>边缘升高/(mmol/L)</td><td></td><td></td><td></td><td></td></tr><tr><td>升高/(mmol/L)</td><td></td><td></td><td></td><td></td></tr><tr><td>减低/(mmol/L)</td><td></td><td></td><td></td><td></td></tr></table></td></tr>
</table>

续表

(4)总结高脂血症为何会引发高血压。 (5)高脂血症和糖尿病有何关系？

任务2 具有辅助调节血脂的功能性食品

【学习目标】

1. 明确紫苏油、小麦胚芽油、葡萄籽油等油脂的降血脂作用；
2. 掌握含皂苷、多酚、黄酮类活性成分的功能性食品的主要生理功能；
3. 了解肽类降脂食品。

【工作情景】

紫苏油也称胡麻油，是油料作物亚麻的种子经过加工提取的油类，被人们誉为大脑健康的“植物黄金”。紫苏油中富含α-亚麻酸，能改善平时饮食中对α-亚麻酸的摄入量严重不足的情况，预防心脑血管疾病。

据WHO的大量研究表明：根据我国饮食习惯的不同，食用油中亚油酸和α-亚麻酸的比例可高达25∶1，而适合人体的最佳比例是1∶1，最多不要超过6∶1。对α-亚麻酸的摄入量严重不足，而通过食用紫苏油来实现平衡，无疑是比较有效和便捷的办法。

中国中医研究院中药所研究员姜廷良也曾表示：“α-亚麻酸不仅提高神经系统功能，对学习记忆也有促进作用，而且可调节免疫系统功能，降低并预防多种疾病的发生和发展，并有延长寿命、延缓衰老的效果。”

知识储备

一、功能性油脂

富含多不饱和脂肪酸的功能性油脂是降血脂的功能食品。多不饱和脂肪酸与胆固醇形成的酯熔点低，易被乳化、输送并被代谢掉。不易沉积于血管内壁，从而有效地防止高脂血的出现。最常见的多不饱和脂肪酸功能性油脂有月见草油、红花油和麦胚芽油等，是近年来国际流行的营养保健油。多不饱和脂肪酸功能性油脂与具有降脂作用的维生素E、B族维生素一起协同作用，可使双方的降血脂作用大为增强，维生素E的加入还有预防多不饱和脂肪酸可能发生的氧化作用而引起的不良效果。磷脂的功能是多方面的，它亦是降脂的功能性油脂。它对改善动脉硬化与脂质代谢方面具有良好的效果。日本已出现高纯度磷脂与酶改性磷脂等降血脂功能性新产品。

(一)小麦胚芽油

小麦胚芽油的主要功能有降低胆固醇、调节血脂、预防心脑血管疾病等。在体内担负氧的补给和输送，防止体内不饱和脂肪酸的氧化，控制对身体有害过氧化脂质的产生；有助于血液循环及各种器官的运动。另具有抗衰老、健身、美容、防治不孕及预防消化道溃疡、便秘等作用。

(二)米糠油

米糠油富含不饱和脂肪酸、天然维生素E和谷维素，具有降低血清胆固醇、预防动脉硬化、预防冠心病等生理功能。研究表明，每人每天食用60 g，一周后血清胆固醇下降18%，为所有油脂中下降最多的；由70%米糠油加30%红花油组成的混合油进行试验，下降达26%。

(三)紫苏油

1. 调节血脂

紫苏油能显著降低较高的血清甘油三酯；能通过抑制肝内HMC-CoA还原酶的活性而得以抑制内源性胆固醇的合成，以降低胆固醇；并能提高有效的高密度脂蛋白含量。

2. 抑制心血管疾病

紫苏油能抑制血小板聚集能和血清素的游离能，从而抑制血栓疾病(心肌梗死和脑血栓)的发生。

3. 降低血压

柴苏油与其他植物油相比，可降低临界值血压(约10%)。

(四)沙棘(籽)油

1. 调节血脂功能

沙棘(籽)油能明显降低外源性高脂大鼠血清总胆固醇，4周后下降68.63%。并使血清HDC和肝脏脂质有所提高($P<0.005$)。

2. 调节免疫功能

沙棘(籽)油能显著提高小鼠巨噬细胞的吞噬百分率和吞噬指数，增强巨噬细胞溶酶体酸性磷酸酶非特异性酯酶活性，有增强巨噬细胞功能作用。

(五)葡萄籽油

葡萄籽油能预防肝脂和心脂沉积，抑制主动脉斑块的形成，清除沉积的血清胆固醇，降低低密度脂蛋白胆固醇，同时提高高密度脂蛋白胆固醇。它能防治冠心病，延长凝血时间，减少血液还原黏度和血小板聚集率，防止血栓形成，扩张血管，促进人体前列腺素的合成。另外，它还可以营养脑细胞、调节植物神经。

(六)深海鱼油

深海鱼油富含DHA等多烯脂肪酸，DHA等多烯脂肪酸与血液中胆固醇结合后，能将高比例的胆固醇带走，以降低血清胆固醇；能抑制血小板凝集，防止血栓形成。以降低心血管疾病及中风。

(七)玉米(胚芽)油

1. 调节血脂

玉米(胚芽)油所含大量的不饱和脂肪酸可促进粪便中类固醇和胆酸的排泄，从而阻止体内胆固醇的合成和吸收，以避免因胆固醇沉积于动脉内壁而导致动脉粥样硬化。研究表明，每天摄入60 g玉米油，一周后血清胆固醇下降16%，而食用大豆油、芝麻油者仅下降1%，食用猪油者上升18%。

2. 软化血管、抗衰老

玉米胚芽油富含维生素 E，可抑制由体内多余自由基所引起的脂质过氧化作用，从而达到软化血管的作用；另外，对人体细胞分裂、延缓衰老有一定作用。

二、含皂苷、多酚、黄酮类等活性成分的功能性食品

人参、山楂、山楂叶、大蒜、洋葱、灵芝、香菇、银杏叶、茶叶、柿子叶、竹叶和苦荞麦等富含皂苷、多酚、黄酮类等活性成分，可提取这些活性成分用于功能食品上或直接深加工制成功能食品。如苦荞麦制品、山楂降脂饮料、银杏叶黄酮提取物或银杏叶制成的茶、燕麦麦麸和燕麦 β-葡聚糖等调节血脂的功能食品。

(一)燕麦麦麸和燕麦 β-葡聚糖

1. 降血清胆固醇

美国西北大学对 30～65 岁的 208 名高血脂患者每天给以 34～40 g 燕麦麸粉 12 周，胆固醇含量下降 9.3%。

2. 降低劣质血脂，提高优质血脂

燕麦麦麸和燕麦 β-葡聚糖可降低血中劣质血脂(Tc、TG、LDL-C) 及过氧化脂质水平，并提高优质血脂(HDL-C) 水平。降脂的功能因子为燕麦纤维、亚油酸及皂苷等。

(二)银杏叶提取物

1. 降血脂

银杏叶提取物可以软化血管、消除血液中的脂肪，降低血清胆固醇。

2. 改善血液循环

银杏叶提取物能增加脑血流及改善微循环，这主要由于它所含的银杏内酯具有抗血小板激活因子 PAF 的作用，能降低血液黏稠度和红细胞聚集，从而改善血液的流变性。

3. 消除自由基保护神经细胞

银杏叶提取物有消除羟自由基、超氧阴离子和一氧化氮，抑制脂质过氧化作用，其作用比维生素 E 更持久。

(三)山楂

山楂具有以下作用。

(1)调节血脂作用，降低血清总胆固醇，增加胆固醇的排泄，减少其在动脉壁上的沉积。

(2)调节血压作用。

(3)免疫调节作用。

(4)防治心血管疾病、防治动脉硬化、抗衰老、抗癌症。

(四)绞股蓝皂苷

1. 调节血脂作用

用 3.6%绞股蓝水提取液对 42 名高血脂者试食 1 个月，血清胆固醇和甘油三酯明显降低，而高密度脂蛋白胆固醇有所提高。

2. 免疫调节作用

绞股蓝皂苷能增加幼鼠脾和肾上腺重量，提高腹腔巨噬细胞的吞噬能力，对环磷酰胺所致的粒细胞减少有升高作用；能使肺泡巨噬细胞的体积明显增大，吞噬消化能力显著加强。用以喂养 90 天的大鼠，其 T 淋巴细胞数显著增加。

三、肽类降脂功能性食品

将玉米蛋白、大豆蛋白、菜子蛋白等经酶解处理后得到的短多肽具有降血压、降血脂的作用。乳酪蛋白的 C_6、C_7 和 C_{12} 多肽，鱼贝类的 C_2、C_8 和 C_{11} 多肽亦是很有效的降血压、降血脂功能食品。此外，天然抗氧化剂、β-胡萝卜素、硒、钾、镁、钙、铬、铁等对降血压、降血脂都有不同程度的作用，也可给予充分的考虑。

工作页 3-4-2　具有辅助调节血脂的功能性食品

模块 3：各类功能性食品的功效作用 项目 4：具有辅助降血脂作用的功能性食品	任务 2：具有辅助调节血脂的功能性食品
主题：功能性油脂的辅助降血脂作用原理、含皂苷、多酚、黄酮类等活性成分的功能性食品的辅助降血脂作用	编号：工作页 3-4-2
所属课程：功能性食品开发与应用	所属专业：
姓名：	班级 & 组号：
1. 素质目标 (1)强化学生自主学习能力，加强团队合作意识。 (2)树立严谨、科学的态度，增强责任感。 (3)提高职业素养。	
2. 知识目标 (1)明确功能性油脂的辅助降血脂作用原理。 (2)掌握含皂苷、多酚、黄酮类等活性成分的功能性食品的辅助降血脂作用。 (3)了解肽类降脂功能食品。	
3. 能力目标 (1)能够掌握紫苏油、小麦胚芽油、葡萄籽油等油脂的降血脂作用。 (2)能够明确含皂苷、多酚、黄酮类活等性成分的功能性食品的主要生理功能。	
4. 知识要点 (1)查阅文献，总结具有辅助降血脂作用的功能性油脂。 (2)紫苏油能辅助降血脂的作用机理。 (3)试着总结具有辅助降血脂作用的天然食品。	

【学习资源】

具有辅助降血脂的功能性食品学习视频 1

具有辅助降血脂的功能性食品学习视频 2

具有辅助降血脂的功能性食品学习视频 3

具有辅助降血脂的功能性食品学习视频 4

项目 5　具有辅助抗衰老作用的功能性食品

任务 1　衰老的认知

【学习目标】

1. 明确衰老的定义和表现；
2. 了解老年人的生理特点；
3. 了解衰老学说；
4. 明确影响衰老的因素。

【工作情景】

衰老又称老化，人体衰老是一种随年龄增长而发生的不可逆退化现象。人到老年后整个机体出现某些衰退现象，如结构退化、功能减弱、代谢下降、机体免疫功能降低等。

美国哈弗医院 Wu Bolin 在《人体革命》书中称，按照人体生长规律和基因特点推测，人体潜在寿命可达到 167 岁，然而，恐怕无人能活到其自然寿限。如何使有限的生命延长即长寿，一直是人们关心的问题。那么，在良好的生活条件下，人的正常寿命应是多少？目前有多种学说。

1. 寿命系数学说

据统计，各种动物的生长期与寿命有关。生长期的 5～7 倍为其寿命期，该系数称为寿命系数。

哺乳动物寿命(年)＝生长期(年)×寿命系数

例如：人的生长期为 25 年(以人体骨骼愈合为标志)，25×(5～7)＝125～175(岁)，因而认为人的寿命为 125～175 岁。

2. 性成熟系数学说

据统计，动物的寿命是性成熟年龄的 8～10 倍。

例如：人的平均成熟年龄为 14 岁（以女性初潮，男性遗精为标志），因此提出人的寿命应为 14×(8～10)＝112～140(岁)。

3. 细胞代数学说

经研究发现，人体细胞在培养条件下平均可培养 50 代(40～60 代)，每一代相当于 2.4 年，称为弗列克系数。从而得出人的寿命应为 2.4×(40～60)＝96～144(岁)。

4. 比较生物学说

从比较生物学的角度，各种哺乳动物的寿命与其脑内均浆体的自动氧化速度之间有一定关系，脑均浆的自动氧化速度越慢其寿命越长。此学说认为人的平均寿命为 90 岁。

5. α-生育酚学说

从哺乳动物血清中 α-生育酚的浓度(代表着体内抗氧化物的浓度)与其寿命呈正相关关系，得出人的寿命应在 90 岁以上。

上述 4、5 两种学说，均与体内自由基有关，而消除体内多余自由基以延长寿命已达成共识。

知识储备

一、衰老的定义和表现

衰老是生物在生命过程中，整个机体的形态、结构和功能逐渐衰退的总现象。这些变化对生物体带来的是不利的影响，导致其适应能力、储备能力日趋下降，这一变化过程会不断发生和发展。

衰老又可理解为机体的老年期变化，其内涵包括四个方面。

(一)指进入成熟期以后所发生的变化

在代谢上，青年期的特点是进行性、同化性和合成性，而老年期的特点则是退行性、异化性和分解性，这种倾向通常在衰老症状出现前就已开始了。

1. 糖代谢的变化

老年人糖代谢功能下降，有患糖尿病的倾向。研究证明，50 岁以上糖代谢异常者占 16%，70 岁以上异常者占 25%。

2. 脂代谢的变化

不饱和脂肪酸形成的脂质过氧化物易积聚，后者极易产生自由基，血清脂蛋白也是自由基的来源，随着年龄的增长，血中脂质明显增加，易患高脂血症、动脉粥样硬化、高血压及脑血管病。

3. 蛋白质代谢的变化

蛋白质代谢的衰老变化是人体生理功能衰退的重要物质基础，随着年龄的增加，人血清白蛋白含量逐渐降低，总蛋白增高，蛋白质分子形成大而不活跃的分子，蓄积于细胞中，降低细胞活力。老年人蛋白质代谢分解大于合成，消化、吸收功能减退。

(二) 指各细胞、组织、器官的衰老速度不尽一致，但都呈现慢性退行性改变

1. 水分减少

老年人体内水分减少与环境因素、饮水不足呈相关性。

2. 脂肪增加

随着年龄的增长，新陈代谢逐渐减慢，所消耗的热量逐渐降低。因此，摄入热量常常高于消耗所需热量，所余热量转化为脂肪，使脂肪组织的比例逐渐增加，人体脂肪含量与水分含量呈反比，脂肪含量与血总胆固醇含量呈平行关系，因此血脂随年龄的增长而上升。

3. 细胞数减少，器官及体重减轻

细胞萎缩最明显的是肌肉，使肌肉弹性降低，力量减弱，易疲劳，动作缓慢，反应迟钝。

4. 器官功能下降

器官功能下降主要表现在各器官的储备能力减少，适应能力降低和抵抗能力减退等。

(三) 指这些变化都直接或间接地对机体带来诸多不利的影响

老年人对内外环境的改变的适应能力下降，体力活动时易心慌气短，活动后恢复时间延长。对冷、热适应能力减弱，夏季易中暑，冬季易感冒。一些年轻人很易应付的体力、脑力劳动，老年人常难以负担。

(四)指衰老是进行的，即随年龄的增长其程度日益严重，是不可逆变化

延缓衰老(或抗衰老)是指人们寻找各种手段或措施，使衰老的进程得到延缓。

二、老年人的生理特点

老年人的生理特点包括以下几方面。

(1)代谢机能降低，基础代谢约降低了 20%。

(2)脑、心、肺、肾和肝等重要器官的生理功能下降。

(3)合成与分解代谢失去平衡，分解代谢超过合成代谢。

(4)表现出衰老现象，如血压升高、头发变白脱落以及老年斑与皮肤皱纹的出现等。

(5)伴随而来的是各种老年病，如糖尿病、动脉硬化、冠心病和恶性肿瘤等。

身体各部位的衰退将以不同的速度出现在不同的人身上，这主要取决于人的遗传、病史、饮食和一生中的医疗保健状况。

三、衰老学说

衰老的机理是指在生物过程中的反应和作用方式。衰老学说主要有以下几种。

1. 自由基学说

英国 D. Harman 于 1955 年率先提出自由基学说，它在众多衰老学说中占有重要地位。该理论认为衰老是自由基对人体的损害，最终产生脂褐素，并随着年龄的增长而蓄积于体内，成为老年色素。

2. 免疫学说

免疫功能是活细胞最古老的功能之一，免疫功能衰退是机体衰老最明显的特征之一。这种现象使得免疫学家 Walford 和 Burnet 分别于 1969 年和 1970 年率先提出衰老的免疫学说，其理论基础概括为两点。

(1)免疫系统是维持机体内环境统一的主要功能系统。在老年期免疫功能逐渐衰退，致使肿瘤、自身免疫疾病等的发病率逐渐增多。

(2)胸腺是免疫系统的中心器官，是细胞免疫与体液免疫的总枢纽。胸腺从中年开始逐渐退化，到老年时仅残存少量生产免疫因子的活力。胸腺衰退与萎缩，是免疫衰老学说的重要依据之一。

免疫衰老主要表现在免疫中心器官胸腺和骨髓造血干细胞的分泌活力与细胞分化的退化上。免疫衰老的后果是：① 肿瘤易感性增加；② 自身免疫疾病发病率增加；③ 传染病易感性增加，恢复缓慢；④ 组织移植排斥性减少。

3. 脑中心学说

脑中心学说是Finch(1976)、Everitt(1980)提出衰老的内分泌学说。他们认为在中心神经系统内，存在一个控制“衰老”的神经结构，并形象地称之为“衰老钟”。单胺类递质控制衰老钟的运行。其中去甲肾上腺素含量上升会延长机体的寿命，而5-羟色胺含量升高则促进衰老。有证据提示衰老中5-羟色胺系统占优势，而去甲肾上腺素和多巴胺系统功能下降。众所周知，酪氨酸是去甲肾上腺素和多巴胺的前体，而5-羟色胺是由色氨酸合成的。因而在食物中酪氨酸/色氨酸的比例会影响衰老的进程，这一点已为试验所证实。

在中枢神经系统中，存在一种分解儿茶酚胺的酶类——单胺氧化酶(MAO)，它使儿茶酚类递质的生理作用灭活。单胺氧化酶在中枢神经系统中有两种形式：MAO-A 和 MAO-B。前者存在于神经元内，后者存在于神经胶质细胞中。Robinson 发表了 MAO 和衰老关系的第一篇报告。他发现人的后脑及血小板中 MAO-B 在 45 岁以前酶的活性曲线是平缓的，而 45 岁以后呈现直线上升趋势。Ecket 进一步指出，在许多脑区 MAO-B 的活性随年龄升高而增强，而 MAO-A 无此现象。

Brody 的研究表明，人脑皮层神经元在 70～90 岁内丧失数量达到总神经元库的 30%。神经元的丧失为胶质细胞所补偿。这一过程与 MAO-B 随年龄上升而增强一致。而 MAO-A 随年龄上升而下降与神经元丧失一致。在衰老脑中，MAO-A 和 MAO-B 的消长，直接影响了单胺类递质的代谢及其调节功能。

现已证明，单胺类神经元之间是通过非突触化学传递方式传递信息。随着年龄增长，MAO-B 活性增高，去甲肾上腺素和多巴胺在向靶细胞扩散过程中不断为 MAO-B 所破坏，致使衰老脑内去甲肾上腺素和多巴胺的调节功能降低。特别是 45 岁以后，人脑内 MAO-B 活性直线上升，是人到中年后一个严重的问题。因而一些学者提出采用 MAO-B 的抑制剂(MAOI)抑制其活性，以防止中老年脑内儿茶酚类递质过度降低，以延缓人的衰老。这类研究在国外已有近 40 年的历史。Knoll 等众多学者通过研究发现，MAOI 不仅能提高老年人脑内儿茶酚胺的水平，而且对治愈一些老年常见的抑郁症也颇有效。但是国外的 MAOI 多数为人工合成者，常有副作用，限制了其在临床上的广泛应用。中国有丰富的中草药和野生资源，从中筛选 MAOI 是大有作为的。一些有延年益寿功能的中草药大都有抑制脑内 MAO-B 的功能。曾对山楂、香菇、金针菇等资源进行过研究，证明它们均含有 MAOI。这里必须指出，人体内多余的儿茶酚类物质需在肝脏分解、解毒，因此，一个理想的 MAOI 只抑制脑内的 MAO-B，而对肝脏的 MAO-B 仅有轻微或没有抑制作用。山楂、香菇、金针菇都含有这类 MAOI。

4. 代谢失调学说

衰老的代谢失调学说是由中国著名营养学家郑集教授提出的。他认为从生物化学的观点来看，生命的物质基础是代谢，如果代谢途径和细胞组成成分的更新发生衰退性变化，最终可导致细胞、组织、器官和整个人体形态和功能的衰老。所以人体的衰老是内外因素作用于代谢的结果。

具体而言，生物的衰老是由遗传所安排，而衰老的机理则由代谢来表达。衰老始于细胞，细胞的衰老产生于代谢失调。细胞的代谢失调，是由于内外的不良因素影响而使其结构发生改变而引起的。遗传是决定一切生物生理性衰老的第一因素，而代谢则是表达衰老过程中的反应或作用机理。当人体的关键性细胞代谢机能运转正常时，机体的衰老即按遗传规定的速度进行，达到应有的自然寿命；如果受有害因素影响而妨碍了细胞的代谢机能，则细胞的代谢即会发生异常，衰老进程随之加快，导致早衰(属病理性衰老)。即使不受显著有害因素影响的生理衰老，其细胞的代谢机能仍然是依照遗传安排的程序逐渐失调。因此，可以说在遗传安排的基础上细胞的代谢机能失调是生物机体产生衰老充分的证据。如成纤维细胞的分裂不超过 50 代，红细胞的寿命大约只有 20 天，人的寿命一般很少超过百岁，这些都是受遗传因素影响细胞代谢失调而产生的后果。同样，疾病(外伤除外)也无一不是由于代谢失调而引起的。

5. 生物膜衰老学说

认为随着机体的老龄化，生物膜的结构和功能也产生了相应的改变，从而使机体新陈代谢向着不利于机体健康的方向改变。

6. 脂褐素(老年色素)与衰老学说

脂褐素(老年色素)与衰老学说认为随着衰老的进程，脂褐素在细胞中的堆积不断增加，这是公认衰老的可靠和明显的标志之一，对于脂褐素机制的了解目前还不够深入，甚至还有一些争议之处。

7. 衰老过程中基因淋巴因子及其基因表达改变的学说

近年来，相继发现生物的各种器官和组织，随着年龄的增长，基因的复制、转录以及转译机制都明显呈现下降趋势。因而普遍认为，机体的自然寿命受到基因的调控。又如淋巴细胞特异免疫介质 IL-1 以及 IL-2 受体基因表达在老年人群中均明显下降，因而淋巴因子也与衰老有密切关系。

8. 中医衰老学说

(1)五脏虚损致老说：脾虚、肾虚。

(2)阴阳失调致老说：阴平阳秘，精神乃治；阴阳离决，精神乃绝。

(3)气血失和致老说：气血是人的生命根本动力，若气血循环失调，则脏腑失和、疾病丛生，可致衰老。

上述各种的假设，均有一定的试验根据和基础，而且相互间也有一定的联系，但均还有一些问题需要进一步验证。因而现在比较流行的观点，无论是对衰老的认识还是试验，均普遍采用综合和多指标的原则。

四、影响衰老的因素

(一)内在因素

1. 遗传因素

遗传是决定一个生物体衰老过程和寿命长短的根本因素。一般来说，一个人的父母长寿，这个人长寿的可能性就大。

2. 神经—内分泌因素

人体是一个有机的整体，各器官间、各系统间主要靠神经—内分泌来调控。如果神经—内分泌机能不正常，则妨碍生命的过程。例如，甲状腺功能亢进的患者，基础代谢增强，容易早衰。

3. 免疫因素

青春期以后，胸腺随着年龄增长而逐渐萎缩，进入老年后，胸腺组织大部分被脂肪组织所取代，但仍残留一定的功能。

4. 酶因素

酶是机体代谢过程的催化剂。一些研究表明，老年人随着年龄的增加，许多主要的酶活性减弱，代谢反应也随之降低。

(二)外在因素

1. 环境因素

影响人衰老的环境因素，包括空气、水土、污染、放射性物质、噪声、饮食等诸多方面，其中饮食营养占有相当主要地位。

2. 社会因素

经济条件、意识形态、职业工作、社会制度都属社会因素的范畴，也会对人的衰老产生重要的影响。

3. 生活方式

一些生活方式如吸烟、酗酒等也是致使人衰老的重要因素。

工作页 3-5-1　衰老的认知

模块 3：各类功能性食品的功效作用 项目 5：具有辅助抗衰老作用的功能性食品	任务 1：衰老的认知
主题：衰老的定义及表现，衰老学说的具体表现，影响衰老的因素	编号：工作页 3-5-1
所属课程：功能性食品开发与应用	所属专业：
姓名：	班级 & 组号：
1. 素质目标 (1)强化学生自主学习能力，加强团队合作意识。 (2)树立严谨、科学的态度，增强责任感。 (3)提高职业素养。	
2. 知识目标 (1)明确衰老的定义及表现。 (2)了解抗衰老学说的具体表现。 (3)掌握引起衰老的因素。	
3. 能力目标 (1)能够掌握衰老的定义及表现。 (2)能够明确引起衰老的因素。	

续表

4. 知识要点 (1)衰老的定义。   (2)总结衰老的具体表现。   (3)按照人体生长规律和基因特点推测，在良好的生活环境下，人的正常寿命应该是多少岁？   (4)影响衰老的因素包括内在因素和外在因素，内在因素包括：________、________、________、________；外在因素包括：________、________、________。

任务 2 具有辅助抗衰老作用的功能性食品

【学习目标】

1. 明确具有辅助抗衰老作用的功效成分的具体作用机理；
2. 了解辅助抗衰老作用的天然食品。

【工作情景】

茶多酚的研究始于20世纪50年代。1956年美国加州大学哈曼教授研究发现，人体内的自由基(FR)与基因DNA结合时，会引起小部分DNA的碱基取代或丢失，如不及时修复或清除，会使子代DNA重复错误复制，使人体正常生理生化过程衰退或紊乱，导致人体衰老和各种疾病发生。这一重大发现被世界各国所认同，并因此创立了自由基生物学与医学，哈曼教授也因此获得诺贝尔生理学或医学奖提名。1995年世界抗氧化剂与健康国际学术研讨会上，杨贤强教授向世界发表了茶多酚应用于临床的观察结果，一举奠定了茶多酚在自由基生物医学领域的地位。

知识储备

一、具有辅助抗衰老作用的功效成分

(一)生育酚(维生素E)

1. 性状

维生素E是一种黄色至红色接近无臭的澄清黏性油。相对密度(d_4^{20})为0.932～0.955。具有对热稳定的抗氧化性，230℃以上才开始分解，对酸稳定，对紫外线和氧化剂等不稳定。它能抑制食物中亚硝胺的形成和稳定维生素A；在空气中及在光照下缓慢地氧化和变黑；一般无毒性，不溶于水，溶于乙醇，可与丙酮、氯仿、乙醚和植物油混溶。其天然品广泛存在于小麦胚芽(0.2%～0.3%)、玉米油(0.1%)、大豆油、棉籽油、向日葵油、蛋、肝、绿色蔬菜中。

2. 生理功能

维生素 E 具有延缓衰老的功能。对于维生素 E 的抗衰老作用，目前普遍认为维生素 E 的抗氧化作用是其决定性因素。由于维生素 E 具有消除自由基的能力，可中断高速运转的自由基连锁反应，抑制不饱和脂肪酸过度氧化脂质的形成。所以，在抑制生物膜中多不饱和脂肪酸过氧化时，可减轻细胞膜结构损伤，维护细胞功能的正常运行。

(1)维生素 E 等天然抗氧化剂通过消除自由基的抗氧化作用阻断过氧化脂质的形成，以减轻和修复细胞膜结构损伤，这是维生素 E 具有抗衰老作用的一个原因。

(2)维生素 E 的抗衰老作用，也与其可改善机体免疫功能有关。维生素 E 提高机体免疫功能又与过氧化脂质形成量减少的变化相一致。

(3)体内多种天然抗氧化剂——自由基消除剂之间，有一定的协同作用：单一摄入维生素 E 的抗氧化和抗衰老的效果不如与维生素 C 或硒等联合摄入好。

(4)机体衰老时，肝细胞周期也发生变化，而摄取维生素 E 或维生素 E 与维生素 C 同时服用后，可使该指标发生“逆转性变化”，所观察的自由基代谢的变化也与之相适应。

(5)维生素 E 能抑制血小板凝集，改善微循环，保护毛细血管，降低其脆性及通透性。

(6)维生素 E 可有效抑制脑组织中所含必需氨基酸(脑组织中 60%为脂质)细胞的衰退、坏死，以延长生命期，维持大脑健康旺盛的工作能力。

3. 限量标准

(1)作为营养增补剂，中国 GB 14880—2012 规定：芝麻油、人造奶油、色拉油、乳制品为 10～180 mg/kg；婴幼儿食品为 40～70 mg/kg。

(2)另按 GB 2760—2014 作为食品添加剂规定：强化生育酚饮 20～40 mg/L，食用油脂 0.20 g/kg。

(3)作为抗衰老的重要物质，中国营养学会等认为，成人每日摄入 800 mg 生育酚当量是安全的(可耐受的最高摄食量)。

(4)中国营养学会对维生素 E 的 RDA(营养素供给量标准)值定为 10mg 总生育酚，2013 年制定的 α-生育酚的 RDI 值为 14 mg。

(二)超氧化歧化酶(SOD)

1. 主要成分

超氧化歧化酶(SOD)是一种金属酶，至少含有三种类型。

(1)Cu，Zn-SOD，分子中含有 Cu 和 Zn，呈蓝绿色，相对分子质量为 3.2×10^4，主要存在于肝脏、菠菜、豌豆等中。

(2)Mn-SOD，分子中含有锰，呈粉红色，相对分子质量为 $(4.4\sim8.0)\times10^4$，主要存在于银杏、柠檬、番茄等中。

(3)Fe-SOD，分子中含有铁，呈黄褐色，相对分子质量为 4.05×10^4，主要存在于银杏、柠檬、番茄等中。

2. 性状

因原料不同而可能有黄褐色、红色或蓝绿色，可以是深褐色液体或粉末、粒状及块状。对热较敏感(75℃，5 min 以上失活)，在 pH 为 5.3～9.5 其催化反应速度不受影响，最适 pH 为 8.5，温度为 25℃。溶于水，不溶于乙醇，有吸湿性，有捕捉活性氧的能力。广泛存在于动物、植物和微生物中。

3. 生理功能

作为能催化超氧阴离子(重要的机体衰老原因之一)歧化的自由基清除剂，具有延缓衰老的作用。

4. 安全性

无毒、无抗原性，对睡眠、血压、心脏、精神、消化系统等均无异常表现。

(三)姜黄素

1. 主要成分

姜黄素的主要成分包括姜黄素(约占70%)、脱甲氧基姜黄素(约占15%)、双脱甲氧基姜黄素(约占10%)和四氢姜黄素(约占5%)。

2. 性状

姜黄素为橙黄色结晶性粉末，熔点179～182℃，不溶于水和乙醚，溶于乙醇、冰醋酸、丙二醇。碱性条件下呈红褐色，酸性则呈浅黄色。与金属离子、尤其是铁离子形成螯合物，导致变色。约5 mg/kg铁离子就开始影响色素，10 mg/kg以上时变为红褐色。耐光性、耐铁离子较差，耐热性较好。每分子均有两个多电子的酚结构，具有很强的抗氧化能力，能捕获和消除自由基。

3. 生理功能

姜黄素具有延缓衰老的作用。姜黄素具有很强的抗氧化作用，以消除体内有害的自由基，对·OH自由基的消除率可达69%。姜黄素能提高大鼠肝组织均浆中多种抗氧化酶的活性，能使SOD、过氧化氢酶和谷胱甘肽过氧化酶的活性分别提高约20%。有研究表明，姜黄素对大鼠胸、心、肾、脾等组织都有明显的抗氧化作用，使过氧化脂质(LPO)含量降低，从而延缓组织的老化。

4. 限量标准

(1)GB2760—2014：碳酸饮料、糖果、冰淇淋、果冻，0.01 g/kg。

(2)FAD/WHO(2015)：即食肉汤、羹、冷饮(最终产品，色素总量300 g/kg)均为50 mg/kg。

5. 安全性

(1)ADI 0～0.1 mg/kg(FAO/WHO，2015)。

(2)LD_{50}＞1500 mg/kg(小鼠，皮下)。

(四)茶多酚

1. 主要成分

茶叶中一般含有20%～30%的多酚类化合物，共30余种，包括儿茶素、黄酮及其衍生物、花青素类、酚酸和缩酚酸类。其中儿茶素类占总量的60%～80%，其抽提混合物称茶多酚。以绿茶及其副产物为原料提取的多酚类物质中，茶多酚含量大于95%，其中儿茶素占70%～80%，黄酮化合物占4%～10%，没食子酸占0.3%～0.5%，氨基酸占0.2%～0.5%，总糖量0.5%～1.0%。叶绿素以脱镁叶绿素为主，含量为0.01%～0.05%，主要包括以下各种形式的儿茶素：EC、EGC、ECg和EGCg。它们在B环和C环上的酸性羟基具有很强的供氢能力，能中断自动氧化成氢过氧化物的连锁反应，从而阻断氧化过程。

2. 性状

茶多酚为淡黄至茶褐色略带茶香的水溶液、灰白色粉状固体或结晶，具涩味。易溶于水、乙醇、乙酸乙酯，微溶于油脂。对热、酸较稳定，2%溶液加热至120℃并保持30 min，无明显改变。在160℃油脂中30 min降解20%。2%溶液在37℃下保持3天后，在pH 2～7稳定，pH大于7和光照下易氧化聚合。2%茶多酚在2%、5%和10%食盐溶液中于pH6.5、室温下保存3天，其含量无变化。其遇铁变绿黑色络合物，略带吸湿性，水溶液pH为3～4，在碱性条件下易氧化褐变。

3. 生理功能

茶多酚具有延缓衰老的功能。其(尤其是其中的EGCg)具有很强的供氢能力，可与体内多余的自由基相作用而使氧自由基消除，对 O_2^- ·和HO·的最大消除率达98%和99%。其抗氧化能力比维生素E强18倍。

4. 限量

GB 2760—2014(g/kg)：含油脂酱料，0.1；肉制品、鱼制品，0.3；糕点、油炸食品、方便面，0.2；油脂、火腿、糕点及其馅，0.4。以油脂中儿茶素计。

5. 安全性

(1) LD_{50}(2496±32)mg/kg(大鼠，口服)，95%以上的精品为3.94 g/kg(大鼠，口服)。

(2)致突变试验等研究表明，在 $LD_{50}/20$ 浓度内均无不良影响，无任何副作用。

(3)按成人剂量20～40倍喂狗3个月，各项血液指标及尿检均无异常。

(4)果蝇终生饲养和小白鼠饲养试验表明，对果蝇的生长、发育和寿命与对小白鼠的血红蛋白、红细胞数、白细胞数、胸腺、脾脏细胞数、肝脏量及体重均无不良影响。

(五)谷胱甘肽(还原型)

1. 主要成分

谷胱甘肽(还原型)是由谷氨酸、半胱氨酸和甘氨酸通过肽键缩合而成的活性三肽化合物。

2. 性状

谷胱甘肽(还原型)为白色结晶，溶于水、稀乙醇液，熔点195℃。谷胱甘肽经氧化脱氢，使两分子谷胱甘肽结合成氧化性谷胱甘肽(GSSG，相对分子量612.64)，无生理功能，GSSG经还原后仍为还原型谷胱甘肽。只有还原型谷胱甘肽才能发挥生理作用，其天然品广泛存在于动物肝脏、血液、酵母、小麦胚芽等中。

3. 生理功能

谷胱甘肽(还原型)具有延缓衰老的作用，主要是因为它能抗氧化和消除体内的自由基。

4. 制法

谷胱甘肽(还原型)由小麦胚芽或富含该肽的酵母经培养、分离、净化提取后精制而成。

此外，大枣、松树皮提取物、中国鳖、葡萄籽提取物、肉苁蓉等富含谷胱甘肽，都具有延缓衰老的作用。

二、具有抗衰老作用的天然食品

(一)大豆

大豆所含的大豆皂苷，具有促进人体胆固醇和脂肪代谢，抑制过氧化脂质的生成，以及提高机体免疫功能的作用，故有延缓衰老的作用。

(二)玉米

新鲜玉米中含有维生素 E，能促进细胞分裂，延缓细胞衰老，并能抑制过氧化脂质的生成，因此有延缓衰老的作用。

(三)灵芝

灵芝的子实体中含有蛋白质、多种氨基酸、多糖类、脂肪类、萜类、麦角甾醇、有机酸类、树脂、甘露醇、生物碱、内酯、香豆精、甾体皂苷、蒽酮类、多肽类、腺嘌呤、鸟嘧啶、多种酶和多种微量元素等物质。

研究表明，灵芝可以明显地延长家蚕的寿命，也可以明显地延长果蝇的平均寿命，但对其最高寿命没有明显影响。用致死量的 Co^{60} 照射动物，照射前给予灵芝制剂，可以明显降低小鼠的死亡率。照射后给药，虽不能对抗 Co^{60} 的致死作用，但可以使动物的平均存活时间延长。因此说明，灵芝具有抗衰老作用。

(四)阿胶

阿胶为驴皮去毛后熬制而成的胶块，含有明胶朊、骨胶原、钙、硫等。试验证明，阿胶对骨髓造血功能有一定作用，能迅速恢复失血性贫血的血红蛋白和红细胞，具有补血作用；阿胶能够促进肌细胞的再生，有抗衰老作用；阿胶可以增强机体的免疫功能，使肿瘤生长减慢，症状改善，延长寿命；阿胶能够对抗出血性休克，使其血压逐渐恢复至正常水平，因而能延长存活时间，此外，阿胶能够降低氧耗，耐疲劳。故阿胶对人体，特别是老年人脏器功能衰退、免疫功能低下、骨髓造血功能障碍或各种原因出血引起的贫血、休克以及对环境的适应能力减退等都有一定的保护作用，无疑有助于老年保健和延年益寿。

(五)人参

人参主要成分是人参皂苷、人参酸等。人参能提高细胞寿命，还可以促进淋巴细胞体外的有丝分裂，延长人羊膜细胞生存期。人参含有的麦芽醇具有抗氧化活性，它可与机体内的自由基相结合从而减少脂褐素在体内的沉积，延缓衰老。

工作页 3-5-2 具有辅助抗衰老作用的功能性食品

模块 3：各类功能性食品的功效作用 项目 5：具有辅助抗衰老作用的功能性食品	任务 2：具有辅助抗衰老作用的功能性食品
主题：辅助抗衰老的功能成分及天然食物	编号：工作页 3-5-2
所属课程：功能性食品开发与应用	所属专业：
姓名：	班级 & 组号：
1. 素质目标 (1)强化学生自主学习能力，加强团队合作意识。 (2)树立严谨、科学的态度，增强责任感。 (3)提高职业素养。	
2. 知识目标 (1)明确生育酚(维生素 E)、SOD、姜黄素的主要生理功能及限量标准。 (2)掌握茶多酚的主要生理功能及限量标准及其测定方法。 (3)了解具有辅助抗衰老作用的天然食品。	

续表

3. 能力目标

(1)能够掌握生育酚(维生素 E)、SOD、姜黄素的主要生理功能及限量标准。

(2)能够掌握茶多酚的主要生理功能及限量标准及其测定方法。

4. 知识要点

总结生育酚(维生素 E)、SOD、姜黄素的主要生理功能及限量标准。

5. 试验：绿茶饮料样品中茶多酚含量的测定

根据 GB/T 21733—2008 茶饮料 附录 A 茶饮料中茶多酚的检测方法进行实验操作，具体内容可扫码查看。

GB/T 21733—2008 茶饮料

记录重点内容，并完成茶饮料中茶多酚含量的测定。

(1)试验原理。

(2)总结试剂及仪器。

试剂：

仪器：

(3)具体操作步骤。

(4)结果计算。

【学习资源】

具有辅助抗衰老作用的功能性食品学习视频 1

具有辅助抗衰老作用的功能性食品学习视频 2

具有辅助抗衰老作用的功能性食品学习视频 3

项目6 具有辅助抑制肿瘤作用的功能性食品

任务1 肿瘤的认知

【学习目标】

1. 明确肿瘤的概念及分类；
2. 了解肿瘤的发生和发展过程；
3. 掌握肿瘤发生的原因及早期警示；
4. 明确肿瘤的危害；
5. 了解肿瘤的预防措施。

【工作情景】

肿瘤的历史与人类的历史一样久远。早期肿瘤记载可追溯到公元前3000—前1500年，古埃及人在“Edwin Smith草纸”上记录了8例乳腺肿瘤。公元前403—前221年的《周礼》和《黄帝内经》中有了有关肿瘤的描述。古希腊时代，“医学之父”希波克拉底(Hippocrates，公元前460—前370年)第一次清晰地描述出良恶性肿瘤的差异，恶性肿瘤可侵犯身体的不同部位，围绕在周围的血管看起来像“螃蟹爪”，故将这种肿瘤命名为Karkinos(希腊语“螃蟹”)，在英文中译为Carcer或Carcinoma(癌)。1858年，Wirchow的《细胞病理学》认识到肿瘤是细胞的疾病。1953年，生物学家解开了DNA分子结构之谜，肿瘤被定义为基因疾病。

知识储备

一、肿瘤的概念与分类

(一)肿瘤的概念

肿瘤(Tumor)是指机体在各种致瘤因子作用下，局部组织细胞增生所形成的新生物(Neogrowth)，因为这种新生物多呈占位性块状突起，也称赘生物(Neoplasm)。这种新生物常形成局部肿块，因而得名。

正常细胞转变为肿瘤细胞后的核心问题是丧失了对正常生长调控的反应。肿瘤细胞的特点是，无限制地疯狂生长，且可起源于体内的任何组织或器官。与正常的细胞相比，肿瘤细胞的外观较原始，形状极不规则，并有大而不规则的核。当肿瘤细胞生长到一定程度时，就会将正常的器官挤在一边，并且夺取进入体内的营养物质，从而干扰了机体的正常功能，最终导致死亡。

(二)肿瘤的分类

根据新生物的细胞特性及对机体的危害性程度，将肿瘤分为良性肿瘤和恶性肿瘤两大类。

1. 良性肿瘤(Benign Tumor)

良性肿瘤为纤维包膜所包被，只有局部生长，在正常状态下不破坏宿主，或仅由于所占体积的原因而对宿主产生破坏作用。良性肿瘤不产生浸润与转移，不会侵入周围组织中。

2. 恶性肿瘤(Malignant Tumor)

恶性肿瘤则能产生浸润与转移，病体一般无包膜，即使有假性包膜也可被穿透。恶性肿瘤即通常俗称的“癌”(Cancer)，对宿主有很大的破坏作用。Cancer 的拉丁文意思是“蟹”，意为新生的东西呈蟹爪样的疯狂扩散。

恶性肿瘤的命名，按一般原则有以下三种情况。

(1)癌(Carcinoma)：上皮组织来源的恶性肿瘤统称为癌。命名方法为：组织来源＋癌。如源于鳞状上皮的恶性肿瘤称为鳞状细胞癌或鳞状上皮癌，简称鳞癌；源于腺上皮的恶性肿瘤称为腺癌。

(2)肉瘤：来源于间叶组织(包括纤维结缔组织、脂肪、肌肉、脉管、滑膜骨、软骨组织)的恶性肿瘤统称为肉瘤，命名方式为：组织来源＋肉瘤，如纤维肉瘤、横纹肌肉瘤、骨肉瘤等。

(3)癌肉瘤：一个肿瘤中既有癌的成分又有肉瘤的成分，则称为癌肉瘤。近年研究表明，真正的癌肉瘤比较罕见，多数为肉瘤样癌。

人体中易发生肿瘤病变的，多集中在胃、肝、肾、肺、膀胱、结肠、咽、乳腺、淋巴、口腔、前列腺、子宫、皮肤和血液等部位。我国比较常见的有胃癌、食管癌、肝癌、肺癌、淋巴癌、乳腺癌和大肠癌等。

表 3-6-1 为良性肿瘤和恶性肿瘤的主要区别。

表 3-6-1 良性肿瘤和恶性肿瘤的主要区别

良性肿瘤	恶性肿瘤
生长缓慢 有包膜，膨胀性生长，摸之有滑动 边界清楚 不转移，预后一般良好 有局部压迫症状，一般无全身症状 通常不会引起患者死亡	生长迅速 侵袭性生长，与周围组织粘连，摸之不能移动 边界不清 易发生转移，治疗后易复发 早期即可能有低热、食欲差、体重下降，晚期可出现严重消瘦、贫血、发热等 如不及时治疗，常导致患者死亡

二、肿瘤的发生和发展

基因结构的改变称为突变。并非所有的突变都是癌变，只有那些导致癌细胞产生恶性行为的突变才是癌变。导致癌症的物质，分致癌剂与促癌剂两种。只有致癌剂才能导致基因突变。促癌剂是在致癌剂之后发挥作用的，它能促进起始细胞转化为癌细胞。有些物质既是致癌剂又是促癌剂，称为完全致癌物。

肿瘤的发生与发展，是一个多因素、多步骤的十分复杂多变的过程，各有不同的细胞与遗传机理。目前，一般将之分成两个阶段：诱发与促进。

许多潜在的致癌物，可能存在于空气、食品、饮水、烟草、工业化合物以及以病毒的形式存在。正常机体具有抵御致癌物侵害的能力，在它们产生危害前将其排出体外，或者修复它们已经产生的危害。但是，当机体防御能力降低，体内致癌物被活化，造成遗传损伤，从而使细胞功能、细胞生长和分裂发生异常，有缺陷的遗传物质将会传代下去。这个阶段称为肿瘤发生的诱发阶段。

诱发阶段的损伤细胞，并没有完全形成肿瘤细胞。只有当异常细胞广泛繁殖并逐步占据正常细胞的空间，从而威胁健康细胞和组织功能，才会形成肿瘤。某些肿瘤，在这个阶段，可能持续很长时间(10 年、20 年或更长时间)。在肿瘤发生之前，机体内外因素可以加速或减缓损伤细胞的分裂，甚至停止肿瘤发生，这一阶段称为肿瘤的促进阶段。

能减缓致癌过程的因素，称为抑癌剂。许多食物，如新鲜蔬菜、水果等植物性食品，含有抗肿瘤成分，能使机体在细胞损伤之前分解致癌物，减少肿瘤发生的危险，同时停止或逆转促进阶段。

某些食品则会增加肿瘤发生的危险性，如富含红肉的食品，与高脂食品一样，不仅会增加肥胖的危险性，还会增加发生多种肿瘤的危险。高盐食品能增加胃癌发生的危险性，饮酒会增加患各种癌症的可能。

三、影响肿瘤发生的原因

肿瘤是由外界环境中的生物、化学、物理与营养等因素，与个体内在因素相互作用的结果。宿主的遗传易感性，是肿瘤发生的基础，约 2%的肿瘤存在明显的遗传倾向。

尽管与遗传因素有关，但肿瘤主要还是由环境因素引起的。据统计，80%～90%的肿瘤是由环境因素诱发。其中，35%为食物因素引起，30%以吸烟为病因，而 5%是由职业与环境中化学致癌剂所致。因此，肿瘤是一种生活方式疾病，是可以预防的。合理的膳食和生活方式，可以预防肿瘤的发生。

肿瘤是由于人们不健康的生活方式长期作用而引起的。不健康的生活方式包括以下几方面。

(1)不合理膳食。

随着生活水平的提高，人类开始步入单纯追求味觉享受的误区。想吃什么就吃什么，或者爱吃什么就吃什么，这是一种典型的不健康生活方式。

(2)吸烟。

吸烟是一种不良行为，对健康构成多种危害，不仅会引发肿瘤，而且增加心血管疾病发生率。

(3)心理紧张和压力。

社会心理因素与肿瘤的关系，是一个崭新的研究课题。心理因素指人的性格特征、生活事件和应付能力等。各类心理因素在肿瘤的发生、发展和转移过程中具有非常重要的作用。

(4)缺少运动。

生命在于运动。然而随着科学技术的发展，繁重的体力劳动逐渐被脑力劳动所代替。现代人们出门有汽车，上楼有电梯，办公现代化，家务劳动社会化，甚至现代人连步行都越来越少。

在诸多环境因素中，不合理膳食被认为是除吸烟之外的最重要因素。人类约 35%的肿瘤与膳食有关，其波动范围为20%～60%。膳食主要是影响肿瘤发生、发展过程中的促进阶段。膳食不当或营养不平衡会导致促进过程的加快，合理膳食和平衡营养则可延缓和阻碍促进过程的进展。

通过选择适宜的、多样化的和营养平衡的膳食，从事适度的体力活动，维持适宜的体重以及尽量减少对不良环境因素的暴露，并持之以恒，就能最大限度预防肿瘤发生。提倡科学的膳食，不吸烟，少饮酒，保持心情愉快，坚持体育锻炼等，是最有效、最经济的预防肿瘤发生的方法。

四、肿瘤的早期警示

伴随着肿瘤的出现，患者或早或迟都会出现一些局部或全身的症状。特别值得重视的是，肿瘤出现的第一个症状更具有警示的意义。后期出现的症状，就失去了警示的意义。早期警示并不等于癌症，但说明癌症存在的可能性。这些征兆一经发现就应深入检查，早期发现就能早期诊断，以免贻误时机。

(一)世界卫生组织提出的肿瘤八大警告信号

(1)可触及的硬结或硬变，如乳腺、皮肤及舌部发现的硬结。

(2)疣(赘瘤)或黑痣发生明显的变化。

(3)持续性消化不正常。

(4)持续性嘶哑、干咳或吞咽困难。

(5)月经不正常的大出血，经期以外的出血。

(6)鼻、耳、膀胱或肠道不明原因的出血。

(7)经久不愈的伤口与不消的肿胀。

(8)原因不明的体重下降。

(二)美国肿瘤协会提出的七大警告信号

(1)排便或排尿习惯的改变。

(2)不愈合的溃疡。

(3)不寻常的流血或分泌。

(4)乳房或其他部位出现肿块或局部增厚。

(5)消化不良或吞咽困难。

(6)疣或痣有明显变化。

(7)声音嘶哑或持续咳嗽。

(三)全国肿瘤防治办公室提出的我国常见肿瘤十大警告信号

(1)乳腺、皮肤、舌或身体其他部位有可触及或不消的肿块。

(2)疣(赘瘤)或黑痣明显变化，如颜色加深、迅速增大、瘙痒、脱毛、渗液、溃烂或出血等。

(3)持续性消化不良。

(4)吞咽食物时有哽噎感、疼痛、胸骨后闷胀不适、食管内异物或上腹部疼痛等。

(5)耳鸣、听力减退，鼻塞、鼻出血、抽吸咳出的鼻咽分泌物带血、头痛、颈部肿块。

(6)月经期不正常的大出血，月经期外或绝经后不规则的阴道出血，接触性出血。

(7)持续性嘶哑、干咳或痰中带血。

(8)原因不明的大便带血或带黏液，腹泻与便秘交替出现，原因不明的血尿。

(9)久治不愈的伤口、溃疡。

(10)原因不明的较长时间的体重减轻。

五、肿瘤的危害

(一)肿瘤对人群的危害

肿瘤不管是良性还是恶性，本质上都表现为细胞失去控制的异常增殖，这种异常生长的能力除了表现为肿瘤本身的持续生长之外，在恶性肿瘤还表现为对邻近正常组织的侵犯及经血管、淋巴管和体腔转移到身体其他部位，而这往往是肿瘤致死的原因。

(二)肿瘤对机体的影响

1. 良性肿瘤

良性肿瘤对机体影响较小，但因其发生部位或有相应的继发改变，有时也可引起较为严重的后果。主要表现如下。

(1)局部压迫和阻塞。

局部压迫和阻塞是良性肿瘤对机体的主要影响。如消化道良性肿瘤(如突入管腔的平滑肌瘤)可引起肠梗阻等。

(2)继发性改变。

膀胱的乳头状瘤等肿瘤，表面可发生溃疡而引起出血和感染。支气管壁的良性肿瘤，阻塞气道后引起分泌物潴留也可引起肺内感染。

(3)内分泌性良性肿瘤对全身的影响。

内分泌的良性肿瘤常因能引起某种激素分泌过多而引起相应的内分泌症状，以及神经、肌肉及骨关节和血液等方面的症状异常。

2. 恶性肿瘤

(1)阻塞和压迫。

这一点和良性肿瘤相似，不过恶性肿瘤的阻塞压迫发展迅速，程度也高，如食管癌癌肿可以堵塞食管，造成患者吞咽困难。

(2)破坏所在器官的结构和功能。

如肝癌由于肝细胞被破坏和肝内胆管阻塞，可引起全身性黄疸。

(3)侵袭破坏邻近器官。

如食管癌可穿透食管壁，侵犯食管前面的气管，形成食管—气管瘘；吞咽时，食物落入气管内，引起咽下性肺炎。

(4)坏死、出血、感染。

恶性肿瘤生长迅速，癌组织常常因为供血不足而发生坏死，如果癌变组织侵犯血管，可引起出血，如鼻咽癌患者往往有鼻出血；肺癌患者常常合并肺部感染。

(5)疼痛。

由于癌组织压迫或侵犯神经，可引起相应部位的疼痛，如晚期肝癌、胃癌都有剧烈疼痛。另外，癌症继发感染后，也可以引起疼痛。

(6)发热。

肿瘤组织的代谢产物、坏死组织的分解产物以及继发的细菌感染，都可以引起癌症患者发热，一般表现为中低度热。

(7)恶病质。

恶病质也有人称为“恶液质”，是指机体严重消瘦、无力、贫血和全身衰竭的状态，它是癌症患者死亡的重要原因。

六、肿瘤的预防

人类约有 35％的肿瘤是与膳食因素密切相关的。只要合理调节营养与膳食结构，发挥各种营养素和非营养素自身的预防肿瘤功效，就可有效地控制肿瘤的发生。科学证实，改变膳食可以预防 50％的乳腺癌、75％的胃癌和 75％的结肠癌。

世界癌症研究基金会关于预防肿瘤的膳食建议主要有以下几点。

(1)合理安排膳食，膳食中保证充分营养，食物要多样化。

(2)膳食以植物性食物为主，包括各种蔬菜、水果、豆类以及粗加工谷类等。

(3)一年四季，坚持每天摄入 400～800 g 各种蔬菜和水果；每天摄入 600～800 g 各种谷类、豆类、植物类根茎，以粗加工为主，限制精制糖的摄入。

(4)红肉摄入量应低于每天 90 g，红肉指牛肉、羊肉、猪肉或由这些肉类加工成的食品。选择鱼和禽肉比红肉更有益健康。

(5)限制高脂食物，尤其是动物性脂肪的摄入，多摄入植物油，并控制用量。限制腌制食品的摄入，控制烹调盐和调料盐的摄入，成人食盐摄入量低于每天 6 g。

(6)不要摄入常温下储存时间过长、可能受到真菌毒素污染的食物。应采用冷藏或其他合适方法保存易腐烂食物。

(7)食物中的添加剂、污染物和其他残留物低于国家规定限量，它们的存在是无害的，但乱用或使用不当可能影响健康。

(8)不摄入烧焦的食物，以及少量摄入直接在火上烧烤的肉、鱼、腌肉或熏肉。

(9)一般不必摄入营养补充剂，营养补充剂对抗肿瘤可能没有帮助。

(10)控制体重，坚持体育锻炼，反对过量饮酒。

工作页 3-6-1　肿瘤的认知

模块 3：各类功能性食品的功效作用 项目 6：具有辅助抑制肿瘤作用的功能性食品	任务 1：肿瘤的认知
主题：肿瘤的概念、分类及肿瘤的发生和发展过程；影响肿瘤发生的原因及肿瘤的早期警示，肿瘤的危害	编号：工作页 3-6-1
所属课程：功能性食品开发与应用	所属专业：
姓名：	班级 & 组号：
1. 素质目标 (1)强化学生自主学习能力，加强团队合作意识。 (2)树立严谨、科学的态度，增强责任感。 (3)提高职业素养。	

续表

2. 知识目标 (1)明确肿瘤的概念、分类。 (2)掌握影响肿瘤发生的原因及肿瘤对人体的危害。 (3)了解肿瘤的发生、发展过程及早期警示信号。
3. 能力目标 (1)能够掌握肿瘤的定义、分类。 (2)能够掌握肿瘤发生的原因及对人体的危害。
4. 知识要点 (1)肿瘤的概念、分类。 (2)总结影响肿瘤发生的原因。 (3)世界卫生组织提出哪些警告信号预示着肿瘤的发生? (4)良性肿瘤、恶性肿瘤的主要特征有哪些? (5)世界癌症研究基金会关于预防肿瘤的膳食建议。

任务 2　具有辅助抑制肿瘤作用的功能性食品

【学习目标】

1. 明确大蒜、番茄红素的主要生理功能;
2. 了解冬凌草、虾青素的生理功能。

【工作情景】

番茄红素功能性食品的发展已经进入了相对成熟的阶段，医学研究表明，番茄红素具有特殊的防癌、抗癌和预防心血管疾病等生理功能，番茄红素的保健作用覆盖了延缓衰老、预防癌症、增强机体免疫力、改善动脉粥样硬化以及美容、抗紫外线辐射等多个方面，因此，番茄红素已逐渐成为国际市场上研究的热点。

美国的医学专家在 20 世纪 50 年代，首次报道了番茄红素具有抗癌作用。后来经过流行病学调查和多次动物试验，证明番茄红素确实具有预防和抑制恶性肿瘤的作用。后经医学试验证明番茄红素对前列腺癌、胃癌、肺癌具有抗癌效应，对结肠癌、口腔癌、食道癌、乳腺癌、结肠癌、子宫颈癌有较好的预防作用。

知识储备

一、大蒜

(一)主要成分

大蒜的完整组织仅存在有活性成分的前体物质——无色无味针状结晶的蒜氨酸，含量0.24%，无辣味。在蒜氨酸酶与磷酸吡哆醛辅酶参与下，先生成一种复合物，再分解成具强烈辛辣味的挥发性物质——大蒜素。后者不稳定，即使在室温下也会分解，遇光、热或有机溶剂即降解成各种含硫有机化合物，形成大蒜的特殊气味。

(二)生理功能

1. 辅助抑制肿瘤

大蒜能阻断亚硝胺的合成，同时调动体内抑制癌因素环腺苷酸(cAMP)的代谢，达到抗癌的作用。大蒜滤液、大蒜油、大蒜素分别使癌细胞内 cAMP 水平升高 132.74%、209.6%和77%。

2. 免疫调节作用

大蒜能增加试验动物脾脏质量，增加吞噬细胞和 T 细胞数，增强吞噬细胞的吞噬能力，提高淋巴细胞转化率。

3. 降低胃内亚硝酸盐含量

大蒜可降低胃内亚硝酸盐含量，降低胃癌发病率；促进肠胃消化液的分泌以及杀灭微生物等作用。

二、鲨鱼软骨粉(也称食用软骨素)

(一)主要成分

鲨鱼软骨粉是由鲨鱼软骨制成的一种硫酸软骨素和蛋白质的复合体，相对分子质量2万～4万。由硫酸软骨素-葡萄糖醛酸-半乳糖-木糖-丝氨酸等构成的一种酸性黏多糖与蛋白质相结合的糖蛋白。作为商品常加有糊精以制成粉末。

(二)生理功能

鲨鱼软骨中的ATT(抗新生血管生长因子)可以抑制肿瘤新生血管的生长，断绝癌细胞的营养供应，使其无法取得养分及氧气而萎缩消失，令肿瘤自然坏死萎缩，从而达到预防癌症的目的。

三、琼脂低聚糖

(一)主要成分

琼脂(亦称“洋菜”)低聚糖由石花菜、江蓠等红藻，经碱、酸等处理后获得，一般供食用或用作微生物培养基。

(二)生理功能

1. 抑癌作用

将人的结肠癌细胞植入大鼠皮下而成负瘤体后，饲以琼脂二糖为主的琼脂低聚糖。可见肿瘤体积和重量减少，使得有20%的肿瘤消失。

2. 抗氧化作用

体内 NO 过多时，可使周围细胞破裂，并可引起慢性肾功能障碍、溃疡性大肠炎、慢性关节病变、并可导致细胞遗传因子障碍等。而琼脂二糖对已产生的 NO 有明显抑制其活性的作用，并使转变成无害的 NO_2。

四、番茄红素

(一)主要成分

番茄红素属类胡萝卜素，但没有β-胡萝卜素之类能在人体内转化为维生素 A 的生理功能。

番茄红素在番茄中的含量最高，番茄红素在番茄等中大部分为全反式结构(71%～91%)，但在人的血液中全反式结构仅占 27%～42%，而顺式结构却占 58%～73%，研究还表明顺式异构体比反式更容易被吸收。

(二)性状

番茄红素为暗红色粉末或油状液体，油溶液呈黄橙色。耐热和耐光性优良。不溶于水，溶于乙醇和油脂。

番茄红素在植物体中较稳定，制成的纯品易氧化，可因光线、氧气、高温、酸、碱而被破坏。

成熟的番茄中番茄红素含量特别高。它还存在于灯笼大红辣椒、蔷薇果、西瓜、木瓜、番石榴、柿子、南瓜、葡萄柚中。

(三)生理功能

1. 辅助抑制肿瘤

番茄红素通过抗氧化作用，可抑制氧化游离基，降低发生肿瘤的危险性。已证实它对预防前列腺癌、肺癌、胃癌最有效；对胰腺癌、大肠癌、食道癌、口腔癌等也有较好的预防作用；对已形成的肿瘤，能使之缩小，延缓扩散，尤其是前列腺癌。

2. 抗辐射

番茄红素可防止皮肤受紫外线伤害。当紫外线照射皮肤时，皮肤中的番茄红素首先被破坏，照射紫外线的皮肤中的番茄红素比未照射的皮肤减少 31%～46%，但β-胡萝卜素含量几乎不变。这表明番茄红素具有较强的减轻组织氧化损伤的作用。

五、冬凌草(也称碎米桠)

(一)主要成分

冬凌草的主要成分为冬凌草甲素、冬凌草乙素、冬凌草素、卢氏冬凌草甲素，以及单萜、倍半萜、二萜、三萜等一系列萜类组分等。

(二)生理功能

冬凌草对移植性动物肿瘤、食道癌、乳腺癌和肉瘤、肝癌、网织细胞肉瘤等均有明显抑制作用。

六、虾青素

(一)性状

虾青素为红褐色至褐色粉末或液体，在油脂溶液中呈橙红色。耐热性强，耐光性差，不随pH变化而变色，长时间与空气接触会褪色。溶于乙醇和油脂，不溶于水。属类胡萝卜素，但不能转化为维生素A。可作为食用色素使用。

(二)生理功能

1. 辅助抑癌作用

虾青素对肿瘤细胞增殖起抑制作用，尤其对人的大肠癌细胞的增殖有明显抑制作用。此外，对膀胱癌、口腔癌和由紫外线引起的皮肤癌也有一定抑制作用。

2. 抗氧化作用

虾青素有很强的抗氧化和消除自由基的作用。在类胡萝卜素中，抗氧化作用随着共轭双键的增加而增强，以虾青素的作用最强。

3. 增强免疫功能

虾青素能促进T细胞的活性作用。

(三)食品安全学评价

许多日常食物中含有大量的虾青素，养殖大西洋鲑鱼含虾青素4～10 mg/kg，野生银大马哈鱼平均含虾青素14 mg/kg，红大马哈鱼的虾青素质量浓度高达40 mg/kg。人分别服用3.6 mg/d、7.2 mg/d、14.4 mg/d剂量的虾青素都没有出现不良反应，而且血浆LDL氧化的速率随剂量增加而减慢。最近，Mera医药公司进行了如下试验：33位健康成年人志愿者每天服用3.85 mg或19.25 mg天然虾青素(来源于血球藻干粉)，持续29 d，在试验前、试验中和试验后对志愿者进行全面的身体检查，包括体重、肤色、外貌、血压、视觉、色觉、深度感知、眼、耳、鼻、口腔、咽喉、牙齿、胸腔、肺、尿样分析、血样分析(血细胞计数、血色素、肝酶活性等)，没有发现虾青素有毒副作用。其他研究结果也说明虾青素是安全的。

七、硒及含硒制品

(一)概述

硒为人体必需微量元素之一，是红细胞中谷胱甘肽过氧化物酶等的必要成分，并以此形式与生育酚相互协同发挥抗氧化作用，即防止不饱和脂肪酸中双键的氧化，使细胞膜避免过氧化物损害。此外，也以甲酸脱氢酶、甘氨酸还原酶和肌肉蛋白等形式存在。估计人体含硒14～20 mg，主要分布于肺、肝、皮肤、肾、毛发等中，其中的1/3存在于肌肉尤其是心肌中。在血液中的含量为1～10 μmol/L。

动物缺硒时可表现为：禽类生长障碍、羽毛失常、胰腺的纤维变性；牛羊则患白肌病；猪可发生饮食性肝坏死等。近年来经进一步研究，发现硒与肿瘤、免疫等有密切关系。

在天然食品麦芽、大麦、鱼类、大蒜、蘑菇等中都含有丰富的硒(mg/kg)：小麦胚1.11，小麦麸皮0.63，小麦面粉0.19，麦片0.45，鳕鱼0.43，比目鱼0.34，牡蛎0.65，生大蒜0.25，鲜蘑菇0.13，猪肾1.89，牛肉0.20，鸡腿肉0.14，鱼粉1.93。

为弥补天然食品中硒量的不足，按GB 2760—2014规定，可用硒酸钠、亚硒酸钠、硒蛋白、富硒食用菌粉、富硒酵母等作为硒源。其中富硒酵母因其安全性和吸收率高而广为采用。

(二)生理功能

1. 辅助抑制肿瘤作用

(1)与蛋白质相结合而成为谷胱甘肽过氧化物酶。该酶具有明显的抗氧化作用，能抑制和分解过氧化反应，从而清除自由基，保护细胞的畸变，并能修复细胞畸变所带来的分子损伤，起到抑制肿瘤的作用。

(2)硒能调节 cAMP 的代谢，抑制肿瘤细胞中磷酸三酯酶的活性。使能抑制肿瘤细胞 DNA 合成的 cAMP 的水平提高，阻止肿瘤细胞的分裂，从而起到抗肿瘤的作用。

(3)硒能增强吞噬细胞的吞噬作用，增强 T 细胞和 B 细胞的增殖力。即通过提高机体细胞的免疫功能而起到抗肿瘤的作用。

(4)硒能影响致癌物质的代谢，抑制前致癌物转变成致癌物。

(5)维生素 A 和维生素 E 均能增强硒的抗肿瘤能力。

2. 免疫调节作用

(1)硒能刺激机体产生较多的免疫球蛋白 IgM 和 IgG。

(2)硒能激活巨噬细胞、脾淋巴细胞的增殖反应和 T 淋巴细胞的活性。

(3)硒能明显提高中性粒细胞的活性氧化代谢产物的产生，增强中性粒细胞的吞噬能力。

3. 降低黄曲霉毒素的毒性

硒能缓和由黄曲霉毒素所致的急性损伤(肝中心小叶坏死的程度和死亡率)。

八、十字花科蔬菜

(一)概述

十字花科蔬菜是一类因有十字花而得名的蔬菜，包括卷心菜、甘蓝、花菜、白菜、萝卜及其他的芸薹科和芸薹属蔬菜。研究证明，十字花科蔬菜及其某些成分具有防癌作用。

异硫氰酸酯是天然存在于各种十字花科蔬菜中的葡糖异硫氰酸酯的降解产物，是研究得最多的十字花科蔬菜的成分。十字花科蔬菜中有各种具有预防作用的化学物质，其浓度取决于降水、日照、土壤和种子储备情况等。

(二)生理功能

摄入十字花科蔬菜可预防肺、胃、结肠肿瘤。体内试验证明，十字花科蔬菜对致癌物有混合的脱甲基和氧化作用；能预防肝、肺、乳腺、胃和食管肿瘤的发展。

工作页 3-6-2　具有辅助抑制肿瘤作用的功能性食品

模块 3：各类功能性食品的功效作用 项目 6：具有辅助抑制肿瘤作用的功能性食品	任务 2：具有辅助抑制肿瘤作用的功能性食品
主题：大蒜、番茄红素等辅助抑制肿瘤作用的功能性食品的主要生理功能	编号：工作页 3-6-2
所属课程：功能性食品开发与应用	所属专业：
姓名：	班级 & 组号：

续表

1. 素质目标 (1)强化学生自主学习能力，加强团队合作意识。 (2)树立严谨、科学的态度，增强责任感。 (3)提高职业素养。
2. 知识目标 (1)明确大蒜、番茄红素的主要生理功能。 (2)了解冬凌草、虾青素的生理功能。
3. 能力目标 (1)能够掌握大蒜、番茄红素的主要生理功能。 (2)能够初步掌握辅助抑制肿瘤功能性食品的配制原则。
4. 知识要点 (1)大蒜具有生理功能的成分有哪些？ (2)大蒜素为什么可以抑制肿瘤？大蒜素如何食用有效？ (3)番茄红素在哪些食物中存在？如何使其发挥抑制肿瘤的作用？ (4)为什么硒及含硒制品具有抑制肿瘤的作用？

【学习资源】

具有辅助抑制肿瘤的功能性食品学习视频 1

具有辅助抑制肿瘤的功能性食品学习视频 2

具有辅助抑制肿瘤的功能性食品学习视频 3

具有辅助抑制肿瘤的功能性食品学习视频 4

项目7 具有辅助增强免疫力作用的功能性食品

任务1 人体免疫的认知

【学习目标】

1. 明确免疫的基本概念；
2. 了解人体的免疫系统。

【工作情景】

在生物进化过程中，免疫系统出现于脊椎动物身上并趋于完善。免疫系统对维持机体正常生理功能具有重要作用。

早在16世纪，人们就注意到传染病患者痊愈后，对该病就有不同程度的免疫力。因此认为免疫是指对传染因子的再次感染获得抵抗力，即机体在初次感染后对传染因子产生了免疫应答的结果。

20世纪初，已经揭示了一些与抗感染无关的且对机体有害的免疫现象，如注射异种动物的血清引起的血清病、血型不符的输血引起的输血反应、有些物质引起的过敏反应等。

现代医学发现，某些疾病如肿瘤、病毒感染、自身免疫性疾病以及器官移植和衰老等，都与机体的免疫功能异常有关。免疫功能低下，会对机体健康产生极为不利的影响，使多种传染病、非传染病的发病率和死亡率提高，其中引人注目的有肿瘤等。造成机体免疫力下降的原因有多种，诸如营养失衡、精神或心理因素、年龄增大、慢性疾病、应激、内分泌失调和遗传因素等。

知识储备

一、免疫的基本概念

(一)免疫

免疫是指机体接触“抗原性异物”或“异己成分”的一种特异性生理反应，它是机体在进化过程中获得的“识别自身、排斥异己”的一种重要生理功能。

免疫分为特异性免疫和非特异性免疫两种。

1. 特异性免疫

特异性免疫又称获得性免疫或适应性免疫，这种免疫只针对一种病原。是经后天感染(病愈或无症状的感染)或人工预防接种(菌苗、疫苗、类毒素、免疫球蛋白等)获得免疫而使机体获得抵抗感染的能力。一般是在微生物等抗原物质刺激后才形成的(免疫球蛋白、免疫淋巴细胞)，并能与该抗原起特异性反应。

2. 非特异性免疫

非特异性免疫又称先天免疫或固有免疫。它和特异性免疫一样都是人类在漫长进化过程中获得的一种遗传特性，但是非特异性免疫是人一生下来就具有的，无特异性，并可遗传给后代。在抗感染过程中起着第一道防线的作用。

特异性免疫与非特异性免疫有着密切的关系。前者是建立在后者的基础上，而又大大增强后者对特异性病原体或抗原性物质的清除能力，显著提高机体防御功能。免疫功能是逐步完善和进化的结果，其中非特异性免疫是生物赖以生存的基础。

3. 人体的三道防线

第一道防线：由皮肤和黏膜构成，阻挡病原体侵入人体，且其分泌物如乳酸、脂肪酸、胃酸和酶等还有杀菌的作用。呼吸道黏膜上有纤毛，可清除异物。

第二道防线：体液中的杀菌物质和吞噬细胞。

第三道防线：免疫器官和免疫细胞。

前两道防线是人生来就有的，对多种病原体都有防御作用，叫非特异性免疫(又称先天性免疫)；第三道防线是人出生以后建立起来的防御功能，只针对某一特定的病原体或异物起作用，因而叫作特异性免疫(又称后天性免疫)。

(二)抗原

抗原是指能在机体内引起免疫应答的物质，可以是细菌、病毒、寄生虫、异体蛋白和药物等。它具有两种特性。

(1)刺激机体免疫系统产生特异性免疫反应，并形成抗体或致敏淋巴细胞，这种性质称为免疫原性或抗原性。

(2)与抗体或致敏淋巴细胞特异性结合出现免疫反应物质，这种性质称为反应原性。

(三)抗体与免疫球蛋白

1. 抗体

抗体是在抗原物质对机体刺激后形成的，为一类具有与该抗原发生特异结合反应功能的球蛋白。

2. 免疫球蛋白

免疫球蛋白是指具有抗体活性或化学结构上与抗体相似的球蛋白。人类免疫球蛋白分为五大类，即 IgG、IgM、IgA、IgD 和 IgE。其中 IgG 是血清中含量最多的主要抗体。含有抗体的血清称为抗血清(Antiser-um)。

抗体是免疫球蛋白，但免疫球蛋白并不都具有抗体活性。免疫球蛋白的范围比抗体更广些。

(四)补体

补体是人或动物体液中正常存在的一组与免疫有关的并具有酶活性的球蛋白。补体约占血清球蛋白总量的10%，含量相对稳定，与抗原刺激无关，故不随机体特异性免疫的建立和增强而增强。

补体是一组球蛋白，在血清中的含量比较稳定，不随免疫接种而增加。一般情况下，补体在体液中呈无活性的状态，当受到某种“激活剂”(如细胞抗原—抗体复合物)的作用后，其各组成成分依次被活化，补体各成分或其裂解片段才具有活力。活化的补体作用于细胞膜，最终会引起细胞膜的不可逆损伤，导致细胞(细菌)的溶解。

激活后的补体系统，呈现一系列具有酶活力的连锁反应，在体内参与特异性和非特异性免疫反应。以抗体为介质的杀菌、溶菌及溶细胞等免疫反应，均需有补体参加。补体系统在激活过程中会产生趋化因子、过敏毒素之类的免疫因子，引发一系列的生物效应，表现出增强机体的防御能力，但也可能出现导致疾病的免疫病变。

二、免疫系统

机体的免疫功能是由一个复杂的免疫系统实现的，包括免疫器官、免疫细胞和免疫因子。免疫系统的存在及其功能的正常化，是机体免疫功能稳定的基本保证。

机体的免疫系统就是通过这种对自我和非我物质的识别和应答，承担着三方面的基本功能。

(1)防御功能，即机体通过免疫应答防御、消除外来病原体的侵害，维护机体健康和功能，是机体防卫病原体入侵最有效的武器。

(2)自我稳定功能，即正常机体免疫系统内部的自控机制，以维持免疫功能在生理范围内的相对稳定性，清除衰老、死亡或损伤的细胞。

(3)免疫监视功能，即监视和识别体内出现的突变细胞并通过免疫应答消除这些细胞，防止肿瘤的发生或持久的病毒感染。

(一)免疫器官

免疫器官是指实现免疫功能的器官和组织，包括中枢免疫器官和外周免疫器官两大类。前者对免疫应答的发生有决定性的作用，是能左右机体实现免疫应答功能的器官。后者是接受抗原刺激产生免疫应答的场所。由于其主要成分都是淋巴组织，故也称为淋巴器官。

1. 中枢免疫器官

中枢免疫器官包括骨髓、胸腺、腔上囊和类囊组织。由于它们在免疫应答中的首要作用，故也称为一级免疫器官。

中枢免疫器官发生于胚胎的早期，是造血干细胞增殖、发育并分化成 T 细胞与 B 细胞的场所，可以不需抗原刺激而增殖淋巴细胞，并向外周免疫器官输送 T 细胞和 B 细胞，决定着外周免疫器官的发育。

(1)骨髓。

骨髓是各种免疫细胞的原始发源地，是多能干细胞的所在地。多能干细胞具有强大的分化能力，可分化发育成红细胞、粒细胞、单核细胞(到组织中转化为巨噬细胞)、巨核细胞和淋巴细胞等，其中淋巴细胞约占骨细胞总量的 20%。骨髓既是 T 和 B 细胞的发源地，也是 B 细胞的成熟场所，此外还可产生 K 细胞等。

(2)胸腺。

胸腺位于人体胸腔前纵隔上部、胸骨后方，是胚胎期发生最早的淋巴组织，为 T 细胞的发源地，是免疫系统的中心器官。它还可产生以胸腺素为代表的各种胸腺激素，这些激素通过诱导 T 细胞的成熟，来达到对免疫功能的调节作用。

(3)腔上囊(或称法氏囊)。

腔上囊是鸟类独有的淋巴上皮器官，能够影响 B 细胞的分化与成熟。人和哺乳动物虽没有腔上囊，但有作用相似的类囊组织(Bursa Equivalent)能直接形成 B 细胞。

2. 外周免疫器官

外周免疫器官又称二级免疫器官，包括脾、淋巴结及黏膜相关的淋巴组织。这些器官的发育较迟，其淋巴细胞最初是由中枢免疫器官迁来的，靠抗原的刺激而增殖，是接受抗原刺激发挥免疫作用的主要场所。

(1)脾。

脾是血液通路中的滤过器官，也是体内最大的免疫器官。脾可产生大量的淋巴细胞，其中以B细胞为主，约占总数的60%。脾还含有大量的巨噬细胞，在全身免疫和清除自身已衰老的红细胞等方面发挥重要作用。

(2)淋巴结。

淋巴结是呈豆形网状结构的组织，分布在全身的各个不同部位，如颈、腋、腹股沟、肠系膜、盆腔及肺门等，其中以肠道附近、扁桃体和肝组织内较多。淋巴结是淋巴细胞定居和增殖的场所，其含有大量的淋巴细胞和巨噬细胞，参与抗原与抗体的复合反应，清除抗原异物。

(3)黏膜相关的淋巴组织。

黏膜相关的淋巴组织呈球形，分布在消化道、呼吸道、泌尿生殖道和眼结膜等黏膜下异物容易入侵的部位。其所含有的淋巴细胞主要是B细胞，此外还有巨噬细胞。

(4)肠道。

肠道过去一直被认为是一个单纯消化吸收的器官，近年的研究表明它也是人体的一种免疫器官，而且可能是最大的免疫器官。

(二)免疫细胞

免疫细胞泛指所有参与免疫应答的细胞及其前身，包括淋巴细胞、单核吞噬细胞、粒细胞和红细胞等。人和哺乳动物的所有免疫细胞，都是从骨髓中的多能干细胞分化而来。

1. 淋巴细胞

淋巴细胞是机体内最为复杂的一个细胞系，包括T细胞、B细胞、NK细胞和K细胞等，其中T细胞和B细胞还分为若干亚群。因此，淋巴细胞是种类繁多而分工细致的一个复杂细胞类群。

(1)T细胞(T淋巴细胞)依赖于胸腺，由T细胞参与的免疫应答是由T细胞直接实现的，称为细胞免疫。

(2)B细胞(B淋巴细胞)依赖于骨髓(或鸟类的腔上囊)，由B细胞参与的免疫应答，是通过抗体实现的，称为体液免疫。T细胞和B细胞都有保存免疫记忆的能力。

(3)NK细胞是自然杀伤细胞的简称，发源于骨髓干细胞，而后分布于外周组织，主要是脾和外周血中。在人外周静脉血中，NK细胞占淋巴细胞总数的5%～10%。NK细胞是自发的细胞介导细胞毒，其细胞毒活力虽比T细胞和K细胞弱些，但作用快，是机体重要的非特异性防御机能。

(4)K细胞是杀伤细胞的简称，约占淋巴细胞总数的5%～15%，存在于腹腔渗出液、脾、淋巴结和血液中。K细胞具有抗体依赖的细胞介导细胞毒作用，对靶细胞的识别与杀伤作用完全依赖于抗体，属于非特异性免疫反应。

2. 单核吞噬细胞与抗原递呈细胞

单核吞噬细胞，包括血液中的单核细胞与组织中的巨噬细胞，它们具有吞噬、杀菌、细胞毒、抗原的处理与递呈、免疫调节等多种重要的生理功能。

抗原递呈细胞(APC)的主要作用是捕捉和处理抗原，并将有效抗原递呈给T细胞和B

细胞，同时激活之。由于 APC 能辅佐 T 和 B 细胞发生免疫应答，故又称为辅佐细胞(Accessory Cell，A 细胞)。

3. 粒细胞

粒细胞由骨髓产生，其数量占正常血液白细胞总数的 60%～70%。粒细胞分中性(Neutrophil)、嗜酸性(Eosinophil)与嗜碱性(Basophil)三种，主要起吞噬作用，与抗体和补体一起抵抗微生物的侵袭，在炎症反应中起重要作用。

4. 红细胞

红细胞与白细胞一样来源于多能干细胞。以往一直认为红细胞主要起呼吸功能，白细胞则主要执行免疫与防御功能。近些年来随着研究的深入，已认识到红细胞不仅具有呼吸作用，同样具有免疫功能。

(三)免疫因子

在免疫应答中，抗原刺激仅是淋巴细胞分化增殖的触发物或第一信号，免疫因子在分化过程中发挥第二信号的介导作用。免疫因子就是由淋巴细胞、巨噬细胞等分泌的具有免疫介导作用的可溶性活性因子，也可称为细胞因子(Cytokine)。

由淋巴细胞分泌的称为淋巴因子，由单核吞噬细胞分泌的称为单核因子。目前，研究进展迅速的淋巴因子，有白细胞介素、白细胞调节素和肿瘤坏死因子等。

(四)免疫应答

1. 免疫应答的概念

抗原性物质进入机体后激发免疫细胞活化、分化和效应的过程称之为免疫应答。

2. 免疫应答的过程

免疫应答的过程包括：①免疫细胞对抗原分子的识别过程；②免疫细胞对抗原细胞的活化和分化过程；③效应细胞和效应分子的排异作用。

3. 免疫应答的作用

免疫细胞的功能，首先是识别异己物质，对机体细胞有时出现的突变——细胞株，加以识别并消除，保持正常细胞株的纯正性，防止癌变的发生，这就是免疫监视的功能。

免疫防御功能是指机体正常的免疫力，可以防御与消灭侵入机体内的病原微生物，通过抗原抗体反应产生免疫应答，保护机体旺盛的免疫功能与健康水平。

(1)特异性的免疫应答。

免疫应答是指抗原进入机体后，免疫细胞对抗原分子的识别、活化、增生、分化，以及最终发生免疫效应等一系列复杂的生物学反应过程。

在一般的情况下，免疫应答是机体免疫系统执行其防卫功能的生物学过程，是一种维持机体正常活动的保护作用，也就是免疫保护。但是，它也可能对机体造成损伤，引起超敏反应或自身免疫疾病等。因此，某些条件下的免疫反应是有害的，不能认为免疫功能对机体都是有利的。

(2)非特异性的免疫应答。

①吞噬作用。病原微生物等异物，通过皮肤或黏膜侵入组织后，可被存于体内不同部位的中性粒细胞与单核吞噬细胞所逐级吞噬。

②细胞毒作用。巨噬细胞对异己细胞的杀伤作用，除了吞噬作用外，还具有下列三种不同形式的细胞毒作用：激活巨噬细胞的细胞毒作用、武装巨噬细胞的细胞毒作用、抗体

介导的细胞毒作用。

值得注意的是，上述三种非吞噬的细胞毒作用都可以杀伤肿瘤细胞。但在肿瘤组织中，与肿瘤相关的巨噬细胞有异质性，一方面能杀伤瘤细胞，另一方面也能助长瘤细胞生长或转移。

工作页 3-7-1　人体免疫的认知

模块 3：各类功能性食品的功效作用 项目 7：具有辅助增强免疫力作用的功能性食品	任务 1：人体免疫的认知
主题：免疫的基本概念及对免疫系统的认知	编号：工作页 3-7-1
所属课程：功能性食品开发与应用	所属专业：
姓名：	班级 & 组号：
1. 素质目标 (1)强化学生自主学习能力，加强团队合作意识。 (2)树立严谨、科学的态度，增强责任感。 (3)提高职业素养。	
2. 知识目标 (1)明确免疫的基本概念。 (2)了解人体的免疫系统。	
3. 能力目标 能够掌握免疫的基本概念。	
4. 知识要点 (1)免疫的概念、分类。 (2)抗原的概念。 (3)免疫系统的组成。	
5. 讨论分析 (1)特异性免疫与非特异性免疫的概念。 (2)什么是人体的三道防线？ (3)免疫系统由哪些组织组成？ (4)免疫应答有何作用？	

任务2 具有辅助增强免疫力作用的功能性食品

【学习目标】

1. 明确营养强化剂与免疫功能的关系；
2. 掌握免疫球蛋白、免疫活性肽、活性多糖的主要生理功能；
3. 了解具有辅助增强免疫力的天然食品。

【工作情景】

猴头菇作为食材，是美味菜肴。同时，猴头菇也是药材，用猴头菇这一药材制成的药品叫猴菇片，在《中华人民共和国卫生部药品标准》有记载："本品为猴头菇经加工制成的片剂，具有养胃和中的功效，用于胃、十二指肠溃疡及慢性胃炎的治疗。"另外，现代医学和药理学的很多研究对猴头菇多糖的药用功效概括为提高免疫力、抗肿瘤等多种生理功能。

知识储备

一、营养强化剂

营养强化剂是为增强营养成分而加入食品的天然的或者人工合成的属于天然营养素范围的食品添加剂，如维生素类(如：维生素A、维生素D、维生素E、维生素C、B族维生素等)；矿物质类(如钙、铁、锌、硒、镁、钾、碘等)；氨基酸类(如牛磺酸、赖氨酸等八种必需氨基酸)；其他营养素[如蛋白质、DHA(二十二碳六烯酸)、低聚糖、膳食纤维、卵磷脂、核苷酸、左旋肉碱等]。

(一)蛋白质与免疫功能

蛋白质是机体免疫防御体系的"建筑原材料"，人体的各免疫器官以及血清中参与体液免疫的抗体、补体等重要活性物质都主要由蛋白质构成。当人体出现蛋白质营养不良时，免疫器官(如胸腺、肝脏、脾脏、黏膜、白细胞等)的组织结构和功能均受到不同程度的影响，特别是免疫器官和细胞免疫受损将更严重一些。

目前，常用于食品强化的蛋白质有：大豆蛋白、乳清蛋白、脱脂乳粉、酵母粉、鱼粉等。

(二)维生素与免疫功能

1. 维生素A

维生素A从多方面影响机体免疫系统的功能，包括对皮肤/黏膜免疫力的增强、提高机体细胞免疫的反应性及促进机体对细菌、病毒、寄生虫等病原微生物产生特异性的抗体。

2. 维生素C

维生素C是人体免疫系统必需的维生素，能提高具吞噬功能的白细胞的活性；参与机体免疫活性物质(抗体)的合成；促进机体产生干扰素(能干扰病毒复制的活性物质)抗病毒。

3. 维生素E

维生素E是重要的抗氧化剂，有效的免疫调节剂，能促进机体免疫器官的发育和免疫细胞的分化，提高机体细胞免疫和体液免疫。

(三)矿物元素与免疫功能

1. 铁

铁对免疫器官的发育、免疫细胞的形成及免疫细胞的杀伤力均有影响。铁是较易缺乏的营养素，多见于儿童和孕妇、乳母等。婴幼儿的免疫系统发育还不完善，易感染疾病，预防铁缺乏对这一人群有着十分重要的意义。

2. 锌

锌是在免疫功能方面被关注和研究得最多的元素。它的缺乏对免疫系统的影响十分迅速和明显，且涉及的范围比较广泛，包括免疫器官的功能、细胞免疫、体液免疫等多方面。

二、免疫球蛋白

1. 免疫球蛋白概述

免疫球蛋白是一类具有抗体活性或化学结构与抗体相似的球蛋白，普遍存在于哺乳动物的血液、组织液、淋巴液及外分泌液中。免疫球蛋白在19世纪末被发现后在医学实践中曾发挥了巨大作用，但对其在食品工业中应用的研究则是近十年的事情。20世纪90年代美国公司陆续生产出含活性免疫球蛋白的奶粉等。1998年，新西兰健康食品有限公司含免疫球蛋白的两种牛初乳粉和牛初乳片进入中国市场。近年来我国一些单位也加大了对免疫球蛋白作为功能性食品添加剂的研究与开发力度。

2. 免疫球蛋白的生理功能

(1)调理吞噬作用。

(2)杀伤和破坏肿瘤细胞或受感染的细胞。

(3)通过胎盘传递给胎儿，增强胎儿和新生儿的免疫力。

(4)与补体结合杀死有害细菌和病毒，增强机体免疫力。

三、免疫活性肽

人乳或牛乳中的酪蛋白含有刺激免疫的生物活性肽，大豆蛋白和大米蛋白通过酶促反应，可产生具有免疫活性的肽。免疫活性肽能够增强机体免疫力，刺激机体淋巴细胞的增殖，增强巨噬细胞的吞噬功能，提高机体抵御外界病原体感染的能力，降低机体发病率，并具有抗肿瘤功能。由于免疫活性肽是短肽，稳定性强，不仅可以制成针剂，作为治疗免疫能力低下的药物，而且，可以作为有效成分添加到奶粉、饮料中，增强人体的免疫能力。

四、活性多糖

活性多糖是一种新型高效免疫调节剂，能显著提高巨噬细胞的吞噬能力，增强淋巴细胞(T淋巴细胞、B淋巴细胞)的活性，起到抗炎、抗细菌、抗病毒感染、抑制肿瘤、抗衰老的作用。活性多糖主要有植物多糖、动物多糖、菌类多糖、藻类多糖等，如香菇多糖、猴菇菌多糖、灵芝多糖、猪苓多糖、茯苓多糖、云芝多糖、黑木耳多糖、银耳多糖(TF)、人参多糖、刺五加多糖等。

1. 香菇多糖

香菇多糖是T细胞特异性免疫佐剂，从活性T细胞开始通过T辅助细胞再作用于B细胞。香菇多糖还能间接激活巨噬细胞，并可增强NK细胞活性，对实体瘤有抑制作用。

2. 猴菇菌多糖

猴菇菌多糖是猴头子实体中提取的多聚糖，可明显提高小鼠胸腺巨噬细胞的吞噬功能，提高NK细胞(自然杀伤细胞)活性。自然杀伤细胞是机体重要的免疫细胞，不仅与抗肿瘤、抗病毒感染和免疫调节有关，而且在某些情况下参与超敏反应和自身免疫性疾病的发生，能够识别靶细胞、杀伤介质。

3. 灵芝多糖

灵芝多糖是灵芝子实体中分离的水溶性多糖。灵芝多糖可使T淋巴细胞增多，加强网状内皮系统功能。灵芝多糖对免疫机能低下的老年小鼠，对抗体形成细胞的产生也有促进作用。

4. 猪苓多糖

猪苓多糖是从猪苓中得到的葡聚糖，可增强单核巨噬细胞系统的吞噬功能，增加B淋巴细胞对抗原刺激的反应，使抗体形成细胞数增加。猪苓为常用的菌类药材。

5. 茯苓多糖

茯苓多糖是从多孔菌种茯苓中提取的多聚糖，茯苓多糖、羟乙基茯苓多糖、羧甲基茯苓多糖等腹腔注射可明显增强小鼠腹腔巨噬细胞吞噬率和吞噬指数。上述多糖可不同程度地使T细胞毒性增强，增强动物细胞免疫反应，促进小鼠脾脏NK细胞活性。

茯苓是寄生在松树根上的菌类植物，形状像甘薯，外皮黑褐色，里面白色或粉红色，产于云南、安徽、湖北、河南、四川等地。

6. 云芝多糖

云芝多糖从多孔菌种云芝中提取，是近年来引人注目的肿瘤免疫药物。国产胞内多糖可明显增强小白鼠对金黄色葡萄球菌、大肠杆菌、绿脓杆菌、宋内氏痢疾杆菌感染的非特异性抵抗力。

云芝是最具药用价值的真菌之一，具有清热、解毒、消炎、抗癌、保肝等功效。

7. 黑木耳多糖

黑木耳多糖从黑木耳子实体中提取，有明显促进机体免疫功能的作用，促进巨噬细胞吞噬和淋巴细胞转化等。黑木耳多糖对组织细胞有保护作用(抗放射和抗炎症等)。

8. 银耳多糖

银耳多糖是从银耳子实体中得到的多聚糖，有明显的增强免疫功能，且影响血清蛋白和淋巴细胞核酸的生物合成，可显著增加小鼠腹腔巨噬细胞的吞噬功能。

9. 人参多糖

人参多糖可刺激小鼠巨噬细胞的吞噬及促进补体和抗体的生成。人参多糖对特异性免疫与非特异性免疫、细胞免疫与体液免疫都有影响。口服人参多糖可使羊红细胞、免疫小鼠的B细胞增加，血清中特异性抗体及IgG显著增加。

10. 刺五加多糖

刺五加多糖由刺五加根中分离得到 7 种多糖，对体外淋巴细胞转化有促进作用，还能促进干扰素生成的能力

11. 黄芪多糖

黄芪多糖由黄芪根中分离出一种多糖组分，为葡萄糖与阿拉伯糖的多聚糖。黄芪多糖是增强吞噬细胞吞噬功能的有效成分，故能增强机体的免疫功能。黄芪还有保肝、利尿、抗衰老、抗应激、降压和较广泛的抗菌作用。

五、超氧化物歧化酶(SOD)

超氧化物歧化酶广泛存在于动物、植物、微生物中的金属酶，能清除人体内过多的氧自由基，防御氧毒性，增强机体抗辐射损伤能力，防衰老，在一些肿瘤、炎症、自身免疫疾病等治疗中有良好疗效。SOD 分三类：Cu・Zn-SOD、Fe-SOD 和 Mn-SOD。SOD 是目前研究得最深入、应用得最广泛的一种酶类自由基清除剂。我国主要是从动物血液中提取 SOD，受到血源和得率的限制，影响了 SOD 的生产成本和推广应用。

SOD 的生理功能：① 清除体内产生的过量超氧阴离子自由基，保护 DNA、蛋白质和细胞膜免遭 O_2^- 的破坏作用；② 提高人体对自由基外界诱发因子的抵抗力，增强机体对烟雾、辐射、有毒化学品及医药品的适应性；③ 增强人体自身的免疫力，提高人体对自由基受损引发的疾病的抵抗力，治疗因免疫功能下降而引发的疾病；④ 清除放疗诱发的大量自由基，减少组织损伤；⑤ 消除疲劳，增强对剧烈运动的适应力。

六、双歧杆菌和乳酸菌

1. 双歧杆菌

双歧杆菌能增强免疫系统的活性，激活巨噬细胞，使其分泌多种重要的细胞毒性效应分子。能增强机体的非特异性和特异性免疫反应，提高 NK 细胞和巨噬细胞活性，提高局部或全身的抗感染和防御功能。

2. 乳酸菌

乳酸菌在肠道内产生的四聚酸可杀死大批有害的、具有抗药性的细菌。乳酸菌菌体抗原及代谢物还通过刺激肠黏膜淋巴结，激发免疫活性细胞，产生特异性抗体和致敏淋巴细胞，调节机体的免疫应答，防止病原菌侵入和繁殖。还可以激活巨噬细胞，加强和促进吞噬作用。

七、大蒜素

在抗肿瘤一章提到过大蒜，它具有的强烈辛辣味的挥发性物质就是大蒜素。大蒜素不稳定，遇光、热或有机溶剂即降解成各种含硫有机化合物，形成大蒜的特殊气味。大蒜素能显著提高机体的细胞免疫功能与其抗肿瘤作用密切相关。美国卫生总署国家癌症中心 1992 年用 2700 万美元历时 3 年进行“防癌食品”研究，对 40 多种食物比较后得出：大蒜为第一位有效抑癌物质。

大蒜的生理功能包括：①阻断亚硝胺的合成，辅助抑制肿瘤。新鲜大蒜液对小鼠乳腺癌的生长有抑制作用；日本曾用大蒜“疫苗”对接有上百万个肿瘤的小鼠进行试验无一发生

癌症(维生素 C、维生素 E 等也能阻断亚硝胺的合成)；②免疫调节作用。可增加实验动物脾脏(人体中最大的淋巴器官)重量，增加吞噬细胞和 T 细胞数，增强吞噬细胞的吞噬能力，提高淋巴细胞转化率；③降低胃内亚硝酸盐含量，降低胃癌发病率，促进肠胃消化液的分泌、杀灭微生物等作用。

八、茶多酚

茶多酚是茶叶中多酚类物质的总称，包括黄烷醇类(儿茶素)、花色苷类、黄酮类、黄酮醇类和酚酸类等。茶多酚是形成茶叶色香味的主要成分之一，也是有保健功能的主要成分之一。茶多酚能消除有害自由基、抗衰老的作用，还能抗辐射，能有效地阻止放射性物质侵入骨髓，并可使锶 90 和钴 60 迅速排出体外，被健康及医学界誉为“辐射克星”。对癌细胞有抑制作用，对烟民可清洗肺部尼古丁。减肥、延缓衰老均应用到茶多酚。

茶多酚、皂苷均具有较强的调节机体免疫功能的作用，功能性食品生产时，可作为调节机体免疫功能的原料。除上述有效成分外，花粉、甲鱼、红枣、人参、绞股蓝、大豆蛋白、大枣、沙棘、枸杞、魔芋、银杏叶、莲子、黑芝麻、甘草、各种食用菌、蜂王浆、螺旋藻和阿胶等许多含有相应成分的食品都可选择。

九、生物制剂

生物制剂是具有免疫调节作用的生物活性物质，也称生物反应调节剂。包括各种细胞因子、胸腺肽、转移因子、单克隆抗体及其交联物等。

1. 各种细胞因子

细胞因子具有广泛的生物学作用，能参与体内许多生理和病理过程的发生与发展。利用基因工程技术，目前已经有几十种细胞因子的基因被克隆并获得有生物学活性的表达。细胞因子作为一类重要的生物反应调节剂，对免疫缺陷、自身免疫、病毒性感染、肿瘤等疾病的治疗有效。

2. 胸腺肽

胸腺肽来自小牛、猪或羊的胸腺组织提取物，是一种可溶性多肽。其可增强 T 细胞免疫功能，用于治疗先天或获得性 T 细胞免疫缺陷病、自身免疫性疾病和肿瘤。

十、蜂胶

蜂胶是蜜蜂从植物芽孢或树干上采集的树脂(树胶)，混入其上腭腺、蜡腺的分泌物加工而成的一种具有芳香气味的胶状固体物。蜂胶所含有的丰富而独特的生物活性物质，使其具有抗菌、消炎、止痒、抗氧化、增强免疫、降血糖、降血脂、抗肿瘤等多种功能，对人体有着广泛的医疗、保健作用。

十一、螺旋藻

螺旋藻又名蓝藻、蓝海藻、蓝绿藻，因其外形呈丝状螺旋体，故将其命名为螺旋藻。研究表明，螺旋藻的蛋白质含量为 60％～71％，并含有人体必需的 8 种氨基酸，且其赖氨酸、亮氨酸、异亮氨酸和缬氨酸含量较高，维生素种类较为丰富，此外还含有许多矿物质和微量元素。经国家卫生部门批准的以螺旋藻为主要原料的保健食品现有 70 多个品种，不同的品牌批准的功能不同，共同的作用是免疫调节功能，其他功能分布在调节血脂、辅助抑制肿瘤、抗辐射、耐缺氧、抗疲劳、延缓衰老和促进生长发育作用上。

工作页 3-7-2　具有辅助增强免疫力作用的功能性食品

模块 3：各类功能性食品的功效作用 项目 7：具有辅助增强免疫力作用的功能性食品	任务 2：具有辅助增强免疫力作用的功能性食品
主题：营养强化剂与免疫功能的关系；具有辅助增强免疫力作用的功能性食品	编号：工作页 3-7-2
所属课程：功能性食品开发与应用	所属专业：
姓名：	班级 & 组号：
1. 素质目标 (1)强化学生自主学习能力，加强团队合作意识。 (2)树立严谨、科学的态度，增强责任感。 (3)提高职业素养。	
2. 知识目标 (1)明确营养强化剂与免疫功能的关系。 (2)掌握免疫球蛋白、免疫活性肽、活性多糖的主要生理功能。 (3)了解具有辅助增强免疫力的天然食品。	
3. 能力目标 (1)能够明确营养强化剂与免疫功能的关系。 (2)能够掌握免疫球蛋白、免疫活性肽、活性多糖的主要生理功能。	
4. 知识要点 (1)营养强化剂与免疫力的关系。 (2)总结可增强免疫力的活性多糖。	
5. 讨论分析 (1)免疫球蛋白有何生理功能？ (2)哪些活性多糖具有提高免疫力的作用？ (3)双歧杆菌和乳酸菌为什么可以提高免疫力？	

项目 8　具有辅助缓解体力疲劳作用的功能性食品

任务 1　对疲劳的认知

【学习目标】

1. 明确疲劳的概念；
2. 了解疲劳的分类；
3. 掌握疲劳的症状；
4. 明确疲劳对人体的影响。

【工作情景】

疲劳主要是一种主观不适感觉，《六韬·武锋》："不戒可击，疲劳可击。"近几年，由于疲劳引起的身体不适甚至是猝死案例屡见不鲜，我国古代早有"积劳成疾"的事例。如今社会竞争日趋激烈，生活压力越来越大，"劳累"已日益成为普遍现象。人们因忽视其严重后果而至酿成大患时，已悔之晚矣。因此，要随时注意过度疲劳(亚健康状态)的表现症状，当您工作、生活中疲乏时要注意劳逸结合，不妨享用抗疲劳药膳方，或许给您精神放松、疲劳顿消的感觉。

知识储备

一、疲劳的概念

无论是从事以肌肉活动为主的体力活动，还是以精神和思维活动为主的脑力活动，经过一定的时间和达到一定的程度都会出现活动能力的下降，表现为疲倦或肌肉酸痛或全身无力，这种现象就称为疲劳。

疲劳的本质是一种生理性的改变，所以经过适当的休息便可以恢复或减轻。

二、疲劳的分类

1. 根据疲劳的发生方式分类

疲劳根据其发生的方式可分急性疲劳和慢性疲劳。急性疲劳主要是频繁而强烈的肌肉活动所引起的，而慢性疲劳主要是长时间而反复的活动所引起的。当疲劳到了第二天仍未能充分恢复而蓄积时，称为蓄积疲劳。

2. 根据脑力或体力活动分类

由于连续的脑力活动或体力活动，疲劳又有仅限于中枢神经的精神疲劳和体力活动引起的身体疲劳之分。身体的疲劳又可分为全身疲劳和局部疲劳。局部疲劳按脏器可分为肌肉疲劳、心脏疲劳、肺疲劳和感觉疲劳等。精神疲劳的延续也在一定程度上伴随身体疲劳出现。

三、疲劳的症状

疲劳的症状可分一般症状和局部症状。当进行全身性剧烈肌肉运动时，除肌肉的疲劳以外，也出现呼吸肌的疲劳，心率增加，自觉心悸和呼吸困难。由于各种活动均是在中枢神经控制下进行的，因此，当工作能力因疲劳而降低时，中枢神经活动就要加强活动而补偿，逐渐又陷入中枢神经系统的疲劳。但自觉的疲劳是易受心理因素影响的，自觉疲劳增强时可出现头痛、眩晕、恶心、口渴、乏力等感觉。

四、疲劳对人体的影响

疲劳可使工作效率降低，对所有事物的反应均迟钝，学习的效率也下降。疲劳出现后若得不到及时休息，时间长了就会产生过劳进而导致健康受损。除使身体某一部分器官和系统过度紧张引起各种不同类型的病损外，也会出现循环、呼吸、消化功能等的功能减退。疲劳的影响还表现在对新陈代谢的影响，肌肉活动时肌细胞外液的 K、P 增加，体内电解质的分布情况发生改变。尿中由黏蛋白组成的胶体物排泄增加，尿中还原性物质和蛋白质的排泄也增加。

五、疲劳的生理本质

疲劳的最主要生理本质是由于肌肉活动而对能量代谢功能的影响。肌肉富含蛋白质，但是肌肉收缩的能源却不是由蛋白质分解而来的。

肌肉收缩时最先发生的反应是 ATP 的分解，这时释放出含有高能的磷酸键。一般认为这是肌肉收缩的直接能源。由于肌球蛋白和肌动蛋白的反应(结合、解离)，横纹肌每活动一次，需分解一个分子的 ATP。ATP 分解为 ADP，而 ADP 得到磷酸肌酸(CP，或称磷肌酸)分解所生成的磷酸，又立即转变为 ATP。

肌肉收缩的直接能源是 ATP。而供应此 ATP 并维持 ATP 含量的首先是磷酸肌酸，第二位的则是不断地消耗氧、生成二氧化碳，不产生乳酸而进入三羧酸循环的营养素(糖原、脂肪酸等)的氧化过程。第三位的则是生成乳酸的糖酵解过程。进行中等程度以下的肌肉运动时，磷酸肌酸的重新合成仅靠氧化过程就可以维持，所以不产生乳酸。这种情况下消耗的能量可以根据氧耗量来计算。

疲劳时由于能量消耗的增加，必然使机体的需氧量增加，在运动或劳动的过程中需氧量是否能得到满足取决于呼吸器官及循环系统的功能状态。当机体进行运动或劳动时，能量的消耗会增加，这必然导致需氧量的相应增加。为了满足这一需求，机体的心血管系统和呼吸系统必须加强活动，以确保大量的氧输送、营养物质供给、代谢产物的排出以及运动过程中产生的多余热量的散发。具体来说，心率会加快，血压升高，特别是收缩压升高更为明显；呼吸次数也会增加，肺通气量发生很大变化，以适应运动或劳动时对氧的需求。这些生理反应共同作用，以确保机体能够获得足够的氧气和营养物质，同时有效地排出代谢产物和多余热量，维持机体的正常功能状态。

工作页 3-8-1 对疲劳的认知

<table>
<tr><td>模块 3：各类功能性食品的功效作用
项目 8：具有辅助缓解体力疲劳作用的功能性食品</td><td>任务 1：对疲劳的认知</td></tr>
<tr><td>主题：疲劳的概念、分类、症状；疲劳对人体的影响</td><td>编号：工作页 3-8-1</td></tr>
<tr><td>所属课程：功能性食品开发与应用</td><td>所属专业：</td></tr>
<tr><td>姓名：</td><td>班级 & 组号：</td></tr>
<tr><td colspan="2">1. 素质目标
(1)强化学生自主学习能力，加强团队合作意识。
(2)树立严谨、科学的态度，增强责任感。
(3)提高职业素养。</td></tr>
<tr><td colspan="2">2. 知识目标
(1)明确疲劳的概念及疲劳对人体的影响。
(2)了解疲劳的分类。
(3)掌握疲劳的症状。</td></tr>
<tr><td colspan="2">3. 能力目标
(1)能够明确疲劳的概念及疲劳的症状；
(2)能够了解疲劳对人体的影响。</td></tr>
<tr><td colspan="2">4. 知识要点
(1)疲劳的概念及分类。

(2)疲劳的症状。

(3)疲劳对人体的影响。

5. 讨论分析
疲劳最主要的生理本质是什么？</td></tr>
</table>

任务 2 具有辅助缓解体力疲劳作用的功能性食品

【学习目标】

1. 掌握人参的主要有效成分、生理功能及限量标准；
2. 明确牛磺酸的生理功能及限量标准；
3. 了解富有辅助缓解体力疲劳的天然食品。

【工作情景】

中国最早有关人参药用价值的记录，见于成书秦汉时期的《神农本草经》。后来汉末《名医别录》、唐代《药性本草》、宋代《诸家本草》、元代《用药法象》等历代医书，对人参的药用功能都有提及。早在《本草纲目》中就有人参治疗"劳倦内伤"的功效记载，且现代研究证明，人参可通过加快体内能量代谢，清除堆积的自由基和乳酸，起到抗疲劳和缓解体力疲劳的功效。人参中富含皂苷类、多糖类、蛋白类以及氨基酸等营养成分，因其具有较高的营养价值，传统中医称其为"扶正固本，滋阴补生"之极品中药。药理学研究证明，人参具有调节机体免疫、降低氧化应激、抗抑郁、抗阿尔茨海默病、降血糖以及抗衰老等保健功效，可用于健康产品开发。

知识储备

一、人参

人参分亚洲种和西洋种两类，前者统称人参，后者称西洋参。亚洲种原产中国东北部，朝鲜、韩国和日本也有栽培。西洋参主产于北美的东部。

1. 主要成分

主要含18种(共40余种)人参皂苷：Ro、Rb_1、Rb_2、Rb_3、Rc、Rd、Re、Rf、Rf_2、Rg_1、Rg_2等，其中Rb组又称人参二醇型，R组又称人参三醇型，Ro组则称齐墩果酸型。其中含量高的有Rb_1、Rb_2、Rc、Re和Rg_1。另含人参多糖(7%～9%)、低聚肽类以及氨基酸、无机盐、维生素及精油等。

2. 生理功能

(1)调节中枢神经系统，改善大脑的兴奋与抑制过程使之趋于平衡；提高脑力劳动与体力劳动的工作效率，有抗疲劳的作用(尤其是其中的人参皂苷Rg_1)。

(2)增加心肌收缩力，增加心输出量与冠脉血流量，抗心肌缺血与心律失常。

(3)增强机体免疫功能。人参皂苷和人参多糖是人参调节免疫功能的活性成分，这些物质对肿瘤也有一定的抑制作用。

(4)对机体功能和代谢具有双向调节作用。向有利于机体功能恢复和加强的方面进行，即主要是改善内部(衰老等)和外部(应激、外界药物刺激等)因素引起的机体功能低下，而对于机体影响很小。如人参对于不正常血糖水平具有调节作用，而对正常血糖无明显影响。

(5)预防和治疗机体功能低下，尤其适用于各器官功能趋于全面衰退的中老年人。

(6)增强健康、强壮和补益的功能。能增强免疫系统，促进生长发育，增强动物对外部或内部因素引起功能低下的抵抗力和适应性，即抗应激作用。

人参对提高免疫作用的功能主要有以下几个方面。

①提高巨噬细胞的吞噬功能。

②促进机体特异抗体的形成。

③提高T淋巴细胞、B淋巴细胞的分裂。

④显著增强TIL细胞的体外杀伤活性。

⑤刺激白细胞介素-2的分泌。

⑥增强天然杀伤细胞的活性。

⑦提高环磷酸腺苷的水平。

3. 限量标准

一般每天不超过 3 g(宜 1～2 g)。过多食用可导致胸闷、头胀、血压升高等不适反应。

二、西洋参

西洋参俗称“芦头”，与人参同属人参属，原产北美，1784 年开始进入中国。1975 年在我国北方大面积试种，获得成功，现已发展到 17 个省，年产干品约 120 t。服用方法有煮、炖、蒸食，也可切片含化或研成细粉冲服。

1. 主要成分

西洋参主要成分为 17 种人参皂苷类，其中人参二醇单体皂苷(Rb_1，$C_{54}H_{92}O_2$)和人参皂苷 Rg_1 的含量高于亚洲人参，但不含人参皂苷 Rf 和 Rg_2。另含有人参酸、齐敦果酸、多种无机盐(锌、硒、锰、钼、锶、铜、铁、钾、镁等)、氨基酸和维生素(B_1、B_2、C)。

2. 生理功能

(1)具有抗疲劳的生理功能。

(2)对中老年人脏器功能衰弱、免疫功能低下、适应环境耐力减退，有一定保障作用。

(3)可增强机体对各种有害刺激的特异防御能力。

三、二十八醇

1. 性状

白色无味、无臭结晶。对热稳定，熔点 83.2～83.4℃。属高碳链饱和脂肪醇，溶于丙酮，不溶于水和乙醇。

2. 生理功能

(1)增强耐久力、精力和体力。

(2)提高反应灵敏度，缩短反应时间。

(3)提高肌肉耐力。

(4)增加登高动力。

(5)提高能量代谢率，降低肌肉痉挛。

(6)提高包括心肌在内的肌肉功能。

(7)降低收缩期血压。

(8)提高基础代谢率。

(9)刺激性激素。

(10)促进脂肪代谢。

3. 制法

二十八醇存在于小麦胚芽、米糠、甘蔗、苹果、葡萄等果皮中，主要以脂肪酸酯的形式存在，但在甘蔗中，却存在较多游离态的二十八醇。由上述原料经溶剂萃取法、蒸馏法、超临界萃取法等而得。

4. 用途

供制造健康食品之用，在日本用于糖果、运动员饮料等，但因不溶于水，故用于食品时，应有良好的乳化作用。

5. 安全性

(1) LD_{50} 为 18 g/kg(小鼠，经口)。

(2)小鼠精子畸变试验、骨髓微核试验、Ames 试验，均为阴性。

四、牛磺酸

(一)性状

牛磺酸又称 2-氨基乙磺酸，白色结晶或结晶性粉末。与乌贼、章鱼、贝类等风味物质的关系密切，能改善水产加工品等的风味。无臭，味微酸，水溶液 pH 4.1～5.6。熔点大于 300℃，因此在通常烹饪等加工中很稳定。经 100℃加热 88 h，或经紫外灯照射 7 h；pH3.7 和 10 时回流 3 h 不降解；在饮料、奶粉中 120 d 常规储藏无变化。易溶于水(12℃，15.5%)，不溶于乙醇、乙醚、丙酮。对酸、碱、热均稳定。属非必需氨基酸，但与对体内半胱氨酸的合成有关，并能促进胆汁分泌和吸收。有利于对婴幼儿大脑发育、神经传导、视觉机能的完善、钙的吸收及脂类物质的消化吸收。母乳中含 3.3～6.2 mg/100 mL，牛乳仅含 0.7 mg/100 mL，非母乳喂养者食物中应予补充。在自然界中广泛存在于各种鱼类、贝类及哺乳动物的肌肉及内脏中，尤其在动物的胆液、肝脏及乌贼(0.35%)、章鱼(0.52%)、珠母贝(0.8%)、黑鲍(0.95%)、花蛤(0.66%)、扇贝(0.78%)等软体动物的肌肉萃取液中为多。

(二)生理功能

(1)对用脑过度、运动及工作过劳者能消除疲劳。

(2)维持人体大脑正常的生理功能，促进婴幼儿大脑的发育。由于婴幼儿体内牛磺酸生物合成速度很低，必须从外界摄入牛磺酸，如果摄入量不足，则会影响脑及脑神经的正常发育，进而将影响婴幼儿的智力发育。

(3)维持正常的视机能。

(4)抗氧化，延缓衰老作用。

(5)促进人体对脂类物质的消化吸收，并参与胆汁酸盐代谢。

(6)提高免疫能力，能改善 T 细胞和淋巴细胞增殖等作用。

(7)其他。牛磺酸参与内分泌活动，对心血管系统有一系列独特的作用。牛磺酸能加强左心室功能，增强心肌收缩力，抗心率失常，防止充血性心力衰竭和降低血压。另据报道，牛磺酸还能预防脂肪及肝内胆汁郁滞；扩张胆管，促进胆汁分泌；能够中和细胞毒素，降低次级酸的毒性，保护肝细胞膜。因此，其具有良好的利胆、保肝和解毒作用；能够促进急性肝炎恢复正常；对四氯化碳中毒有保护作用，并抑制由此所引起的血清谷丙转氨酶的升高；此外，牛磺酸还可作为渗透压调节剂，参与胰岛素的分泌，降低血糖，扩张毛细血管，可治疗间歇性跛行，还能促进阿司匹林等药物在消化道的吸收。另有不少关于辅助抑制肿瘤的报道。

(三) 制法

1. 天然品

将牛的胆汁水解，或将乌贼和章鱼等鱼贝类和哺乳动物的肉或内脏用水提取后，再浓缩精制而成。也可用水产加工中的废弃物(内脏、血和肉，与新鲜度无关)用热水萃取后经脱色、脱臭、去脂、精制后再经阳离子交换树脂分离，所得洗提液中的萃出物可达 66%～

67%，再经酒精处理后结晶而得。

2. 合成品

(1)二溴乙烷或二氯乙烷与亚硫酸钠反应后再与氨作用而成。

(2)2-氨基乙醇与硫酸酯化后(或溴化后)加亚硫酸钠还原而成。

(四)安全性

曾用饲料量5%的牛磺酸进行大剂量动物饲养试验，无任何副作用。

(五)限量

(1)GB 14880—2012规定：用于乳制品、婴幼儿食品及谷类制品、强化饮料，0.3～0.5 g/kg；乳饮料、饮液，0.1～0.5 g/kg。

(2)GB 2760—2014规定：儿童口服液，4.0～8.0 g/kg；配制酒，0.1～0.5 g/kg。

五、鱼鳔胶

鱼鳔胶为鱼鳔的干制品。鱼鳔是鱼类体内可以胀缩的气囊，鱼借以沉浮，俗称“鱼泡”。按制法不同，凡割开后干燥者称“片胶”，不割者称“筒胶”，由小的鱼鳔并压而成者称“长胶”。质量以片胶最好，呈椭圆形，淡黄色，半透明，有光泽。

(一)主要成分

鱼鳔胶的主要成分为胶原蛋白、黏多糖等。

(二)生理功能

(1)鱼鳔胶能抗疲劳，能增强肌肉组织的韧性和弹力，增强体力，消除疲劳。

(2)鱼鳔胶能加强脑、神经和内分泌功能，防止智力减退、神经传导滞缓、反应迟钝。

(3)鱼鳔胶有养血、补肾、固精作用，可促进生长发育和乳汁分泌，与枸杞、五味子等合用，可缓解遗精、腰酸、耳鸣、头晕、眼花等肾虚症状。

(三)制法

鱼鳔胶以黄唇鱼、大黄鱼、鳗鱼等的鱼鳔为原料，经割开、清洗、铺平、干燥而成；也可在7%左右的明矾水中浸渍20～30 min，以促使其迅速脱水，然后晾干而成。

六、葛根

葛根是一种豆科葛属的药食两用植物(长约60 cm，直径45 cm)的块茎，主要分野葛和粉葛。野葛除西藏、青海、新疆外，各省均有生产；粉葛主要产于广西、广东，以栽培食用为主。

1. 主要成分

葛根的主要成分为葛根总黄酮(1.77%～12%，平均含7.64%)，包括各种异黄酮和异黄酮苷；另有葛香豆雌粉主要成分，葛苷Ⅰ、Ⅱ、Ⅲ，葛根苷，葛根皂苷，三萜类化合物，生物碱等；有较多淀粉(生葛约含27%)。葛根素及其衍生物是葛根特有的生理活性物质，易溶于水。

2. 生理功能

(1)葛根可以抗疲劳和改善心脑血管的血流量，能使冠状动脉和脑血管扩张，增加血流量，降低血管阻力和心肌对氧的消耗，增加血液对氧的供给，抑制因氧的不足导致心肌产生乳酸，从而达到抗疲劳作用。

(2)葛根可以改善血管微循环障碍。

(3)葛根可以降低血压。

(4)葛根可以抑制心律不齐。

(5)葛根对高血糖有抑制作用，可减少血清胆固醇含量，抑制毛细血管透过性的抗进。

3. 安全性

(1)葛根黄酮的 LD_{50} 为 1.6～2.1 g/kg(静脉注射，小鼠)，葛根素为 1 g/kg(静脉注射，小鼠)。

(2)大鼠每天口授 50～100 g，无不良影响。

七、乌骨鸡

含有多种营养成分，它的血清总蛋白及丙种球蛋白均高于普通肉鸡，乌骨鸡全粉水解后含有 18 种氨基酸，包括人体所必需的 8 种氨基酸，其中有 10 种氨基酸比普通肉鸡的含量高。乌骨鸡中还含有维生素 B_1、维生素 B_2、维生素 B_6、维生素 B_{12}、维生素 C、维生素 E 和烟酸等多种维生素。而且维生素 E、胡萝卜素、维生素 C 的含量也均高于普通肉鸡，它还含有钙、磷、铁、钠、氯、钾、镁、锌等。试验表明，乌骨鸡能增加体力，提高抗疲劳能力。

八、鹿茸

雄鹿的嫩角没有长成硬骨时，带茸毛，含血液，叫作鹿茸。其水浸出物中含有多量胶质，灰质中含有钙、磷、铁、镁等。鹿茸能提高机体的工作能力，降低肌肉的疲劳，是一种贵重的中药，用作滋补强壮剂，对虚弱、神经衰弱等有疗效。

九、大枣

大枣又名红枣，富含蛋白质、脂肪、糖类、胡萝卜素、B 族维生素、维生素 C、维生素 P 以及钙、磷、铁和环磷酸腺苷等营养成分。其维生素 C 的含量在果品中名列前茅，有维生素王之美称。

大枣中含有的环磷酸腺苷是人体能量代谢的必需成分，能增加心肌收缩力、改善心肌营养、消除疲劳、扩张血管，对防治心血管系统疾病有良好的作用。

中医认为，红枣具有补虚益气、养血安神、健脾和胃等作用，是脾胃虚弱、气血不足、倦怠无力、失眠多梦等患者的良好保健食品。

对肝炎、肝硬化、贫血等病症有疗效。

含有的三萜类化合物及环磷酸腺苷，有较强的抗癌、抗过敏作用。

工作页 3-8-2　具有辅助缓解体力疲劳作用的功能性食品

模块 3：各类功能性食品的功效作用 项目 8：具有辅助缓解体力疲劳作用的功能性食品	任务 2：具有辅助缓解体力疲劳作用的功能性食品
主题：具有辅助缓解体力疲劳作用的功能性食品的有效成分、生理功能及限量标准	编号：工作页 3-8-2

续表

所属课程：功能性食品开发与应用	所属专业：
姓名：	班级 & 组号：
1. 素质目标 (1)强化学生自主学习能力，加强团队合作意识。 (2)树立严谨、科学的态度，增强责任感。 (3)提高职业素养。	
2. 知识目标 (1)掌握人参的主要有效成分、生理功能及限量标准。 (2)明确牛磺酸的生理功能及限量标准。 (3)了解富有辅助缓解体力疲劳的天然食品。	
3. 能力目标 (1)能够掌握人参的主要有效成分、生理功能及限量标准。 (2)能够明确牛磺酸的生理功能及限量标准；	
4. 知识要点 (1)人参、西洋参的主要成分及生理功能。 (2)鱼鳔胶的主要成分及生理功能。	
5. 讨论分析 (1)人参、西洋参为什么具有缓解疲劳的功效？ (2)缓解疲劳的功能性食品有无限量标准。是不是吃得越多越好？ (3)牛磺酸为什么可以缓解疲劳？	

项目9 具有辅助改善胃肠道作用的功能性食品

任务1 具有辅助调节肠道菌群作用的功能性食品

【学习目标】

1. 明确人体肠道菌群的组成；
2. 掌握肠道主要有益菌及其作用；

3. 了解什么是肠道菌群失衡；

4. 明确具有辅助调节肠道菌群功能的物质。

【工作情景】

双歧杆菌为肠道菌群的主要组成部分，其代谢过程中产生的多种物质已经被证明具有调节肠道稳定性的作用。同时，双歧杆菌也可增强机体的免疫力，抑制有害菌群的侵入等多种益生功能，因而，在工业上被生产制备为缓解肠道疾病制剂。常见的有双歧杆菌三联活性片等。

知识储备

胃肠道是人体最大的免疫器官，也是人体最大的排毒器官。作为消化系统的一部分，胃肠道担负着消化吸收营养物质，为人体生长发育提供必要的能量和营养素的重任。

一、概述

人的体表和体内寄居着大量的微生物，包括细菌、病毒、真菌、螺旋体，这些微生物中的大部分并无致病性，不但无害，而且有益，这些微生物相互制约、相互群居、相互平衡，由此而构成了人体的微生态系统(正常菌群)。

现代社会紧张快节奏的生活，加上抗生素、激素和同位素等的大量使用，严重干扰着机体内正常微生物与宿主之间的生态平衡，特别是肠道菌群的平衡。

肠道菌群与人体的机体健康关系密切。肠道内有些细菌可产生致癌或促癌物质，但也有些细菌却又把这些物质分解使其无毒，并保持肠道菌的平衡，维护人体的健康。因此，肠道菌群是现代生命科学领域的重要研究课题。

(一)肠道微生态

1. 肠道微生态的认知

正常菌群在人体内分布广泛，以肠道、口腔、阴道和皮肤的储存量最多。在人体微生态系统中，肠道微生态是主要的、最活跃的，一般情况下也是对人体健康有更加显著影响的。

有学者曾提出，一个健康人全身寄生的微生物(主要是细菌)约有 1271 g 之多，其中眼约 1 g、鼻约 1 g、口腔约 20 g、肺约 20 g、阴道约 20 g、皮肤约 200 g，当然最多的还是肠道，约达 1000 g，总数约为 100 万亿个，相当于人体细胞数的 10 倍。

肠道菌群种类可达四五百种，重要的细菌有双歧杆菌、乳酸菌等，比一般的肠球菌和大肠杆菌多出几千倍，肠道细菌构成了肠道微生态系统，这些细菌在人体内发挥了重要的作用。

2. 人体肠道菌群及其构成

(1)不同部位的细菌数量和种类有所不同。

结肠内菌量最多，厌氧菌占绝对优势，占 98%以上，菌种也达 300 多种，干大便的重量近 1/3 由细菌组成。

小肠是个过渡区，虽然酸碱度稍偏碱，但含有消化酶，蠕动强烈，肠液流量大，足以将细菌在繁殖前冲洗到远端回肠和结肠，所以小肠内的细菌量根据离结肠远近有差别。

胃内酸度高，含大量消化酶，不适合细菌成长，所以胃腔内细菌数量很少，主要是一些需氧抗酸性细菌，如链球菌、乳杆菌等。

(2)肠道菌群随年龄增大有所变化。

婴儿在出生之前的肠道是无菌的。在出生同时，各种菌开始在婴儿的肠道内繁殖。最初是大肠菌和肠球菌、梭菌占主体，出生后5天左右，双歧杆菌开始占优势。在婴儿期双歧杆菌保持着绝对优势的状态，母乳喂养儿之所以抗病力强，其原因之一即为肠道内双歧杆菌占绝对优势而起到防御感染的作用。在婴幼儿期占绝对优势的双歧杆菌从断奶开始直到成年期渐渐显示出减少的趋势，类杆菌等成年人型菌逐渐占有优势。

进入老年后，有些老年人检测不出双歧杆菌，即使检出，菌数也很少。而产生硫化氢和吲哚等有害物质的芽孢杆菌类增多，肠道腐败过程较快，有害物质产生也较多，这些物质被吸收后又加速了老化过程。

3. 肠道菌群的类型

肠道菌群可以分为两类。

一类是对人体有益的菌，它们是生命的保护神，是健康、长寿的缔造者。它们起到分解食物、帮助消化及吸收营养、形成免疫功能、抑制有害菌等作用。如果没有它们的帮助，人类将不能生存。

另一类是有害的菌，是健康、长寿的破坏者。它们制造了氨、胺、吲哚、硫化氢、苯酚等十几种毒素，大便和屁的恶臭都是他们造成的。它们是菌群紊乱的制造者，是万病之源和短寿的诱因。

现代医学研究发现，每个成年人的肠道内栖息着约1.5 kg肠道菌群，这1.5 kg肠道菌群关系着人体消化吸收、肌体免疫力以及寿命。当1.5 kg肠道菌群的95%以上是对人体有益的双歧杆菌、乳酸菌、酪酸梭菌、凝结芽孢杆菌时，人体就处于健康状态。相反，当有益菌减少，有害菌大量增加时，就会引发腹泻、肠炎、结肠炎、肠肿瘤等疾病。

(二)肠道主要有益菌及其作用

肠道有益菌主要是双歧杆菌和乳酸杆菌。实验证明，在人的肠道里保持较多数量的有益菌群，将非常有利于维持身体健康，而且双歧杆菌能延长人的寿命。具体来说，有益菌对人体的好处包括：有益菌能降低胆固醇的合成，阻止人体对胆固醇的吸收和利用；合成维生素；促进钙、铁、维生素D的吸收；提高免疫力；抗癌。肠道中主要细菌的作用如表3-9-1所示。

表3-9-1 肠道中主要细菌的作用

有益作用	肠道菌	有害作用	肠道菌
免疫调节	大肠埃希菌 乳杆菌 真杆菌 双歧杆菌 拟杆菌	腹泻与便秘，致病性感染，肝、脑损害与致肿瘤	葡萄球菌 梭杆菌 肠球菌 大肠埃希菌 链球菌 真杆菌 拟杆菌

续表

有益作用	肠道菌	有害作用	肠道菌
助消化、促吸收与延缓衰老	乳杆菌 双歧杆菌 拟杆菌	产生腐败产物	拟杆菌
抑制外来菌与病原菌的生长	肠球菌 乳杆菌 链球菌 真杆菌 双歧杆菌	产生致癌物	大肠埃希菌 链球菌 拟杆菌

1. 双歧杆菌

双歧杆菌是1899年法国著名的巴斯特研究所Tissier博士发现的，他首先从母乳营养儿的粪便中分离出一种厌氧的革兰氏阳性杆菌。在轻度弯曲的末端有分叉，因而命名为双歧杆菌。

双歧杆菌的生理功能包括以下几方面。

(1)抑制肠道致病菌。

1994年G. R. Gibson曾以双歧杆菌属5种菌种对8种病原菌作平板扩散法抗菌敏感性试验(平行3次)，结果所有双歧杆菌菌种均显示出较显著的抑菌作用。

(2)抗腹泻与防便秘。

双歧杆菌的重要生理作用之一是通过阻止外袭菌或病原菌的定植以维持良好的肠道菌群状态，从而呈现出既纠正腹泻又防止便秘的双向调节功能。有研究等证明，双歧杆菌制剂对儿童菌群失调性腹泻具有显著的疗效，国内外许多保健食品的开发应用，都显示它对肠道功能的双向调节作用。便秘是中老年人群的一大顽症，大量的文献报告，无论是口服活菌制剂，还是服用双歧杆菌，都能降低肠道pH，改善肠道菌群构成，迅速地解除便秘。

(3)免疫调节与抗肿瘤。

双歧杆菌的免疫调节主要表现为增加肠道IgA的水平。双歧杆菌的全细胞或细胞壁成分能作为免疫调节剂，强化或促进对恶性肿瘤细胞的免疫性攻击作用。双歧杆菌还有对轮状病毒的拮抗性，与其他肠道菌的协同性屏障作用以及对单核吞噬细胞系统的激活作用。

(4)调节血脂。

双歧杆菌的调节血脂作用已有不少文献报告。以雄性Wistar大鼠添加10%～15%双歧杆菌因子(低聚糖)、历时3～4个月的试验表明，在不改变体重前提下，呈现出显著地降血脂作用。

2. 乳杆菌

乳杆菌是人们认识最早、也是研究较多的肠道有益菌。乳杆菌同双歧杆菌一样也是人体的正常生理菌，作用仅次于双歧杆菌，没有芽孢。

乳杆菌的生理功能包括以下几方面。

(1)抑制病原菌和调整正常肠道菌群。

嗜酸乳杆菌对肠道某些致病菌具有明显的抑制作用，如大肠埃希菌中的产毒菌种、克雷伯菌、沙门菌、志贺菌、金黄色葡萄球菌以及其他一些腐败菌。这种机制作用既归因于代谢产物中的短链脂肪酸(SCFA)，也有抗菌样物质的作用。在大剂量抗生素治疗时和治疗后，肠道正常菌群被大量杀灭，难辨梭状芽孢杆菌过度增殖可引起伪膜性肠炎，而嗜酸乳杆菌既能控制该菌过度增殖同时又能抑制其产生毒素，从而起到保护肠道菌群的作用。嗜酸乳杆菌还能与外籍菌(或称过路菌或致病菌)竞争性地占据肠上皮细胞受体而达到抗菌作用。

(2)抗癌与提高免疫能力。

迄今已有的研究和报告，可将其这种作用列出如下几点：①激活胃肠免疫系统，提高自然杀伤(NK)细胞活性；②同化食物与内源性和肠道菌群所产生的致癌物；③减少β-葡萄糖苷酶、β-葡萄糖醛酸酶、硝基还原酶、偶氮基还原酶的活性，这些被认为与致癌有关；④分解胆汁酸。

(3)调节血脂。

该菌能减低高脂人群的血清胆固醇水平，而对正常人群则无降脂作用。其解释机制为，对内源性代谢的调节与利用和使短链脂肪酸加速代谢。

(4)乳杆菌促进乳糖代谢。

乳杆菌可分解乳糖，加速其代谢。因而对不习惯食用鲜奶与奶粉的人，可以饮用乳杆菌发酵的酸奶，这对我国克服膳食结构中缺奶(相当多的人是由于对奶不适应)有主要应用价值，当然对为数不多的真正乳糖不耐症的人也是有益的。

(三)肠道菌群失调

肠道菌群按一定的比例组合，各菌间互相制约，互相依存，在质和量上形成一种生态平衡，一旦机体内外环境发生变化，特别是长期应用广谱抗生素，敏感肠菌被抑制，未被抑制的细菌乘机繁殖，从而引起菌群失调。

1. 引起肠道菌群失调的原因

引起肠道菌群失调的原因较多，如婴幼儿喂养不当、营养不良，中老年年老体弱，肠道与其他系统急慢性疾病，长期使用抗生素、激素、抗肿瘤药、放疗或化疗等，均可引起肠道菌群失调。归纳起来，主要原因有以下几方面。

(1)长期饮食不均衡。例如，过多摄入肉类或蔬菜、长期吃不健康食品等。

(2)摄入被细菌污染的食物。降低抵抗力，使条件致病菌“变坏”，或摄入有害菌过多，肠道菌群失衡，出现腹泻症状。

(3)年龄增长。随年龄增长，部分有益菌减少、有害菌增加，身体免疫力减弱。

(4)使用某些药物。过量服用抗生素导致肠道菌群失衡。

(5)胃肠功能障碍。器质性原因导致肠道菌群失衡，免疫力也下降。

2. 肠道菌群失调的表现

肠道菌群失调可有如下常见的表现。

(1)腐败菌显著增多、双歧杆菌与乳杆菌减少，常见于中老年人，大多数情况下无临床症状，甚至可以认为不是异常现象，但可影响消化吸收功能导致食欲不佳、腹胀、产气、便秘等一般不适反映。这是改善肠道菌群功能食品最为适用的人群，往往收效明显。

(2)肠道菌群的比例失调，有人按比例失调程度分为3度。第1度由于某种食物或药物引起轻微短期的大肠菌与肠球菌减少，原因去除后即可恢复。第2度为正常肠道菌显著减少，过路菌增多，可引起肠道异常发酵及各种肠炎，如各种致病菌引起的食物中毒及消化道传染病，白色念珠菌、放线菌、隐球菌、毛霉菌引起的真菌性肠炎。第3度为肠道正常菌被抑制，而由过路菌所代替，如由服用抗生素引起的难辨梭状芽孢杆菌所致伪膜性肠炎等。

(四)肠道微生态的调整

1. 一般性调整措施

(1)强调婴儿的母乳喂养。大量研究已经证明，母乳喂养儿肠道中的双歧杆菌占肠道菌群的比例远远高于人工喂养儿。

(2)膳食结构合理化，尤其是保持乳品在膳食构成上的适宜比例。乳品能提供乳糖、降低肠道pH及其他原因，有利于乳杆菌、双歧杆菌等有益菌的增殖，并有效地抑制腐败菌与致病菌。

(3)适当控制抗生素一类制菌药物的应用，尤其是长期应用是造成肠道菌群失调的重要原因之一。

2. 利用有益活菌制剂及其增殖促进制剂

利用有益的活菌制剂及其促进增殖制剂，保证或调整有益的肠道菌群构成，从而获得特定的健康效果，这是当前国内外保健食品开发有效的、重要的领域。

二、具有辅助调节肠道菌群功能的物质

1. 有益活菌制剂

有益活菌制剂主要是以双歧杆菌和各种乳杆菌为主，也有其他细菌。商品名称很多，如以双歧杆菌为有效菌的贝菲得、回春生、双歧王、金双歧、丽株肠乐；以乳杆菌或乳杆菌与双歧杆菌为有效菌种的有昂立1号、三株、裴菲康等；也有以需氧菌为主的活菌制剂，利用其耗氧特点，在肠道内形成厌氧环境，有利于占肠道菌群绝大部分的厌氧菌与兼性厌氧菌的生长，从而保持肠道菌群的正常构成。这一类制剂有以蜡样芽孢杆菌、地衣芽孢杆菌等为活性菌的促菌生、整肠生等制剂。对这类活菌制剂主要要求是安全、有效及保持一定的生菌存活率。这类制剂用于保健食品应该符合的条件是：有效菌的存活率高(例如，活菌达108～106/mL·g)；制剂的商品流转与货架保存中活菌含量稳定性好；动物或人体实验证明，有效菌能在肠道定植和增殖；无病原性及有害产物；对人体(宿主)肠道菌群调整作用明显，增加肠道有益菌比例，减少、至少不增加有害及不利菌的比例。国外这类活菌制剂的开发，主要也是用双歧杆菌、乳杆菌，也有肠球菌。在美国，除保健用品外，还将其作为生物治疗剂，用以治疗腹泻，以及预防和治疗由应用抗生素引起的伴联性腹泻与肠道菌群失调。

2. 有益菌增殖促进剂

这类物质称为益生菌(prebiotics)，有人译为有益菌促生物质，针对双歧杆菌的有人称为双歧杆菌增殖因子(bifidus factor)等，在汉语中似乎尚无公认的统一名称。这一类物质是近年来国际学术界和产业界研究与开发的热点，即通过这类物质使机体自身的生理性固有的菌增殖，形成以有益菌占优势的肠道生态环境。这种物质的研究起源于Gyorgy发现母乳中含有双歧杆菌增殖因子，后来又观察到母乳喂养儿与非母乳喂养儿肠内双歧杆菌的数量有明显差异，且后者的抵抗力不如前者。

近年来，日本、欧美各国对促进有益菌增殖物质的研究与开发集中于一些低聚糖类。

低聚糖是指2～10个单糖以糖苷键连接起来的糖类总称。传统的蔗糖、饴糖、乳糖均属于低聚糖，但它们没有这种功能。有这种功能的低聚糖能被双歧杆菌、乳杆菌等有益菌选择性利用，但在人消化道内因没有此类糖的水解酶故不能消化吸收，因而又称之为“不能利用的碳水化合物”或“双歧杆菌增殖因子”。同时这也证明了人乳酪蛋白对双歧杆菌、乳杆菌的促进增殖作用归因于低聚糖组分，且低聚糖能产生对人乳酪蛋白的β-消除反应。有一些报告认为口服低聚糖后，回肠中低聚糖的回收率达(89.4±8.3)%，能值为(9.5±0.6) kJ/g[(2.27±0.14)kcal/g]，说明低聚糖的不消化不吸收和低热能性质。国内外研究利用的低聚糖有很多种，只就我们作为保健食品活性物质检测过的就有异构化乳糖、低聚异麦芽糖、大豆低聚糖(水苏糖与棉籽糖)等。这些产品纯度都不高，一般在40%～50%(其余为其他糖类)。文献报告，它们对不同人体可使双歧杆菌增殖10～1000倍，同时肠道中大肠菌、梭菌、肠球菌等则相应减少，肠道总菌数无大改变。选用这类物质至少要符合如下几项基本要求：在上消化道基本不消化、不吸收；能促进有益菌的增殖；能有效改善肠道菌群构成；有改善宿主肠道功能的作用。

3. *有益菌及其增殖因子的综合制剂*

此类制剂称为合生素(Synbiotics)。鉴于双歧杆菌与乳杆菌在制剂形式、保存与人服用后均有许多不稳定因素，所以人们主张将这类有益菌与增殖促进剂并用。这方面虽然还有一些问题有待研究，但我们对其中一些产品的应用检测证明，它在改善肠道菌群构成和降低肠道pH与缓解便秘上的功效却是明显的，可靠的。尽管其中的有益菌不多，甚至极少，但在改善这类肠道功能上效果卓著。所以当前在这类保健食品的开发上，有益菌及其增殖因子并用的产品是值得推广的。

工作页 3-9-1 具有辅助调节肠道菌群作用的功能性食品

模块3：各类功能性食品的功效作用 项目9：具有辅助改善胃肠道作用的功能性食品	任务1：具有辅助调节肠道菌群作用的功能性食品
主题：肠道有益菌及其作用、具有辅助调节肠道菌群功能的物质	编号：工作页3-9-1
所属课程：功能性食品开发与应用	所属专业：
姓名：	班级&组号：
1. 素质目标 (1)强化学生自主学习能力，加强团队合作意识。 (2)树立严谨、科学的态度，增强责任感。 (3)提高职业素养。	
2. 知识目标 (1)明确人体肠道菌群的组成。 (2)掌握肠道主要有益菌及其作用。 (3)了解什么是肠道菌群失衡。 (4)明确具有辅助调节肠道菌群功能的物质。	

续表

3. 能力目标 (1)能够明确人体肠道菌群的组成。 (2)能够掌握肠道主要有益菌及其作用。 (3)能够明确具有辅助调节肠道菌群功能的物质。
4. 知识要点 (1)人体肠道菌群及其构成。   (2)肠道主要有益菌及其作用。
5. 讨论分析 (1)试总结具有辅助调节肠道菌群功能的物质有哪些? (2)肠道菌群失调有何表现?

任务2 具有辅助润肠通便作用的功能性食品

【学习目标】

1. 明确便秘的分类和起因;
2. 掌握具有辅助润肠通便作用的功能性食品的生理功能。

【工作情景】

便秘在人群中的患病率高达27%,但只有一小部分便秘者会就诊。便秘可以影响各年龄段的人。女性多于男性,老年多于青、壮年。便秘发病率高、病因复杂,给患者带来许多苦恼,便秘严重时会影响生活质量。便秘不仅在精神上让人觉得非常烦躁,而且对健康也危害很大。便秘会导致消化障碍而引起自体中毒、脸色暗黄、色斑严重、早衰,还会间接加重痔疮、肠梗阻、高血压、冠心病、哮喘等。有研究还表明,经常便秘容易诱发肠癌。

知识储备

一、便秘的分类和起因

(一)便秘的类型

如粪便在肠道中存留时间过长,以致粪便中水分被肠道过于吸收,变得过分干硬,难以排出，即为便秘。便秘患者的主要症状是大便干硬，排便困难，同时可能有腹痛、腹胀、恶心、食欲减退、疲乏无力及头痛、头昏等症状。结肠黏膜由于经常受刺激、痉挛引起便秘时，往往排出的大便呈羊粪状。排便极端困难者，会出现肛门疼痛、肛裂，甚至诱发痔疮、乳头炎及营养不良等表现。据调查，绝大部分(90%以上)人的正常大便次数为每周3次至每日3次不等。因此，应根据各人习惯和排便有无困难等情况，对是否患有便秘作出判断。

便秘主要又可以分为弛缓型便秘、痉挛型便秘和直肠型便秘三种。

1. 弛缓型便秘

弛缓型便秘又叫低紧张性便秘、习惯性便秘，是慢性便秘中最常见的，许多原因不明的便秘都属于这个类型。一般认为是由于肠肌神经丛兴奋性低下导致的。弛缓型便秘一般没有痛苦，主要表现为便意淡漠，大便间隔时间长，排出困难，有时还会伴随有腹部胀满、食欲不振、头晕乏力等全身症状。

年老体虚、长期卧床及服用泻药者、食量少、纤维素及饮水不足、低血压、肥胖体质、内脏下垂、内分泌紊乱、缺乏B族维生素、中毒及药物性便秘都属于弛缓型便秘。

2. 直肠型便秘

直肠型便秘又叫直肠排便困难症，是指粪便进入直肠后排出困难或者滞留时间过长。主要是由于直肠壁的感受神经细胞应激性减弱，不能适应对进入直肠的粪便产生排便反射导致的。主要症状表现为肛门下坠、排便困难、有排出不净感。工作紧张、外出旅游、肛裂等引起的便秘，一般都属于直肠型便秘。直肠脱垂、肛门括约肌弛缓无力者，也属于这个类型的便秘。

3. 器质性便秘

器质性便秘是指大肠发生形态改变而导致粪便通过障碍形成的便秘，比如肿瘤引起的便秘，一般粪便会发生形状的改变，并且会伴随有脓血和黏液。

(二)便秘的起因

引起便秘的因素很多，具体来说常见的有以下几种。

1. 膳食因素

进食量过少且食品过于精细，长期缺乏膳食纤维而导致对肠黏膜刺激不足，得不到大脑皮层与神经中枢的调节，故不能产生便意而引起便秘。还有因脂肪过少、营养不良等因素导致无力性便秘。

2. 精神因素

由于排便习惯受到干扰或精神紧张，诸如长途旅行等未能按时排便，往往引起单纯性便秘。

3. 器质性病变

良性或恶性肿瘤、肠梗阻、特异性与非特异性炎症(如肠结核、肠粘连、溃疡性结肠炎等)均会影响粪便的推进机制而造成便秘。

4. 肌力减退

肠壁平滑肌、肛提肌、膈肌或腹壁肌无力，年老、肠麻痹等造成的肌张力减退会使排便困难而出现便秘。

5. 神经性因素

神经功能失调、肠壁交感神经功能亢进会造成肠壁痉挛、肌肉紧张收缩致使肠腔狭窄，这样大便难于通过而形成便秘。但膳食中粗纤维过多，也可以引起痉挛性便秘。

二、具有润肠通便作用的功能性食品

(一)天然促进排便的食物

1. 红薯

红薯含有大量膳食纤维，在肠道内无法被消化吸收，能刺激肠道，增强蠕动，通便排毒。

2. 苹果

苹果含有一种特殊的果胶成分。果胶是一种可溶性的纤维质，遇到水之后会膨胀。所以，吃苹果加上喝水，会有饱腹感，同时苹果有丰富的纤维质，可以促进肠胃蠕动，对排便很有帮助。

3. 燕麦

燕麦除纤维丰富，还可以降低热量的摄取、延缓胃肠的排空时间，易产生饱腹感，同时可增加粪便体积，缩短大便在大肠内滞留的时间，避免肠道吸收残余毒素。

4. 青梅

青梅果实具有调节肠胃功能的独特功效。梅实中的儿茶酸能促进肠子蠕动和调理肠子，同时又有促进收缩肠壁的作用，对便秘有显著功效。

5. 白萝卜

萝卜中的芥子油能促进胃肠蠕动，帮助消化。所含的大量膳食纤维能够润肠道、排肠毒，多吃能够减脂瘦身。

(二)促进排便功能食品新资源

1. 大黄

大黄的功效成分为蒽醌甙及双蒽酮甙。

在肠道细菌酶的作用下分解产生大黄酸蒽酮，大黄酸蒽酮可刺激大肠黏膜，使肠蠕动增加而泻下。另外，还可抑制肠细胞膜上 Na^+、K^+-ATP 酶，阻碍 Na^+ 转运，使肠内渗透压升高，保留大量水分，促进肠蠕动而泻下。

2. 芦荟

芦荟的功效成分为芦荟大黄素苷、芦荟大黄素。

芦荟有增进食欲、促进大肠缓泄作用。服用适量芦荟，能强化胃功能，增强体质。芦荟是治疗实热型便秘比较有效的药物。

3. 决明子

决明子的功效成分为：含蒽醌类化合物，主要为大黄素、大黄素甲醚、大黄酚、芦荟大黄素。

药性寒凉，有泄泻和降血压的作用，长期服用可引起肠道病变。

工作页 3-9-2 具有辅助润肠通便作用的功能性食品

<table>
<tr><td>模块 3：各类功能性食品的功效作用
项目 9：具有辅助改善胃肠道作用的功能性食品</td><td>任务 2：具有辅助润肠通便作用的功能性食品</td></tr>
<tr><td>主题：具有辅助润肠通便作用的功能性食品及生理功能</td><td>编号：工作页 3-9-2</td></tr>
<tr><td>所属课程：功能性食品开发与应用</td><td>所属专业：</td></tr>
<tr><td>姓名：</td><td>班级 & 组号：</td></tr>
<tr><td colspan="2">1. 素质目标
(1)强化学生自主学习能力，加强团队合作意识。
(2)树立严谨、科学的态度，增强责任感。
(3)提高职业素养。</td></tr>
<tr><td colspan="2">2. 知识目标
(1)明确便秘的分类和起因。
(2)掌握具有辅助润肠通便作用的功能性食品的生理功能。</td></tr>
<tr><td colspan="2">3. 能力目标
(1)能够明确便秘的分类和起因。
(2)能够掌握具有辅助润肠通便作用的功能性食品的生理功能。</td></tr>
<tr><td colspan="2">4. 知识要点
(1)总结便秘的类型。

(2)便秘的原因是什么？</td></tr>
<tr><td colspan="2">5. 讨论分析
试总结具有辅助润肠通便作用的食品有哪些。</td></tr>
</table>

项目 10 具有辅助改善记忆力作用的功能性食品

任务 1 对记忆的认知

【学习目标】

1. 明确记忆的概念；
2. 掌握记忆的分类；
3. 明确人类记忆的过程；
4. 了解记忆结构基础。

【工作情景】

解剖学家 Giulio Cesare Aranzi(约 1564 年)首先使用海马(Hippocampus)一词形容这一大脑器官，源于此部位貌似海马。这一部位最初被认为司控嗅觉，而非现在周知的记忆储存作用。俄国学者 Vladimir Bekhterev 于 1900 年左右基于对一位有严重记忆紊乱的病患者的长期观察，首先提出海马体与记忆相关。

知识储备

一、记忆的概念

记忆是储存信息的能力，是获得的信息或经验在脑内储存和提取(再现)的神经活动过程。是大脑对经历过的事物的识记、保持、再现或再认。

识记即识别和记住事物特点及联系，其生理基础是大脑皮层形成了相应的暂时神经联系；保持即暂时联系以痕迹的形式留存于脑中；再现则为暂时联系的再活跃。通过识记和保持积累知识经验，通过再现恢复过去的知识经验。

所以，记忆是人们把在生活和学习中获得的大量信息进行编码加工，输入并储存于大脑里面，在必要的时候再把有关的储存信息提取出来，应用于实践活动的过程。

二、记忆的分类

(一)根据记忆时间的长短

根据记忆时间的长短，可以将记忆分为三类：感觉记忆、短时记忆和长时记忆。

1. 感觉记忆

感觉记忆又叫瞬时记忆，是指外界刺激以极短的时间一次呈现后，信息在感觉通道内迅速被登记并保留一瞬间的记忆。瞬时记忆容量大、保留时间短，1 s 便遗忘。

2. 短时记忆

外界刺激以极短的时间一次呈现后，保持时间在 1 min 以内的记忆。容量有限，易受到干扰而遗忘。短时记忆的信息经过复述，可以转入长时记忆。

3. 长时记忆

指外界刺激以极短的时间一次呈现后，保持时间在 1 min 以上的记忆。长时记忆的容量无论是信息的种类或是数量都是无限的。

(二)根据记忆的内容

根据记忆的内容，可分为形象记忆、逻辑记忆、情绪记忆和运动记忆四类。

1. 形象记忆

形象记忆就是把感知过的事物的形象作为内容的记忆。例如，你看到大街上跑的汽车，就会对汽车的形状有记忆。

2. 逻辑记忆

逻辑记忆就是把概念、公式和规律等逻辑思维过程作为内容的记忆。例如，你对数学公式、物理定理的记忆。

3. 情绪记忆

情绪记忆就是把体验过的情绪和情感作为内容的记忆。例如，你对和好朋友外出游玩时的高兴心情的记忆就是情绪记忆。

4. 运动记忆

运动记忆就是把做过的运动或者是动作作为内容的记忆。例如，你对游泳、骑自行车的动作的记忆。

三、人类的记忆过程

人类的记忆过程为：感觉性记忆→第一级记忆→第二级记忆→第三级记忆。

1. 感觉记忆

感觉记忆是感觉系统获得信息后先在脑的感觉区内储存的阶段。这一阶段储存的时间很短，一般为几百毫秒，如果没有经过注意和处理会很快消失。

2. 第一级记忆

第一级记忆是记忆中停留的时间仍然很短暂的记忆，约几秒。通过反复运用学习，信息便在第一级记忆中循环，从而延长了信息在第一级记忆中停留的时间。

3. 第二级记忆

第二级记忆是一个大而持久的储存系统，发生在第二级记忆内的遗忘，似乎是由于先前的或后来的信息的干扰所造成的。

4. 第三级记忆

第三级记忆一般能被保持数周、数月、数年，有的可以终身不忘。如自己的名字、每天都进行的手工操作。

四、记忆的结构基础

1. 大脑皮层

大脑皮层是神经元胞体集中的地方，平均厚度为 2.5～3.0 mm，皮层表面高度扩展、卷曲，形成许多的沟和裂，下凹的叫沟，凸出的叫回。大脑皮层分布 140 亿个神经细胞，在这些神经细胞的周围还有 1000 多亿个胶质细胞。

大脑皮层含有 140 亿个神经元，皮层与皮层下、脑干、丘脑之间有直接传入和传出联系。如果皮层 50%以上面积受损会造成遗忘症，损伤面积 10%以下记忆几乎不受影响。在大脑皮层中，前额皮层占据了大脑皮层面积的 1/4，也是大脑半球形成过程中最晚出现的部分。人类额叶损伤或病变可导致一系列高级心理智能障碍。颞叶皮层位于外侧沟之下，顶枕沟之前，局部颞叶损毁明显地影响到短时间记忆。

大脑细胞被开发利用的仅占 1/10，储存的各种信息相当于美国国会图书馆的 50 倍，即 5 亿本书的知识。大脑细胞每天可处理 8600 万条信息，其记忆储存的信息超过任何一台电子计算机。据估计，人的一生能凭记忆储存 100 万亿条信息。大脑和计算机的硬盘相似，都可以向里存储东西，大脑有时也存了一些垃圾文件(这要看他所受的教育，和他所在的环境)，计算机有一点好处是可以直接把垃圾文件删除，但人脑不能。人的大脑平均为人体总体重的 2%～5%，但它需要使用全身所用氧气的 25%，神经信号在神经或肌肉纤维中的传递速度可以高达每小时 200 英里(约 320 km)。

图 3-10-1 所示为大脑的结构。

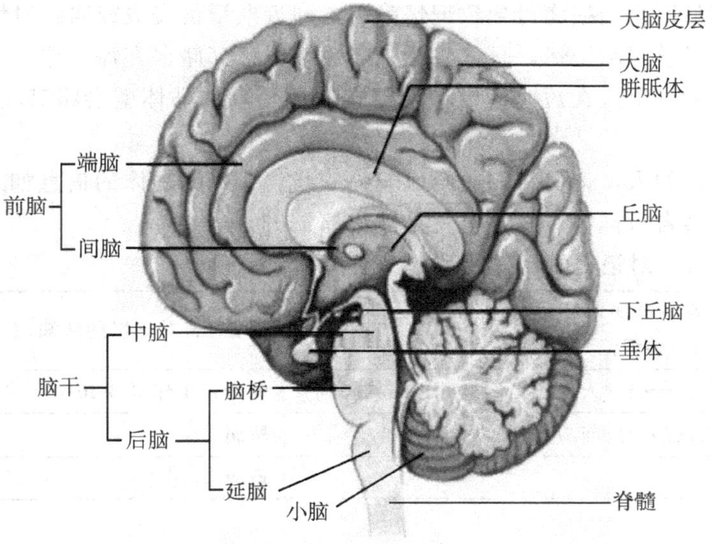

图 3-10-1　大脑的结构

2. 神经元

神经元(图 3-10-2)又称神经细胞，是高等动物神经系统的结构和功能单位，包括细胞体、轴突和树突。细胞体位于脑、脊髓和神经节中，是含核的部分，突起是细胞体延伸出来的部分，分树突和轴突，突起可延伸至全身各器官和组织中。每个神经元有一或多个树突，接受刺激并将兴奋传入细胞体。轴突只有一个，可以把兴奋从胞体传送到另一个神经元或其他组织。

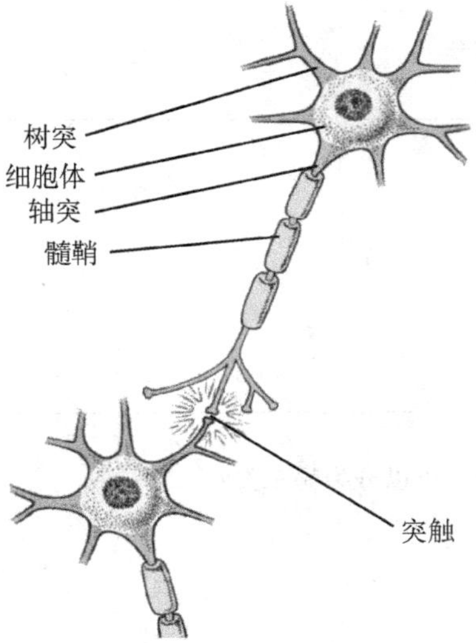

图 3-10-2　神经元

3. 海马区

大脑的海马区是大脑皮质的一个内褶区，在“侧脑室”底部绕“脉络膜裂”形成一弓形隆起，由两个扇形部分组成。

海马区的功能：是主管人类近期主要记忆，将几周内或几个月内的记忆鲜明暂留，以便快速存取。海马区受到损伤可导致记忆障碍，即近期记忆丧失或叫瞬时性遗忘。

海马主要负责学习和记忆，日常生活中的短期记忆都储存在海马中。一个记忆片段如一个电话号码或者一个人在短时间内被重复提及的话，海马体就会将其转存入大脑皮层，成为永久记忆。

海马比较发达的人，记忆力相对会比较强一些。存入海马体的信息如果一段时间没有被使用的话，就会自行被“删除”，也就是被忘掉了。

工作页 3-10-1　对记忆的认知

模块 3：各类功能性食品的功效作用 项目 10：具有辅助改善记忆力作用的功能性食品	任务 1：对记忆的认知
主题：记忆的概念、分类；人类记忆的过程；结构基础	编号：工作页 3-10-1
所属课程：功能性食品开发与应用	所属专业：
姓名：	班级 & 组号：
1. 素质目标 (1)强化学生自主学习能力，加强团队合作意识。 (2)树立严谨、科学的态度，增强责任感。 (3)提高职业素养。	
2. 知识目标 (1)明确记忆的概念。 (2)掌握记忆的分类。 (3)明确人类记忆的过程。 (4)了解记忆结构基础。	
3. 能力目标 (1)能够明确记忆的概念、分类。 (2)能够掌握人类记忆的过程。	
4. 知识要点 (1)总结记忆的概念及分类。 (2)说明人类记忆的结构基础。	
5. 讨论分析 (1)根据记忆时间的长短，记忆可以分为哪三类？ (2)说明人类的记忆过程。	

任务 2　具有辅助改善记忆力作用的功能性食品

【学习目标】

明确具有辅助改善记忆力作用食品的主要生理功能。

【工作情景】

《本草纲目》中有载，芹菜有平惊、凉血之功效。比如，民间就有流传“用出海帆船的帆布与芹菜籽一起熬水喝治疗癫痫”的方子。1978 年中国医科院药物研究所研究员杨峻山教授看到了这个民间药方，并从芹菜籽中分离出芹菜甲素。天然存在的芹菜甲素为左旋体，而合成的为外消旋体。无论是天然的还是人工合成的芹菜甲素，文献中均报告了其具有广谱抗惊作用，对电休克、听源性惊厥、五甲稀四氮唑及马桑内酯引起的惊厥具有对抗作用，并能增强小鼠学习记忆能力。

知识储备

一、芹菜甲素

芹菜甲素是从芹菜籽中提出的一种物质，是芹菜挥发油的主要成分。

芹菜甲素的功能：芹菜甲素能改善脑缺血、脑功能和能量代谢等。脑重占人体重的 5%，脑血流占全身血流量的 1/5，脑耗氧量占全身的 1/4。人到老年，脑血流减少 20%以上，首先受影响的是脑的功能，智力受到影响，出现学习、记忆障碍。现有治疗老年痴呆或改善智力的药物多为脑血液循环改善剂。

二、辣椒素

辣椒素是从红辣椒内提出的一种化合物，辣椒素具有减肥、抗氧化等作用，同时辣椒素刺激了内啡肽和血清素的生产，可以振奋神经延长寿命、减少忧郁，因而改善老年人的生活质量。

三、石松

1986 年，中国科学院上海药物研究所和军事医学科学院同时从石松分离出的石杉碱甲和乙对记忆恢复和改善都有效。因为石杉碱甲、乙被证明是胆碱酯酶抑制剂，它可抑制乙酰胆碱的分解，而神经细胞是依靠乙酰胆碱来传递信息的，从而起到改善记忆功能的作用。

四、银杏

银杏的有效成分能刺激儿茶酚胺的释放，增加葡萄糖的利用，增加 M-胆碱受体数量和去甲上腺素的更新，增强胆碱系统功能，改善脑循环、抗血栓、清除自由基、改善记忆等。动物试验证明，银杏提取物可改善记忆障碍。

1. 挽救老化的大脑

根据意大利的一项研究结果，静脉注射银杏的提取液，使70%的老年人体内流向大脑的血液增加。但是，对于30岁至50岁的人，这个比例只有20%。

2. 快速恢复记忆力

法国对18名平均69岁的老年男女进行了一项双盲实验，这些人都患有轻度的记忆力障碍。实验改善了他们大脑处理信息的速度。

3. 延缓早老年痴呆症的发生

德国的双盲实验表明，银杏可以改善老年痴呆的一些症状。改善记忆力、注意力和运动心理，由于早老性痴呆症被认为是因游离基的损害而导致的，所以银杏的抗氧化活性很可能能够延缓这种损害的发展。

五、人参

人参皂苷对中枢神经系统作用广泛，如中枢兴奋、改善学习记忆、抗疲劳、抗衰老和增强机体的抗应激能力等。

(1)人参皂苷对正常动物的学习记忆有明显促进作用，可提高分辨学习能力，加速条件反射的形成，促进记忆的获得、巩固和再现等。

(2)人参皂苷对受损动物的学习记忆有明显的保护作用。

(3)人参皂苷对中枢神经系统神经递质代谢有影响。

(4)人参皂苷对中枢神经系统脑核酸和蛋白质合成有提高作用。

六、胆碱

胆碱是体内合成乙酰胆碱的前体，蛋黄里含有一种称为磷脂酰胆碱的化合物，是体内胆碱的主要来源。黄豆、包心菜、花生和花椰菜是摄取胆碱的良好来源。

研究表明，乙酰胆碱与记忆保持密切相关，胆碱营养补品可以延缓记忆的丧失。

七、钴胺素

钴胺素是多种酶的辅酶，对神经系统的正常运作是不可缺少的必需维生素，参与神经组织中一种脂蛋白的形成，消除烦躁不安，集中注意力，增强记忆及平衡感。

荷兰有学者研究表明，血液里维生素 B_{12} 含量偏低而身体其他各方面的健康状态都颇佳的人，其脑力测验方面的表现无法与血液里维生素 B_{12} 含量较高的人相媲美，不管年龄大小，结果都是一样。

八、褪黑激素

褪黑激素是大脑的松果体在睡眠时分泌的一种激素，对维持正常的生理节奏是非常重要的物质，尤其对睡眠周期的维持更为重要。

褪黑素是迄今发现的最强的内源性自由基清除剂，参与抗氧化系统，防止细胞产生氧化损伤。褪黑激素能影响和干预人类的许多神经活动，如睡眠与觉醒、情绪、智力等。

九、脱氧核糖核酸和核糖核酸

脱氧核糖核酸(DNA)和核糖核酸(RNA)位于细胞核，是制造新细胞、细胞修复或细胞新陈代谢时不可缺少的物质。核酸在肠内经核酸酶降解为核苷酸、核苷、碱基等小分子物质后被吸收。降解产物在相关酶的催化下，重新合成动物自身需要的各类核糖核酸和脱氧核糖核酸。

婴儿、亚健康状态人补充外源核酸能促进淋巴细胞和 T 细胞功能，调整脂蛋白代谢。补充核酸利于免疫功能的加强。有些研究者认为，衰老是因为这些重要的核酸减少或功能降低而引起的。

十、叶酸

1962 年，Herbert 首先报道叶酸缺乏引起精神功能改变。随后，Serachan 和 Hendarson 于 1967 年报告两例进行性痴呆症患者血清中叶酸浓度过低，肌注或口服叶酸，患者得到缓解。在许多药物引起的痴呆症如酒精性痴呆症中叶酸缺乏起重要作用。癫痫患者使用苯巴比妥的时间越长，患者的智力损伤也越严重，而痴呆的严重程度又与血清叶酸缺乏水平呈正相关。

深绿色叶菜中都含有叶酸，干豆类、冷冻的橘子汁、酵母、肝脏、向日葵籽、小麦芽和添加了营养品(维生素、矿物质等)的早餐麦片粥里也含有叶酸。

十一、硼

硼在预防骨质疏松症上起重要作用。关于对脑功能的影响方面，美国农业局对 45 岁的男女进行了一项有关硼效用的研究，结果发现当饮食中硼含量最低的人被要求做些简单的事，如数数等，竟表现出智力功能削弱。脑电图显示，硼含量低的饮食会压抑心智的应变能力。

十二、其他物质

老年痴呆智力减退、机体衰老与机体过氧化、自由基过多有关。葱、蒜及其他许多蔬菜水果、肉碱等均有抗氧化、消除自由基功能。

工作页 3-10-2　具有辅助改善记忆力作用的功能性食品

模块 3：各类功能性食品的功效作用 项目 10：具有辅助改善记忆力作用的功能性食品	任务 2：具有辅助改善记忆力作用的功能性食品
主题：芹菜甲素、辣椒素、银杏等辅助改善记忆力作用食品的主要生理功能	编号：工作页 3-10-2
所属课程：功能性食品开发与应用	所属专业：
姓名：	班级 & 组号：
1. 素质目标 (1)强化学生自主学习能力，加强团队合作意识。 (2)树立严谨、科学的态度，增强责任感。 (3)提高职业素养。	
2. 知识目标 明确芹菜甲素、辣椒素、银杏等辅助改善记忆力作用食品的主要生理功能。	

续表

3. 能力目标 能够明确芹菜甲素、辣椒素、银杏等辅助改善记忆力作用食品的主要生理功能。
4. 知识要点 试着总结具有辅助改善记忆力作用的天然食品。
5. 讨论分析 (1)芹菜甲素为什么可以改变记忆力? (2)论述银杏的主要生理功能。

【学习资源】

具有辅助改善记忆力的功能性食品学习视频 1

具有辅助改善记忆力的功能性食品学习视频 2

具有辅助改善记忆力的功能性食品学习视频 3

项目 11 具有辅助改善睡眠作用的功能性食品

任务 1 对睡眠的认知

【学习目标】

1. 了解睡眠是如何产生的;
2. 掌握睡眠的作用;
3. 了解睡眠的节律;
4. 明确睡眠不足对人体的危害。

【工作情景】

睡眠是恒温哺乳动物的一种行为状态,是人与高等动物普遍存在的生理现象。许多研究表明:睡眠的发生与中枢神经系统内某些特定结构以及不同递质的作用密切相关。

睡眠对人体非常重要,一个人一生中大约有三分之一的时间是在睡眠中度过的。通过睡眠,可以消除疲劳,恢复精神与体力,提高工作与学习效率。

睡眠过少或过多对人体的健康会形成一定的威胁，睡眠障碍是很常见的现象。传统的看法认为，每个人每天应睡8小时，如果超过或不足8小时，就是睡眠过多或过少。其实8小时只是一个大概的尺度，个人需要的睡眠时间差异较大。睡眠时间的长短就像一个人的食量，并无统一的标准。每个人都可能经历过偶然的失眠或偶然的贪睡，只要有一定的客观原因可寻，这都不能视为不正常。在人的一生中，各个年龄阶段对睡眠时间的需要也不相同：婴幼儿需要的时间最长；随着年龄增长，睡眠时间逐渐缩短；成年后就稳定在每天8小时左右；进入老年，许多人的睡眠总时间又有所延长。

知识储备

一、睡眠的产生

一般认为睡眠是中枢神经系统内产生的一种主动过程，与中枢神经系统内某些特定结构有关，也与某些递质的作用有关。中枢递质的研究表明，调节睡眠与觉醒的神经结构活动，都是与中枢递质的动态变化密切相关的。其中5-羟色胺与诱导并维持睡眠有关，而去甲肾上腺素则与觉醒的维持有关。睡眠使身体得到休息，在睡眠时，机体基本上阻断了与周围环境的联系，身体许多系统的活动在睡眠时都会慢慢下降，但此时机体内清除受损细胞、制造新细胞、修复自身的活动并不减弱。研究发现，睡眠时，人体血液中免疫细胞显著增加，尤其是淋巴细胞。失眠是最常见、最普通的一种睡眠紊乱。失眠者要么入睡困难、易醒或早醒，要么睡眠质量低下，睡眠时间明显减少，或几项兼而有之。短期失眠可使人显得憔悴，经常失眠使人加快衰老，严重的失眠常伴有精神低落、感情脆弱、性格孤僻等一系列病态反应。天长日久，会使大脑兴奋与抑制的正常节律被打乱，出现神经系统的功能疾病——神经衰弱，直接影响失眠者的身心健康。

睡眠十分重要，但也不是睡眠时间越长越好。睡眠过多，可使身体活动减少，未被利用的多余脂肪积存在体内，从而诱发动脉硬化等危险病症。

二、睡眠的作用

1. 消除疲劳，恢复体力

睡眠是消除身体疲劳的主要方式。在睡眠期间胃肠道功能及其有关脏器，合成并制造人体的能量物质，以供活动时用。另外，由于体温、心率、血压下降，呼吸及部分内分泌减少，使基础代谢率降低，从而使体力得以恢复。

2. 保护大脑，恢复精力

睡眠不足者，表现为烦躁、激动或精神萎靡，注意力涣散，记忆力减退等；长期缺少睡眠则会导致幻觉。睡眠充足者，精力充沛，思维敏捷，办事效率高。这是由于大脑在睡眠状态下耗氧量大大减少，有利于脑细胞能量储存。因此，睡眠有利于保护大脑，提高脑力。

3. 增强免疫力，康复机体

人体在正常情况下，能对侵入的各种抗原物质产生抗体，并通过免疫反应而将其清除，保护人体健康。睡眠能增强机体产生抗体的能力，从而增强机体的抵抗力；同时，睡眠还可以使各组织器官自我康复加快。现代医学中常把睡眠作为一种治疗手段，用来帮助患者度过最痛苦的时期，以利于疾病的康复。

4. 促进生长发育

睡眠与儿童生长发育密切相关，婴幼儿在出生后相当长的时间内，大脑继续发育，这个过程离不开睡眠；且儿童的生长在睡眠状态下速度增快，因为睡眠期血浆生长激素可以连续数小时维持在较高水平。所以应保证儿童充足的睡眠，以保证其生长发育。

5. 延缓衰老，促进长寿

近年来，许多调查研究资料均表明，健康长寿的老年人均有一个良好而正常的睡眠。人的生命好似一个燃烧的火焰，而有规律燃烧则生命持久；若忽高忽低燃烧则使时间缩短。

6. 保护人的心理健康

睡眠对于保护人的心理健康与维护人的正常心理活动是很重要的。因为短时间的睡眠不佳，就会出现注意力涣散，而长时间者则可造成不合理的思考等异常情况。

7. 有利于皮肤美容

在睡眠过程中皮肤毛细血管循环增多，其分泌和清除过程加强，加快了皮肤的再生，有益于皮肤美容。

三、睡眠的节律

生物的节律是普遍存在的。当波动的周期接近地球自转的周期时，称为昼夜节律。这一节律通常是自我维持和不被衰减的，是生物体固有的和内在的本质，我们可以形象地称之为“生物钟”。当生物钟自由进行时，昼夜节律是相当准确的，在很大范围内，昼夜节律几乎不受温度影响，对化学物质也不敏感，但它们对光却很敏感。对人体而言，维持睡眠、觉醒周期的正常是非常重要的。一旦这些周期遭到破坏，就造成严重的睡眠障碍。对于睡眠期延迟症候群的睡眠障碍者，其昼夜性节律较迟缓，患者无法在正常的时间入睡。另一种睡眠障碍就是睡眠期提前症候群，患者在晚上 8 点就开始有睡意，却在凌晨 1、2 点觉醒过来，很多老年人都有这种困扰。还有一种称为非 24 h 睡眠、觉醒周期的睡眠障碍，患者最明显的症状便是清醒及睡眠的时间过长，他们的循环周期甚至可达 50 h。利用时间疗法即用光线来改善昼夜性节律，可帮助上述患者恢复正常的睡眠模式。

四、睡眠不足带来的危害

美国“健康日”网站报道，一项新研究显示，男性睡眠不足可能会使颈动脉血管壁增厚，增加患冠心病的风险。研究人员通过超声检测，发现平时少睡一个小时的人，其颈动脉内膜中层增厚 0.021 mm，这个看似微小的变化却使他们患上冠心病的风险增加。

此前有关睡眠和心脏病的研究已证实，睡眠不足与心率失常、病态窦房结综合征、心绞痛发作、心力衰竭、心源性哮喘的发作都有非常密切的关系。凌晨 4 时至 7 时，通常称为危险“凌晨 4 时”。这一时段机体处于有梦睡眠和“睡醒周期”生理节律，交感神经兴奋性升高，心血管活动不稳定，易导致心肌缺血、缺氧而突发心绞痛、心肌梗死。

1. 影响大脑的创造性思维

人的大脑要思维清晰、反应灵敏，必须要有充足的睡眠，如果长期睡眠不足，会使人心情忧虑焦急，且大脑得不到充分的休息，就会影响大脑的创造性思维和处理事物的能力。

2. 影响青少年的生长发育

现代研究认为，青少年的生长发育除了遗传、营养、锻炼等因素外，还与生长素的分泌有一定关系。由于生长素的分泌与睡眠密切相关，即在人熟睡后有一个大的分泌高峰，随后又有几个小的分泌高峰。而在非睡眠状态，生长素分泌减少。所以，青少年要发育好，长得高，睡眠必须充足。

3. 影响皮肤的健康

皮肤毛细血管淤滞，循环受阻，皮肤的细胞得不到充足的营养，因而影响皮肤的新陈代谢，加速皮肤的老化，使皮肤颜色显得晦暗而苍白，尤其眼圈发黑，且易生皱纹。

4. 导致疾病发生

经常睡眠不足，会使人心情忧虑焦急，免疫力降低，由此会导致种种疾病发生，如神经衰弱、感冒、胃肠疾病等。另外，专家研究表明，睡眠不足或不规律除了让人们眼睛胀涩、嗜喝咖啡、在下午会议上打盹之外，还会增加多种重大疾病的患病风险，包括癌症、心脏病、糖尿病和肥胖症等。

五、引起肥胖

睡眠不足引起消脂蛋白浓度下降，食欲激素浓度上升，从而导致肥胖。

工作页 3-11-1　对睡眠的认知

模块 3：各类功能性食品的功效作用 项目 11：具有辅助改善睡眠作用的功能性食品	任务 1：对睡眠的认知
主题：睡眠的产生、作用、节律及睡眠不足对人体的危害	编号：工作页 3-11-1
所属课程：功能性食品开发与应用	所属专业：
姓名：	班级 & 组号：
1. 素质目标 (1)强化学生自主学习能力，加强团队合作意识。 (2)树立严谨、科学的态度，增强责任感。 (3)提高职业素养。	
2. 知识目标 (1)了解睡眠是如何产生的。 (2)掌握睡眠的作用。 (3)了解睡眠的节律。 (4)明确睡眠不足对人体的危害。	
3. 能力目标 (1)能够了解睡眠是如何产生的。 (2)能够掌握睡眠的作用。 (3)能够了解睡眠的节律。 (4)能够明确睡眠不足对人体的危害。	

续表

4. 知识要点 总结睡眠的产生、作用及睡眠的节律。
5. 讨论分析 睡眠不足对人体有何危害?

任务2 具有辅助改善睡眠作用的功能性食品

【学习目标】

1. 掌握褪黑素的主要生理功能;
2. 明确具有辅助改善睡眠作用的天然食品。

【工作情景】

有关改善睡眠的物质的研究可追溯到很久以前。1906年,巴黎大学的R. Legendre和H. Pieron发表睡眠过程中分解毒素的论述。1930年左右发现神经末梢激素,因而推断有诱发睡眠的激素存在。至1977年瑞士的M. Monnier发现睡眠的诱发物质,一种由脑组织分泌的激素。在随后的10年间,发现了δ-睡眠诱导肽。1984年美国哈佛大学的J. R. Pappenheimer在人尿中发现睡眠诱导物质胞壁质肽,这种物质由哺乳动物的脑部产生,它有发热性,同时具有增强免疫能力的作用,因而提出睡眠是一种免疫过程的学说,即随着免疫能力的增加过程,使身体发热并开始深眠,白细胞壁则分解出胞壁质肽以供利用。1983年从夜间不眠的老鼠脑干提取物中发现尿嘧啶苷及其他4种有效成分。自1980年起先后提出与睡眠有关的物质有前列腺D_2、与发热-免疫有关的干扰素;促肾上腺皮质激素、胰岛素、精氨酸血管扩张素、催乳激素、生长激素抑制素、α-MSH(黑素细胞激素)等肽类激素;腺苷、胸腺核苷等核苷酸类;以及最近提出的存在于脑松果体中的褪黑激素。

知识储备

一、褪黑激素

褪黑激素的化学名为N-乙酰基-5-甲氧基色胺,又称松果体素、褪黑素、褪黑色素。

褪黑激素主要是哺乳动物(包括人)脑部松果体所产生的一种激素,故又称松果体素。松果体附着于第三脑室后壁,大小似黄豆。其中褪黑激素的含量极微,仅1×10^{-12}g水平,1960年首次分离得到。作为商品,也有称作“脑白金”的,但并没有像其广告所称是人或人脑的“天目”“主宰”“总司令”等性质。据上海华山医院神经外科称,曾有过患松果体癌的患者，将松果体切除后对生活并没有妨碍。

褪黑激素在体内的生物合成受光周期的制约，在体内的含量呈昼夜性节律改变，夜间的分泌量比白天多5～10倍。初生婴儿极微，至三月龄时开始增多，3～5岁时夜间分泌量最高，青春期略有下降，之后随年龄增长而逐渐下降，至老年时昼夜节律渐趋平缓甚至消失。

褪黑激素可因光线刺激而分泌减少。夜间过度的长时间照明，会使褪黑激素的分泌减少，对女性来说，可致女性激素分泌紊乱，月经初潮提前，绝经期推迟，由于血液中雌激素水平升高，日久可诱发女性乳腺癌、子宫颈癌、子宫内膜癌以及卵巢癌。

1. 性状

褪黑激素为黄白色结晶，熔点116～118℃，紫外吸收峰位于278 nm。

2. 生理功能

褪黑激素用量0.1～0.3 mg，能缩短睡前觉醒时间和入睡时间，改善睡眠质量，睡眠中觉醒次数明显减少，浅睡阶段缩短，深睡阶段延长，次日早晨唤醒阈值下降。有较强的调整时差功能。

3. 制法

褪黑激素可有多种化学合成法。如在吡啶中，用醋酐在室温下处理5-甲氧基色胺，获得N，N-双酰化衍生物，然后在碱液中转化而成，产率可达80%。

4. 安全性

(1) LD_{50} ＞10 g/kg(大、小鼠，口服)。

(2) Ames试验、小鼠微核试验、小鼠精子畸变试验，均阴性。

(3) 褪黑激素属内源性物质，故对机体并非异物，在体内有其自身的代谢途径，不会造成体内蓄积。生物半衰期短，口服7～8 h后即降至正常人的生理水平。经3000多人口服试验(数克，即正常剂量的数千倍，历时1个月)未见异常。

不宜人群及注意事项：青少年、孕妇及哺乳期妇女、自身免疫性疾病患者及抑郁型精神病患者不宜服用。驾车、机械作业前或正在作业时以及从事危险损伤者不能服用。

二、具有辅助改善睡眠作用的天然食品

(一)酸枣仁

由鼠李科乔木酸枣成熟果实去果肉、核壳，收集种子，晒干而成。酸枣仁主要产于河北、山东一带。

1. 主要成分

酸枣仁皂苷A、B、B_1，白桦脂酸，桦木素等，含油脂约32%。

2. 性状

酸枣仁呈扁椭圆形，长5～7 mm，宽5～7 mm，厚2～3 mm，红棕至紫褐色。种皮脆硬，可有裂纹，气微，味淡。

3. 生理功能

酸枣仁具有改善睡眠的作用。对小鼠、豚鼠、猫、兔、犬均有镇静催眠作用。对大鼠作脑电测试，灌胃后睡眠时间(TS)和深睡阶段(SWS_2)持续时间分别增加51 min(26.0%)和41.4 min(116.3%)，差异非常显著($P<0.001$)。6 h内TS发作频率平均减少22.7次

(−36.3%)，每次发作持续时间增加 3.5 min(+95.6%)；6 h 内 SWS_2 发作频率平均增加 28.3 次(+89.0%)，差异均非常显著($P<0.001$)。

4. 安全性

(1)LD_{50}(14.3±2.0)g/kg(小鼠腹腔注射酸枣仁煎剂)。

(2)小鼠 150 g/kg 口服未出现毒性。

(3)煎剂口服 20 g/kg，30 天，给药后出现安静现象，平均体重增长比对照组快，食欲无明显差别。

(二)面包、馒头

进食适量的面包或馒头后，人体内就会分泌胰岛素，用来消化面包中的营养成分。在氨基酸的代谢中，色氨酸被保留下来，色氨酸是 5-羟色胺的前体，而 5-羟色胺有催眠作用。因此如果失眠，吃一点面包，能促进睡眠。但如果白天总想睡觉，可吃一点动物蛋白质，因为动物蛋白质中含酪氨酸，它有抗 5-羟色胺的作用，因而可使人兴奋。

(三)酸奶加香蕉

在一部分失眠或醒后难以再度入睡的人中，其失眠原因是因血糖水平降低所引起的。钙元素对人体有镇静、安眠作用。酸奶中含有糖分及丰富的钙元素，香蕉又能使人体血糖水平升高。因此用一杯酸奶加一根香蕉，给失眠患者口服后，可使其血糖升高，使患者再度入睡。

(四)葡萄与葡萄酒

葡萄中含有葡萄糖、果糖及多种人体所必需的氨基酸；还含有维生素 B_1、维生素 B_2、维生素 B_6、维生素 C、维生素 P、维生素 PP 和 β-胡萝卜素。常吃葡萄对神经衰弱和过度疲劳者有益。

葡萄酒中所含的营养成分和葡萄相似，对过度疲劳引起的失眠有镇静和安眠作用。

(五)富含锌、铜的食物

锌、铜都是人体必需的微量元素，在体内都主要是以酶的形式发挥其生理作用，都与神经系统关系密切。有研究发现，神经衰弱者血清中的锌、铜两种微量元素量明显低于正常人。缺锌会影响脑细胞的能量代谢及氧化还原过程，缺铜会使神经系统的内抑过程失调，使内分泌系统处于兴奋状态，而导致失眠，久而久之可发生神经衰弱。由此可见，失眠患者除了经常锻炼身体之外，在饮食上有意识地多吃一些富含锌和铜的食物对改善睡眠有良好的效果。含锌丰富的食物有牡蛎、鱼类、瘦肉、动物肝肾、奶及奶制品。乌贼、鱿鱼、虾、蟹、黄鳝、羊肉、蘑菇以及豌豆、蚕豆、玉米等则含铜量较高。

其他如桂圆肉、莲子、远志、柏子仁、猪心、黄花菜等，都有一定的镇静催眠作用，常用来治疗失眠症。

工作页 3-11-2　具有辅助改善睡眠作用的功能性食品

模块 3：各类功能性食品的功效作用 项目 11：具有辅助改善睡眠作用的功能性食品	任务 2：具有辅助改善睡眠作用的功能性食品
主题：褪黑素的主要生理功能；具有辅助改善睡眠作用的天然食品	编号：工作页 3-11-2
所属课程：功能性食品开发与应用	所属专业：

续表

<table>
<tr><td>姓名：</td><td>班级 & 组号：</td></tr>
<tr><td colspan="2">1. 素质目标
(1)强化学生自主学习能力，加强团队合作意识。
(2)树立严谨、科学的态度，增强责任感。
(3)提高职业素养。</td></tr>
<tr><td colspan="2">2. 知识目标
(1)掌握褪黑素的主要生理功能。
(2)明确具有辅助改善睡眠作用的天然食品。</td></tr>
<tr><td colspan="2">3. 能力目标
(1)能够掌握褪黑素的主要生理功能。
(2)能够明确具有辅助改善睡眠作用的天然食品。</td></tr>
<tr><td colspan="2">4. 知识要点
总结能够辅助改善睡眠作用的天然食品有哪些。</td></tr>
<tr><td colspan="2">5. 讨论分析
(1)褪黑素的主要生理功能。

(2)富含锌、铜的食品为什么具有改善睡眠的作用？</td></tr>
</table>

【学习资源】

具有辅助改善睡眠作用的功能性食品学习视频 1

具有辅助改善睡眠作用的功能性食品学习视频 2

具有辅助改善睡眠作用的功能性食品学习视频 3

具有辅助改善睡眠作用的功能性食品学习视频 4

项目12 具有辅助美容作用的功能性食品

任务1 对皮肤的认知

【学习目标】

1. 了解皮肤的结构；
2. 明确皮肤的类型；
3. 掌握皮肤的作用；
4. 明确常见的皮肤瑕疵。

【工作情景】

皮肤是人体最大的器官。主要承担着保护身体、排汗、感觉冷热和压力等功能。皮肤覆盖全身，使体内各种组织和器官免受物理性、机械性、化学性和病原微生物性的侵袭。皮肤能呼吸，内含丰富的血管、皮肤腺导管、神经和毛囊等。健康的皮肤红润、细腻、有光泽，富有弹性。

随着年龄的增长，皮肤中胶原蛋白、弹性蛋白、黏多糖等含量均有不同程度的降低，供应皮肤营养的血管萎缩，血流量减少，血管壁弹性降低，皮肤表皮逐渐变薄、隆起，皮下脂肪减少，导致皱纹、黄褐斑及老年斑等现象发生。

知识储备

一、皮肤的结构

皮肤由表皮、真皮和皮下组织构成，并含有附属器官(汗腺、皮脂腺、指甲、趾甲)以及血管、淋巴管、神经和肌肉等。

(一)表皮

表皮是皮肤最外面的一层，平均厚度为0.2 mm，为角化的复层鳞状上皮，这一层常被误认为“灰土”，在洗澡和洗脸时用清洁剂洗去或者用力搓掉。表皮具有再生修复的功能。

根据细胞的不同发展阶段和形态特点，由外向内可分为5层。

1. 角质层

角质层由数层角化细胞组成，含有角蛋白。它能抵抗摩擦、防止体液外渗和化学物质内侵。角蛋白吸水力较强，一般含水量不低于10%，以维持皮肤的柔润，如低于此值，皮肤则干燥，出现鳞屑或皲裂。由于部位不同，其厚度差异甚大，如眼睑、包皮、额部、腹部、肘窝等部位较薄，掌、跖部位最厚。在物理性损害的防护，化学性刺激的防护，微生物的防御作用及防止营养物质的丢失等方面都起着重要作用。

2. 透明层

透明层位于角质层之下，由2～3层扁平、无核、已经死亡的细胞组成。只有手掌和脚掌才有。其他部位的皮肤没有透明层。含有角母蛋白。能防止水分、电解质、化学物质的通过，故又称屏障带。透明层主要对手足部位的皮肤起到缓冲和减压作用，在美容中没有实际意义。

3. 颗粒层

颗粒层(图3-12-1)位于角质层或透明层之下，由2～4层已经衰老并接近死亡或已经死亡的椭圆形细胞组成。颗粒细胞逐渐失去细胞核，并在细胞质中形成许多颗粒状的蛋白质，故称颗粒细胞。颗粒细胞由棘细胞逐渐老化后向上移行演变而成。颗粒细胞约需14天向上移行演变成透明层和角质层而脱落。

由于颗粒细胞的细胞膜是脂质结构，使水溶性物质不能通过，只有脂溶性物质才能选择性透过。所以，颗粒层能起到防止水分渗入表皮内和防止表皮内水分向外流失的作用，使表皮内外水分保持平衡。

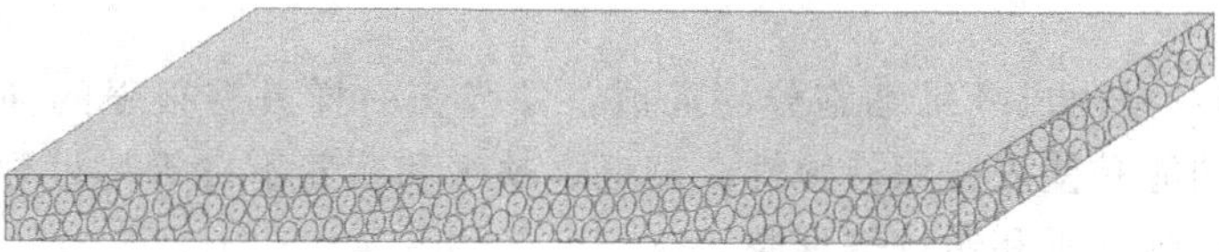

图3-12-1　颗粒层

4. 棘细胞层

棘细胞层由4～8层多角形的棘细胞组成，由下向上渐趋扁平，由基底细胞分化后向上移行而成，起到传输营养的作用。棘细胞层有助于头发及指甲生长，有清除衰老细胞和黑色素颗粒功能，具有较强的生命力。

5. 基底层

基底层(图3-12-2)又称生发层，由基底层细胞和黑色素细胞组成。此层细胞不断分裂(经常有3%～5%的细胞进行分裂)，逐渐向上推移、角化、变形，形成表皮其他各层，最后角化脱落。

基底层细胞的分裂新生，到不断被新生的细胞向上推行，直到变成角质层最终脱离人体，全过程共计28天。这个过程称为角化过程，又称为表皮的通过时间或更替时间。

基底层细胞间夹杂一种来源于神经嵴的黑色素细胞(又称树枝状细胞)，占整个基底层细胞的4%～10%，能产生黑色素(色素颗粒)，决定着皮肤颜色的深浅，黄色的浓淡与胡萝卜素的多少和角质层的厚薄有关。

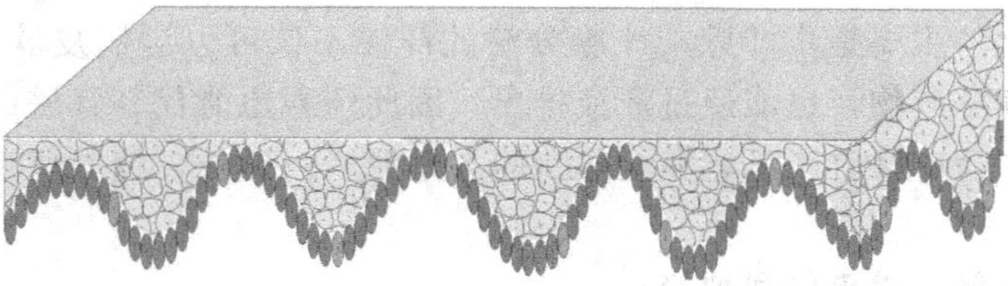

图3-12-2　基底层

(二)真皮

真皮位于表皮下方，和表皮像齿轮样结合很牢固，厚1～2 mm，由结缔组织成纤维细胞、胶原纤维、弹性纤维和基质组成，皮肤的坚实和弹性，主要由真皮所决定。

真皮内有大量微细的血管网、神经网在进行着复杂的理化、免疫反应。没有再生修复的功能。

真皮分为乳头层和网状层。

1. 乳头层

乳头层很薄，位于表皮的基底层细胞之下，真皮的网状层之上，含有大量的神经与微细血管，对冷、热、痛、痒、压等触感觉都十分敏感。身体多皱折的部位乳头层分布最丰富，所以感觉更敏感。如果表皮受损后，真皮的乳头层就会因直接暴露而更显敏感性。

2. 网状层

网状层主要由胶原纤维、弹力纤维和网状纤维三种纤维组成。这三种纤维均由成纤维细胞分泌而成。

(1)胶原纤维：是由成纤维细胞分泌而成，纤维粗长有力，对皮肤起支撑作用。缺水、衰老、胶原蛋白补充不足(即营养不良)等，可导致皮肤细纹、干燥、粗糙等问题性皮肤的出现。

(2)弹力纤维：是由成纤维细胞分泌而成，像弹簧一样具有很强的弹性，与皮肤呈垂直排列，其主要功能是使皮肤保持弹性。衰老、缺水和营养不良等均可导致弹力纤维功能减退，产生皮肤松弛下垂和皱纹等现象。

(3)网状纤维：是由成纤维细胞分泌而成，对皮肤起到支撑、收紧与张力的功能。如果营养不良、衰老、缺水、化妆品使用不当、光老化等，均可出现皮肤粗糙、灰暗、缺乏弹性、细纹等。

(三)皮下组织

皮下组织位于真皮之下，由大量脂肪细胞和少量结缔组织构成。皮下组织像人体穿的一层厚厚的棉袄，起到保护内脏、保温、储藏能量和分解产生热能等作用。当人体吸收能量(营养物质)过多时，会自动转换成脂肪补集成起来。当人体摄入的能量不足时，人体又会自动将脂肪分解成能量供机体使用。

皮下脂肪过少，可造成内脏下垂，抵抗力不足、怕冷等。皮下脂肪过多，会造成肥胖症，带来高血压病、高脂血症和心脏负荷过重所出现的一系列风险。

(四)皮肤的附属器官

皮肤的附属器官包括乳腺、汗腺、皮脂腺、毛发和指(趾)甲等。皮脂腺遍布全身，以全浆分泌形式排出皮脂。皮脂能柔润皮肤和毛发，对皮肤起保护作用。皮脂腺的分泌以面部居多。受雄性激素和肾上腺皮脂激素调节，青春期的皮脂分泌活跃。

分布在皮肤上的主要是小汗腺，汗腺分泌的汗液不仅可以湿润皮肤，还能调节体温。体内新陈代谢的部分产物，也能通过汗液排出，因此汗腺还能代替肾脏的部分功能，如尿中毒患者的汗液中含有肾脏所不能完全排泄的大量尿素。另外，糖尿病患者的汗液中也常含有不少葡萄糖。

(五)皮肤的血管、淋巴管和神经

皮肤内小动脉先在真皮网状层内分支，形成真皮下血管丛，供汗腺、汗管、毛乳头和皮脂腺的营养。皮肤内淋巴管较少，淋巴液循环于表皮细胞间隙和真皮胶原纤维之间，淋巴管参与皮肤免疫调节。

皮肤内有丰富的神经末梢，多为脑神经或脊神经有髓神经纤维的感觉末梢。正常皮肤能感受触、痛、冷、热、压和痒六种基本感觉，能感知单一刺激引起的单一感觉，以及几种不同感受器或神经末梢共同感知的复合感觉。

图 3-12-3 所示为皮肤的结构。

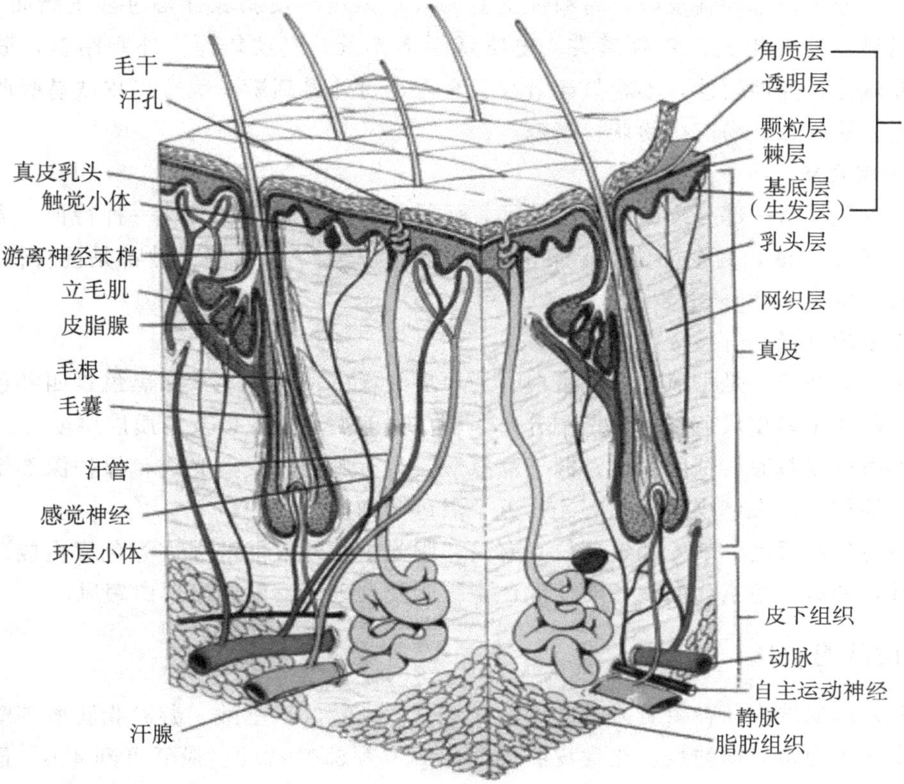

图 3-12-3　皮肤的结构

二、皮肤的类型和色泽

(一)皮肤的分类

按皮脂腺的分泌情况，皮肤可分为四种基础类型，包括中性皮肤、干性皮肤、油性皮肤和混合性皮肤。另外，还有问题性皮肤，其中包括：色斑皮肤、暗疮皮肤、敏感皮肤和衰老皮肤。皮肤的类型不是绝对的，年龄、气候、环境等因素都可以影响皮肤的状况。

1. 中性皮肤

中性皮肤是最理想的皮肤，皮肤的油脂、水分含量和酸碱度处于均衡状态。皮肤光滑细嫩柔软，富有弹性，红润而有光泽，纹路排列整齐，皮沟纵横走向。毛孔不明显，没有瑕疵，对外界刺激不敏感。中性皮肤多数出现在小孩当中，通常以 10 岁以下发育前的少女为多。年轻人尤其青春期过后仍保持中性皮肤的很少。

2. 干性皮肤

干性皮肤分缺水型、缺油型两种。皮肤水分、油分均不正常，干燥、粗糙，缺乏弹性，皮肤的 pH 不正常，毛孔细小，脸部皮肤较薄，易敏感。面部肌肤暗沉、没有光泽，易破裂、起皮屑、长斑，不易上妆。但外观比较干净，皮丘平坦，皮沟呈直线走向，浅、乱而广。皮肤松弛、容易产生皱纹和老化现象。

3. 油性皮肤

油性皮肤分为普通油性皮肤、超油性皮肤两种，是由于皮脂腺分泌过多皮脂而致。T部位油光明显、毛孔粗大、常有黑头、皮质厚硬不光滑、皮纹较深；外观暗黄，肤色较深、皮肤偏碱性，弹性较佳，不容易起皱纹、衰老，对外界刺激不敏感。皮肤易吸收紫外线容易变黑、易脱妆、易产生粉刺、暗疮。

4. 混合型皮肤

混合型皮肤是指一部分皮肤呈一种特征，而另一部分皮肤又呈另外一种特征。多见为面孔 T 区部位易出油，其余部分则干燥，并时有粉刺发生，80%的女性都是混合性皮肤。混合性皮肤多发生于 20～39 岁。

(二)皮肤的色泽

机体正常的肤色，是由氧化血红蛋白、还原血红蛋白、胡萝卜素和黑色素四种色素引起的，通常取决于表皮黑色素的含量和分布、真皮血液循环情况以及角质层厚度等。

黑色素由表皮基底层细胞产生，源于酪氨酸，具有遮挡和反射光线，保护深部组织免受辐射损伤的作用。人体皮肤中约有 400 万个黑色素细胞。

肤色还与日照程度、气候和地理位置有关。阳光中紫外线能够促进黑色素生成。黑色素代谢异常，如后天色素代谢失调而使黑色素细胞受到破坏，就会出现白癜风。

三、皮肤的 pH

由于在人体皮肤表面存留着尿素、尿酸、盐分、乳酸、氨基酸、游离脂肪酸等酸性物质，所以皮肤表面常呈弱酸性。正常皮肤表面的 pH 为 5.0～7.0。最低可到 4.0，最高为 9.6。皮肤的 pH 平均约为 5.8。

中性皮肤的 pH 为 5～5.6；干性皮肤的 pH 为 4.5～5.0；油性皮肤的 pH 为 5.6～6.6。

四、皮肤的作用

1. 保护作用

皮肤覆盖在人体表面，表皮各层细胞紧密连接。真皮中含有大量的胶原纤维和弹力纤维，使皮肤既坚韧又柔软，具有一定的抗拉性和弹性。当受外力摩擦或牵拉后，仍能保持完整，并在外力去除后恢复原状。皮下组织疏松，含有大量脂肪细胞，有软垫作用，可缓冲外力的撞击，保护内部组织不受损伤。皮肤可以阻绝电流，皮肤的角质层是不良导体，对电流有一定的绝缘能力，可以防止一定量电流对人体的伤害，皮肤的角质层和黑色素颗粒能反射和吸收部分紫外线，阻止其射入体内伤害内部组织。皮脂腺能分泌皮脂，汗腺分泌汗液，两者混合，在皮肤表面形成一层乳化皮肤膜，可以滋润角质层。防止皮肤干裂，阻止体内水分被蒸发和体外水分的透入。角质层细胞的主要成分为质蛋白，对弱酸、弱碱的腐蚀有一定抵抗力。汗液在一定程度上可冲淡化学物的碱度，保护皮肤。皮肤表面的皮脂膜呈弱酸性，能阻止皮肤表面的细菌、真菌侵入，并有抑菌、杀菌作用。

2. 感觉作用

皮肤内含有丰富的感觉神经末梢，可感受外界的各种刺激，产生各种不同的感觉，如触觉、痛觉、压力觉、热觉、冷觉等。

3. 吸收作用

正常皮肤通过毛囊口，选择性吸收一些物质进入血液循环，包括脂类、醇类等。固体物质或水溶性物质，通常很难通过皮肤吸收。

4. 调节体温作用

在大脑体温控制中枢的调控下，皮肤通过汗液挥发、血管舒缩调节体温。当外界气温较高时，皮肤毛细血管网大量开放，体表血流量增多，皮肤散热增加，使体温不致过高。当气温较低时，皮肤毛细血管网部分关闭，部分血流由动脉不经体表，直接由动静脉吻合支进入静脉中，使体表血流量减少，减少散热，保持体温。同时，当气温高时，人体大量出汗，汗液蒸发过程中可带走身体的部分热量，起到降低体温的作用。

5. 分泌与排泄作用

皮肤的汗腺可分泌汗液。皮脂腺可分泌皮脂。皮脂在皮肤表面与汗液混合，形成乳化皮脂膜，滋润保护皮肤及毛发。皮肤通过出汗排泄体内代谢产生的废物，如尿酸、尿素等。

6. 呼吸作用

皮肤并不是绝对严密无通透性的，它能够有选择地吸收外界的营养物质。皮肤直接从外界吸收营养的途径有三条：营养物渗透过角质层细胞膜，进入角质细胞内；大分子及水溶性物质有少量可通过毛孔、汗孔而被吸收；少量营养物通过表面细胞间隙渗透进入真皮。

7. 免疫作用

皮肤是测定免疫状况和接受免疫的重要器官之一，皮肤的免疫作用是机体抵抗外界抗原物质的天然屏障。当皮肤生理功能衰退或处于病理的情况下，会引起感染发炎、红肿和各种皮肤病。

8. 代谢作用

皮肤参与全身代谢过程，维持机体内外生理的动态平衡。整个机体中有10%～20%的水分是储存于皮肤中。这些水分不仅保证皮肤的新陈代谢，而且对全身的水代谢都有重要的调节作用。此外，皮肤还储存着大量的脂肪、蛋白质、碳水化合物等，供机体代谢所用。皮肤含有脱氢胆固醇，经阳光中紫外线照射后，可转变为维生素D。

五、影响皮肤健康的主要因素

1. 精神因素

保持健康的精神状态，可以加速皮肤血液循环，增加皮肤新陈代谢速度，使皮肤具有正常的润泽和弹性。精神长期抑郁，将造成机体内分泌紊乱，将直接导致皮肤色素沉着，免疫力下降。

2. 机体因素

只有在保证机体机能健康的情况下，才能保持皮肤健美。胃功能减退，糖代谢失调，造成皮肤毛细血管扩张，皮肤局部发红。肝脏具有解毒、调节激素平衡的功能，肝功能发生障碍时，皮肤易干裂，出现痤疮或肝斑等症状。另外，机体其他组织器官疾病如肾炎、内分泌紊乱或卵巢、子宫异常，也会导致一些皮肤疾病。

3. 年龄因素

随着年龄增长，机体机能逐渐退化，皮肤也随之老化。皮肤正常功能衰退，原有纤维排列变得凌乱，皮肤失去弹性及丰满，皮肤松弛下垂，变得粗糙、干燥。而且，皮肤代谢发生异常，内分泌失调，脂褐素堆积以及黑色素增加导致出现老年斑，皮肤持水力下降，起皱纹。

4. 生活习惯

具有正常的生活规律和良好的膳食习惯，是保证皮肤健康的重要因素。起居要有规律，如果睡眠时间长期不足，将造成皮肤细胞再生能力下降，皮肤粗糙，眼圈发黑。香烟中的尼古丁易造成皮肤微血管收缩，血液循环能力降低，皮肤无法吸收充足的氧气和营养，变得松弛、干燥、无光泽。长期酗酒者，皮肤微血管管壁弹性变差，皮肤失去弹性。

5. 环境因素

生活和工作环境，如温度、湿度、阳光、尘埃以及气候变化等，都将影响皮肤健康。合适的温湿度，有利于皮肤保持柔软、弹性和亮丽光泽。阳光可以促进皮肤新陈代谢，皮肤在阳光下合成维生素 D。但阳光中紫外线过强，会导致皮肤黑色素细胞分泌黑色素的数量增加，皮肤色素沉着，形成黄褐斑等皮肤瑕疵。

空气中的尘埃易阻塞皮肤毛孔，影响皮肤新陈代谢，而且尘埃中的细菌侵入毛孔，将诱发痤疮等皮肤疾病。季节气候变化时，环境中温湿度、阳光强度也随着改变，这时更应注意皮肤的保养。

六、常见的三种皮肤瑕疵

1. 痤疮

痤疮(Acne Vuglaris)是一种毛囊皮脂腺的慢性炎症。俗称“青春痘”“暗疮”“粉刺”。痤疮发病机理尚未完全弄清，一般认为是由雄激素的分泌量增多和毛囊口内的痤疮棒状杆菌、白色葡萄球菌、毛囊虫等作用所致。

此外，摄入高糖、高脂饮食，吃辛辣食品及巧克力，饮用浓酒、可可、咖啡等热性饮料，演员经常使用油彩化妆，消化功能紊乱，便秘，口服避孕药等，均可促进痤疮的发生和发展。

痤疮主要发生于 15～30 岁，男多于女，好发于面部多脂部位，常在颊、鼻前端及两侧、额、下颏等处出现散在粟粒及绿豆大小的隆起皮疹。最初为毛囊口角化过度及栓塞，因皮脂不能排出，在毛囊内滞留而局部隆起，即形成所谓“粉刺”。

粉刺可分为开放性(黑头粉刺)和闭锁性(白头粉刺)两种：前者为角蛋白和类脂质形成的毛囊性脂栓，其表面脂肪酸经空气氧化和外界灰尘混杂而成黑色，挤压后可见有黑头的黄白色脂栓排出；白头粉刺为灰白色小丘疹，不易见到毛囊口，表面无黑点。粉刺周围由于炎症反应及微生物或毛囊虫的作用，可演变为丘疹、脓疱及囊肿，有碍美观。

2. 黄褐斑

黄褐斑是一种发生于面部的色素增生性皮肤病，因其常见于妊娠 3～5 个月，故又称妊娠斑。又因其状似蝴蝶，颜色类似肝脏的褐色，所以又称蝴蝶斑或肝斑。

黄褐斑是由于黑色素过多沉着于皮肤中而形成，但病因尚未完全明了。现代医学认为，黄褐斑的发生多因内分泌失调引起。

此外，营养不良或不合理者，如缺乏维生素及某些微量元素等，或者紫外线过多照射都会引起黄褐斑。某些化妆品的刺激、阳光曝晒等也是黄褐斑的常见诱因。精神神经因素也是引起黄褐斑的其中一个原因。

图 3-12-4 所示为色斑的产生过程。

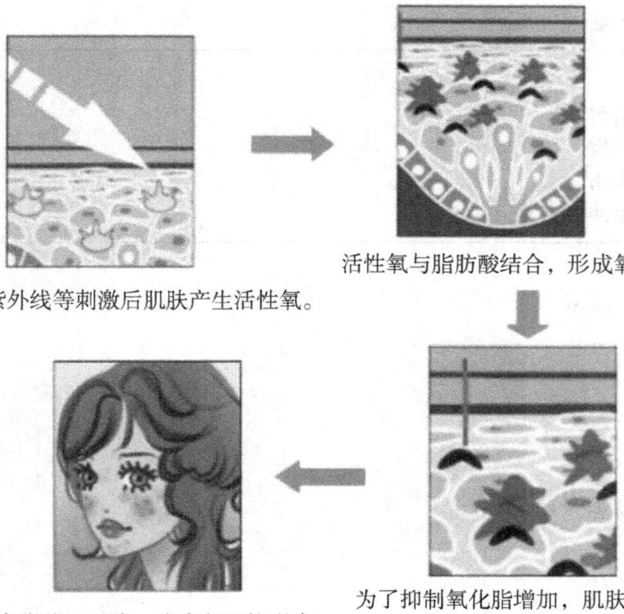

图 3-12-4　色斑的产生过程

3. 老年斑

随着年龄的增加，表皮基底层的色素细胞分泌增加，且出现不规则色素细胞局部聚集现象，色素增多。老年班主要发现在暴露于阳光的部位，如颜面、手背和前臂伸出面，直径一般为 0.5 cm，可稍高于皮肤表面，又称为老年性色素斑。

有研究发现老年斑中有胆固醇等脂类沉积。实际上衰老机体细胞中普遍会出现这种“衰老色素”，也称为脂褐素。

工作页 3-12-1　对皮肤的认知

<table>
<tr><td>模块 3：各类功能性食品的功效作用
项目 12：具有辅助美容作用的功能性食品</td><td>任务 1：对皮肤的认知</td></tr>
<tr><td>主题：皮肤的结构、皮肤的类型、皮肤的作用</td><td>编号：工作页 3-12-1</td></tr>
<tr><td>所属课程：功能性食品开发与应用</td><td>所属专业：</td></tr>
<tr><td>姓名：</td><td>班级 & 组号：</td></tr>
<tr><td colspan="2">1. 素质目标
(1)强化学生自主学习能力，加强团队合作意识。
(2)树立严谨、科学的态度，增强责任感。
(3)提高职业素养。</td></tr>
</table>

续表

2. 知识目标 (1)了解皮肤的结构。 (2)明确皮肤的类型。 (3)掌握皮肤的作用。 (4)明确常见的皮肤瑕疵。
3. 能力目标 (1)能够了解皮肤的结构。 (2)能够明确皮肤的类型。 (3)能够掌握皮肤的作用。 (4)能够明确常见的皮肤瑕疵。
4. 知识要点 (1)总结皮肤的结构、类型。 (2)阐述皮肤的作用。 (3)常见的三种皮肤瑕疵。
5. 讨论分析 (1)影响皮肤健康的主要因素有哪些？ (2)什么是痤疮？痤疮由什么原因引起？ (3)黄褐斑是如何产生的？

任务 2　具有辅助美容作用的功能性食品

【学习目标】

明确芦荟、神经酰胺等的主要生理功能。

【工作情景】

关于芦荟的最早记载见于古埃及医书《艾帕努斯·巴皮努斯》。考古发现芦荟曾被置于金字塔中木乃伊的膝盖之间。书中不仅记载了芦荟对腹泻和眼病的治疗作用，还有包含了芦荟的多种处方。这部书写于公元前 1550 年，也就是说，在 3500 多年前芦荟就已经被当作药用植物了。

《中医药理学》记载芦荟蜜汁局部涂抹能防治化疗性静脉炎，减少血管内膜损伤，具有泻热导滞、消痞杀虫、清热凉肝的作用，为泻肝火、消痞积之常用品。芦荟可被用来制作高质量化妆品、保健品等。

知识储备

一、芦荟

芦荟为百合科芦荟属植物，其种类繁多，已知的植物约有360种，大部分生长在地中海、中东和中美洲。现在我国广东、广西、云南、海南、福建、四川、贵州等地都有种植。

常作为药用的芦荟品种有库拉索芦荟、好望角芦荟、斑纹芦荟及翠叶芦荟。芦荟是一种药用价值很高的植物，应用范围涉及内、外、妇、儿、皮肤、五官等各科。

芦荟含有丰富的芦荟多糖、木质素、酵素、氨基酸、矿物质及维生素等成分，自古以来，芦荟即被中国传统医学所肯定，在《本草纲目》中载有芦荟可清热、杀虫等敘述。

而现代科学亦以实验证明，芦荟温和而无毒性，在抑制细菌病毒生长、抗发炎、减少伤口愈合及深层修补皮肤组织等方面，有着非常显著的效果。

芦荟的有效成分具有分子很微小的特性，因此有很强的渗透能力，可以达到皮肤的深层，进行修护保养的工作。

芦荟中所含有的蛋白质分解酵素，可帮助清除伤口的周围或皮肤表面的腐败组织，并维持清洁。

1. 芦荟的主要成分

芦荟的主要成分包括蒽醌类、萘酮类、多糖、多糖醛酸等。

2. 生理功能

(1)由于芦荟中含有多糖及多种单糖，加上痕迹量乳酸镁的存在，使芦荟凝胶具有天然的湿润性能，能延缓水分散失的速率。

(2)芦荟凝胶能增进水分渗透，它能渗入皮肤表层，使水分直接进入组织。促进新陈代谢、消炎杀菌、防晒、增白、防粉刺、祛斑、防皱、改善伤痕和护发、防脱发功能。但芦荟大黄素可导致腹泻，故服用时不能过量。

二、珍珠粉

海水珍珠多为有核珍珠，生长期1～2年，主要是产于广西。淡水珍珠多为无核珍珠，生长期4～5年，主要产于长江中下游地区。

1. 珍珠粉的主要成分

珍珠粉的主要成分包括碳酸钙、多种氨基酸、类胡萝卜素、葡糖胺、半乳糖胺、卟啉类铁胺、微量元素等。

2. 珍珠粉的功能

珍珠粉具有嫩白皮肤、祛斑、消粉刺、消炎、安神等功能。

三、红花

菊科植物红花的干燥花朵呈红色(未成熟时呈黄色)，我国很多地方都有生长，新疆是最大的产区。

1. 红花的主要成分

红花的主要成分包括：红花黄素、多不饱和脂肪酸、黄酮类。

2. 红花的生理功能

红花的生理功能包括：美容祛斑，活血化瘀、防治动脉粥样硬化。美容祛斑的机理为加速血液循环，促进代谢，有助于排除黑色素，促进黑色素分解，阻止其沉积或促使其分解后排出体外。

四、神经酰胺

1. 成分

神经酰胺的成分为糖脂类化合物，因所连接脂肪酸和糖基不同，形成20多种结构。

2. 来源和性状

哺乳动物脑组织神经酰胺提取物为白色粉末。小麦、大米神经酰胺提取物为白色至淡黄色粉末。神经酰胺不溶于水，溶于乙醇、丙酮等，对热和酸碱稳定。

3. 生理功能

神经酰胺对皮肤增白、保湿、缓解过敏性皮炎起作用。神经酰胺蓄积在角质层，为其细胞间脂质主要成分，防止水分蒸发和冻结，增加弹性，抑制黑色素生成。

五、阿魏酸

1. 来源

阿魏酸在当归、米糠中含量丰富，且大多数从当归中提取，因此，学术界也将其称之当归素。阿魏酸能够被人体吸收并能够及时从尿液中排出，毒性极低，使用比较安全。

2. 生理功能

阿魏酸吸收紫外线，抑制黑色素形成。有很强的抗氧化性，减少色素沉积；抑制酪氨酸酶的活性，防止生成黄褐斑。此外，阿魏酸还具有促进血液循环作用，使皮肤营养充分。

六、苹果多酚

1. 主要成分

苹果多酚的主要成分以绿原酸为主，含酚羧酸、儿茶素、根皮苷、槲皮苷、原花色素等。

2. 生理功能

苹果多酚具有较强抗氧化能力，抑制酪氨酸酶活性，降低黑色素形成，消除黄褐斑，增白肤色。

工作页 3-12-2　具有辅助美容作用的功能性食品

模块 3：各类功能性食品的功效作用 项目 12：具有辅助美容作用的功能性食品	任务 2：具有辅助美容作用的功能性食品
主题：明确芦荟、神经酰胺等的主要生理功能	编号：工作页 3-12-2
所属课程：功能性食品开发与应用	所属专业：
姓名：	班级 & 组号：
1. 素质目标 (1)强化学生自主学习能力，加强团队合作意识。 (2)树立严谨、科学的态度，增强责任感。 (3)提高职业素养。	
2. 知识目标 明确芦荟、神经酰胺等的主要生理功能。	
3. 能力目标 能够明确芦荟、神经酰胺等的主要生理功能。	
4. 讨论分析 芦荟中具有哪些活性成分？主要的生理功能是什么？	

任务 3　美容功能性食品的开发

【学习目标】

明确祛斑、祛痤疮、祛皱功能性食品开发及其典型配料。

【工作情景】

目前，关注最多的辅助美容功能性食品主要有三个方面：祛斑功能性食品、祛痤疮、祛皱功能性食品的开发，从原料到典型配料的研究都进入相对成熟的阶段。祛斑、祛痤疮、祛皱在研发上也进入稳定的阶段。随着研究水平的提高，祛斑、祛痤疮、祛皱功能性食品趋向于更加有效、稳定的方向发展。

知识储备

一、祛斑功能性食品的开发

(一)水分和膳食纤维

足够的水分有助于血液循环，将营养物质输向皮肤，同时运走代谢废物，减少黑色素的沉着，防止面部色斑形成。而膳食纤维能促进肠道蠕动、增强机体新陈代谢能力、加快代谢废物和毒素排出体内的速度，从而防止色斑的生成。

(二)脂肪

不饱和脂肪酸，如亚麻酸，能增进血液循环、减少脂肪在血管内壁的滞留、消散粥样硬化斑、防止血管内膜损伤；能调节皮脂腺的代谢，改善皮肤代谢失调现象，增进皮肤健康，缓解由内分泌失调引起的色斑。

(三)维生素

1. 维生素 E

维生素 E 能调理内分泌，清除自由基、抑制体内脂质的过氧化反应，防止细胞组织老化，减少过氧化反应所导致的生物大分子交联和脂褐质堆积现象，延缓机体衰老，减少或阻止色斑的形成和出现。

2. 维生素 C

维生素 C 参与体内的氧化还原反应，具有良好的抗氧化、清除自由基和提高免疫力等作用。

3. B 族维生素

维生素 B_1 能促进胃肠蠕动，增强机体新陈代谢功能。维生素 B_2 具有强化皮肤代谢，改善毛细血管微循环的作用。它们能使色素减退、色斑减少。

缺乏维生素 B_5 易引起癞皮病，最终还会因色素沉着而使皮肤出现斑块。

(四)矿物质

硒是强抗氧化剂，能将过氧化物还原或分解，达到清除自由基、保护细胞膜结构和功能、修复分子损伤，从而延缓衰老，防止色斑生成。含硒酶——谷胱甘肽过氧化酶具有消除脂质过氧化物的作用。此外，硒还具有促进体内新陈代谢、增强机体免疫力等功能。

(五)具有祛斑功效的典型配料

表 3-12-1 所示为具有祛斑功效的典型配料。

表 3-12-1　具有祛斑功效的典型配料

典型配料	生理功效
γ-亚麻酸	调节血脂，美容，护肝，降压
维生素 E	清除自由基，抗衰老，抗肿瘤
超氧化物歧化酶	清除自由基，抗衰老，解毒
维生素 C	清除自由基，美容，增加免疫
芦荟提取物	祛斑，活血化瘀，加速血液循环
膳食纤维	促进新陈代谢，减少色斑生成
葡萄籽提取物	清除自由基，抗过敏，抗衰老
绿茶提取物	抗氧化，抗衰老，抗癌，抗突变
珍珠粉	美白，增加免疫，抗衰老，补钙
阿魏酸	抗紫外线，清除自由基，抗衰老
硒	清除自由基，抗衰老

续表

典型配料	生理功效
大豆磷脂	调节血脂，清除自由基，改善学习记忆力，抗衰老，保护肝脏功能
枸杞提取物	抗衰老，增强免疫，美容
红枣提取物	增强免疫，活血化瘀，美容
硫辛酸	抗衰老，清除自由基，美容

二、祛痤疮功能性食品的开发

(一)水分

皮肤的正常代谢需要水分。水有利于稀释血液，有助于血液循环，能洗净体内的毒素并加速将其排出体外，减少毒素的蓄积；而且足够的水分也有助于表皮废物的排出，使皮肤光洁有弹性。

(二)必需脂肪酸

人体皮肤的油质层中包含了许多人体自身无法合成的必需脂肪酸，而这些必需脂肪酸又与皮肤角质层的正常代谢息息相关。医学上发现，当皮脂腺大量分泌或表面油脂受细菌分解而导致必需脂肪酸被稀释时，就容易产生角化异常造成毛孔阻塞的现象。在营养缺乏的患者身上也可以看到类似的变化。

(三)维生素

1. 维生素A及其衍生物

维生素A及其衍生物具有脂溶性，可以直接穿过真皮发挥作用，刺激成纤维细胞，促进纤维的合成。

2. 维生素C

维生素C是胶原蛋白形成过程中的必需成分，它能加速皮肤的自我修复。缺乏时，胶原单体无法实现羟基化而导致胶原生物合成失败，皮肤上的创伤口就难以愈合。

3. B族维生素

维生素B_2能强化皮肤新陈代谢，改善毛细血管微循环，使眼、口唇变得光润、亮丽。

维生素B_6具有抑制皮脂腺活动，减少皮脂分泌，治疗脂溢性皮炎和粉刺等功能。

4. 维生素E

维生素E具有促进毛细血管微循环、调节激素正常分泌的作用，从而减轻痤疮的发生。

(四)矿物质

锌在人体新陈代谢和伤口愈合中发挥极着重要的作用。锌缺乏时，皮肤创口难以愈合，还会出现脂溢性皮炎、痤疮、脱毛症。

(五)具有祛痤疮功效的典型配料

表3-12-2所示为具有祛痤疮功效的典型配料。

表 3-12-2 具有祛痤疮功效的典型配料

典型配料	生理功效
维生素 A	防止毛囊过度角质化
维生素 C	促进皮肤伤口愈合
维生素 E	调节激素分泌、促进皮肤损伤的修复
B 族维生素	调理肌肤油脂分泌、滋养肌肤
超氧化物歧化酶	美容、解毒
金盏草提取物	杀菌、促进伤口愈合、预防痤疮
洋甘菊提取物	抗过敏、消炎、促进皮肤损伤的修复
甘草提取物	消炎、预防痤疮
γ-亚麻酸	调节血脂、美容、护肝、增强免疫、降压

三、抗皱纹功能性食品的开发

人体是一个有机整体。通过调节机体内分泌和免疫功能，可以改善新陈代谢，增加细胞活力，改善皮肤血液循环，能达到皮肤美容效果。

1. 水分

细胞与细胞间质水分充足，肌肤会显得滋润丰满，富有弹性和光泽。水有利于稀释血液，有助于血液循环，把营养物质输向皮肤，同时运走代谢废物，防止肌肤粗糙、起皱。

2. 蛋白质

蛋白质是皮肤的重要组成成分，不仅维持皮肤组织生长发育，对皮肤起修补和更新作用，而且参与合成人体内抗体、白细胞和吞噬细胞等。但在一定条件下，蛋白质会引起皮肤过敏。

3. 脂肪

适量的皮下脂肪能使皮肤保持柔软、丰满而有弹性。不饱和脂肪酸，尤其是 γ-亚麻酸，具有显著的抗脂质过氧化作用，可延缓衰老。

4. 碳水化合物

碳水化合物供应不足时，人体易产生疲劳而影响皮肤健康。膳食纤维能吸收大量水分，促进肠道蠕动，预防便秘和结肠癌，对皮肤具有一定的美容作用。

5. 维生素

维生素 A 能保护表皮、黏膜，并具有抗氧化作用。它能防止胶原蛋白质、弹性纤维的损坏，促进表皮细胞再生，增强肌肤表面的润泽保湿。缺乏时，皮肤会出现上皮角化(即毛囊角化症)，表现为皮肤异常粗糙，有棘状丘疹。

维生素 C 是维持胶原组织完好的重要因素，具有抗氧化、促进胶原蛋白合成、延缓衰老等作用。缺乏时，胶原单体无法实现羟基化而导致胶原生物合成失败，出现创伤口难于愈合、毛细血管破裂、皮下和牙龈出血。此外，维生素 C 还能增强皮肤紧张和抵抗能力，防止色素沉着。

维生素 E 可以防止细胞组织老化，抑制体内脂质的过氧化反应，减少生物大分子交联和脂褐质堆积现象，延缓机体衰老。

维生素 B_2 可以强化皮肤新陈代谢，改善毛细血管微循环，使眼、口唇变得光润、亮丽。

叶酸是制造红细胞的原料之一，能帮助细胞分裂增生，促进皮肤组织更新，防止皱纹产生。

6. *矿物元素*

一般将食品分为酸性食品和碱性食品，其比例以 1∶4 为宜。合理搭配膳食中酸性和碱性食品，可以保持体液酸碱平衡，促进皮肤健康。与皮肤健康关系最密切的矿物元素是锌和铜，锌能促进生长发育，避免不正常细胞的形成；铜与皮肤结缔组织代谢有关。

7. *具有抗皱功效的典型配料*

表 3-12-3 为具有抗皱功效的典型配料。

表 3-12-3　具有抗皱功效的典型配料

典型配料	生理功效
透明质酸	美容，保持皮肤水分
γ-亚麻酸	调节血脂，美容，护肝，降压
维生素 E	清除自由基，抗衰老，抗肿瘤
超氧化物歧化酶	清除自由基，抗衰老，解毒
维生素 C	清除自由基，美容，增加免疫
芦荟提取物	祛斑，活血化瘀，加速血液循环
葡萄籽提取物	清除自由基，抗过敏，抗衰老
绿茶提取物	抗氧化，抗衰老，抗癌，抗突变
珍珠粉	美白，增加免疫，抗衰老，补钙
阿魏酸	抗紫外线，清除自由基，抗衰老
神经酰胺	美容护肤，减少皱纹
深海鱼蛋白	美容护肤，减少皱纹
羊胎素	美容护肤
叶酸	促进细胞分裂，减少皱纹
大豆磷脂	调节血脂，清除自由基，改善学习记忆力，抗衰老，保护肝脏功能
枸杞提取物	抗衰老，增强免疫，美容
红枣提取物	增强免疫，活血化瘀，美容
硫辛酸	抗衰老，清除自由基，美容

工作页 3-12-3　美容功能性食品的开发

模块 3：各类功能性食品的功效作用 项目 12：具有辅助美容作用的功能性食品	任务 3：美容功能性食品的开发
主题：明确祛斑、祛痤疮、祛皱功能性食品开发及其典型配料	编号：工作页 3-12-3
所属课程：功能性食品开发与应用	所属专业：
姓名：	班级 & 组号：
1. 素质目标 (1)强化学生自主学习能力，加强团队合作意识。 (2)树立严谨、科学的态度，增强责任感。 (3)提高职业素养。	
2. 知识目标 明确祛斑、祛痤疮、祛皱级功能性食品开发及其典型配料。	
3. 能力目标 能够明确祛斑、祛痤疮、祛皱级功能性食品开发及其典型配料。	
4. 讨论分析 试着研究开发一种新型祛皱级功效的配料表。	

【学习资源】

具有辅助美容作用的功能性食品学习视频 1

具有辅助美容作用的功能性食品学习视频 2

具有辅助美容作用的功能性食品学习视频 3

具有辅助美容作用的功能性食品学习视频 4